计算机应用能力培养丛书

Dreamweaver CS4 网页制作与网站组建简明教程

管正　袁珂　编著

清华大学出版社

北　京

内 容 简 介

本书从初学者角度出发，由浅入深、循序渐进地介绍了使用 Dreamweaver CS4 进行网页制作和网站组建的方法、技巧。全书共 13 章，第 1~8 章介绍 Dreamweaver 网页制作的基础知识，包括文本、图像、超级链接、Flash 动画等常见网页元素的添加方法，以及行为、表单，使用 CSS+Div 进行网页布局等；第 9~11 章介绍如何组建 Dreamweaver 本地站点，框架、模板在组建站点时发挥的作用，以及远程站点的配置，本地站点的发布等；第 12 章介绍 Dreamweaver CS4 中的 Ajax 技术——Spry 框架的用法；为提高读者的综合应用能力，第 13 章演示一个完整站点的制作过程。

本书内容丰富，结构清晰，核心概念和关键技术讲解清楚，同时提供了丰富的示例以展示具体应用，具有很强的操作性和实用性，可作为高等学校、高职学校，以及社会各类培训班“网页制作”课程的教材，同时也是网页制作初学者很好的参考书籍。

图书在版编目(CIP)数据

Dreamweaver CS4 网页制作与网站组建简明教程/管正，袁珂　编著. —北京：清华大学出版社，2009.3
(计算机应用能力培养丛书)

ISBN 978-7-302-19610-5

Ⅰ. D…　Ⅱ. ①管…　②袁…　Ⅲ.主页制作—图形软件，Dreamweaver CS4—教材　Ⅳ. TP393.092

中国版本图书馆 CIP 数据核字(2009)第 025329 号

责任编辑：王　军　李维杰
装帧设计：孔祥丰
责任校对：胡雁翎
责任印制：李红英
出版发行：清华大学出版社
　　http://www.tup.com.cn
　　社　总　机：010-62770175
　　投稿与读者服务：010-62776969，c-service@tup.tsinghua.edu.cn
　　质　量　反　馈：010-62772015，zhiliang@tup.tsinghua.edu.cn
　　地　址：北京清华大学学研大厦 A 座
　　邮　编：100084
　　邮　购：010-62786544
印 刷 者：北京市人民文学印刷厂
装 订 者：三河市溧源装订厂
经　销：全国新华书店
开　本：185×260　**印　张：**14.5　**字　数：**360 千字
版　次：2009 年 3 月第 1 版　　**印　次：**2009 年 3 月第1 次印刷
印　数：1～6000
定　价：22.00 元

本书如存在文字不清、漏印、缺页、倒页、脱页等印装质量问题，请与清华大学出版社出版部联系调换。联系电话：(010)62770177 转 3103　　产品编号：028209-01

前 言

高职高专教育以就业为导向，以技术应用型人才为培养目标，担负着为国家经济高速发展输送一线高素质技术应用人才的重任。近年来，随着我国高等职业教育的发展，高职院校数量和在校生人数均有了大幅激增，已经成为我国高等教育的重要组成部分。

根据目前我国高级应用型人才的紧缺情况，教育部联合六部委推出“国家技能型紧缺人才培养培训项目”，并从 2004 年秋季起，在全国两百多所学校的计算机应用与软件技术、数控项目、汽车维修与护理等专业推行两年制和三年制改革。

为了配合高职高专院校的学制改革和教材建设，清华大学出版社在主管部门的指导下，组织了一批工作在高等职业教育第一线的资深教师和相关行业的优秀工程师，编写了适应新教学要求的计算机系列高职高专教材——《计算机应用能力培养丛书》。该丛书主要面向高等职业教育，遵循“以就业为导向”的原则，根据企业的实际需求来进行课程体系设置和教材内容选取。根据教材所对应的专业，以“实用”为基础，以“必需”为尺度，为教材选取理论知识；注重和提高案例教学的比重，突出培养人才的应用能力和实际问题解决能力，满足高等职业教育“学校评估”和“社会评估”的双重教学特征。

每本教材的内容均由“授课”和“实训”两个互为联系和支持的部分组成，“授课”部分介绍在相应课程中，学生必须掌握或了解的基础知识，每章都设有“学习目标”、“实用问题解答”、“小结”、“习题”等特色段落；“实训”部分设置了一组源于实际应用的上机实例，用于强化学生的计算机操作使用能力和解决实际问题的能力。每本教材配套的习题答案、电子教案和一些教学课件，均可在该丛书的信息支持网站(http://www.tupwk.com.cn/GZGZ)上下载或通过 Email(wkservice@tup.tsinghua.edu.cn)索取，读者在使用过程中遇到了疑惑或困难可以在支持网站的互动论坛上留言，本丛书的作者或技术编辑会提供相应的技术支持。

Dreamweaver CS4 是 Macromedia 公司(已被 Adobe 公司收购)推出的最新网页制作工具，拥有十分强大的功能，并针对当前 Web 开发的新特点，集成了 Spry 框架，使得可以可视化地制作 Ajax 页面。使用 Dreamweaver CS4 可以非常轻松地制作出跨越不同平台和浏览器的专业级网页。

本书依据教育部《高职高专教育计算机公共基础课程教学基本要求》编写而成，针对初学人员的特点，从 Dreamweaver 网页制作的基础知识和技能入手，由浅入深、循序渐进地帮助读者掌握 Dreamweaver 这个利器。全书共 13 章，第 1~8 章介绍 Dreamweaver 网页制作的基础知识，包括文本、图像、超级链接、Flash 动画等常见网页元素的添加方法，以及行为、表单，使用 CSS+Div 进行网页布局等；第 9~11 章介绍如何组建 Dreamweaver 本地站点，框架、模板在组建站点时发挥的作用，以及远程站点的配置，本地站点的发布等；第 12 章介绍 Dreamweaver CS4 中的 Ajax 技术——Spry 框架的用法；为提高读者的综合应用能力，第 13 章演示一个完整站点的制作过程。

此外，全书遵循 Web 标准来制作网页，摒弃了传统的以表格来布局页面的做法，而改用当前流行的 CSS+Div 网页布局方式，从而使读者从一开始便养成良好的制作习惯。读者还可通过本书所支持的网站下载学习过程中的素材和相关文件。

由于计算机科学技术发展迅速，再者受自身水平和编写时间所限，书中如有错误或不足之处，欢迎广大读者对我们提出意见或建议。

作 者

目 录

第 1 章

导　论

本章介绍网页的基础知识，以及 Dreamweaver CS4 的工作界面和基本操作。通过本章的学习，应该完成以下**学习目标**：

- ☑ 了解网页的工作原理
- ☑ 了解网页中的组成元素
- ☑ 了解制作网页的相关工具
- ☑ 了解并掌握网页的设计原则
- ☑ 学会如何对网页进行构思
- ☑ 掌握网页的制作流程
- ☑ 熟悉并学会定制 Dreamweaver CS4 的工作环境
- ☑ 学会新建、编辑、保存和预览页面

1.1　网页的基础知识

Internet 实现了全球资源的共享，是一个巨大的信息库，而用于承载这些信息的便是网页。网页又被称为 Web 页，是一个纯文本文件，它以超文本和超媒体为技术，采用 HTML、CSS、XML 等语言来描述组成页面的各种元素，包括文字、图像、音乐等，并通过客户端浏览器进行解析，从而向浏览者呈现各种信息。

1.1.1　网页的工作机制

网页所基于的底层技术是 HTML 和 HTTP，在过去，制作网页都需要专门的技术人员来逐行编写代码，编写的文档称为 HTML 文档。一个 HTML 网页文件包含了许多 HTML 标签，这些标签是一些嵌入式命令，提供网页的结构、外观和内容等信息。Web 浏览器(如 Internet Explorer、Maxthon、Firefox 等)通过这些信息来决定如何显示网页。下面的代码提供了一个普通网页的基本组成结构信息：

```
<HTML>
<head>
    <title>网页的标题</title>
</head>
<body>
```

```
    网页的正文
</body>
</HTML>
```

然而这些 HTML 文档类型的网页仅仅是静态的网页，随着网络和电子商务的快速发展，人们要求网页有更好的用户体验，包括更好的交互性和安全性。于是产生了许多网页设计新技术，包括 ASP 技术、JSP 技术、PHP 技术等，采用这些技术编写的网页文档又称为 ASP 文档、JSP 文档等，这种文档类型的网页由于采用了动态页面技术，所以界面往往拥有更佳的友好性和交互性。

无论是 ASP、JSP，还是 PHP，它们都基于 HTML 标签，是对 HTML 标签的扩展。它们通过将 VBScript、JavaScript 代码内嵌于 HTML 标签中，来构建 Web 应用程序，从而实现网页的交互性。例如，下面代码(ASP 技术)用于实现根据用户选择来进行页面跳转：

```
<HTML>
<head>
    <title>跳转到的页面</title>
</head>
<% Dim xuanze xuanze=Request.Form("select")%>
<% Select Case xuanze
    Case 1
            Response.Redirect("http://www.tup.com.cn")
    Case 2
            Response.Redirect("http://www.cmbook.cn")
    Case 3
            Response.Redirect("http://www.hep.edu.cn")
    Case 4
            Response.Redirect("http://www.china-pub.com.cn")
    End Select
%>
<body>
    网页的正文
</body>
</HTML>
```

用户通过网址来访问网页。网页的网址又称为 URL(统一资源定位器)，它指出了网页的位置以及存取方式，如 http://auto.sina.com.cn/history/index.htm，其中包括如下几个部分：

- 通信协议：也就是 http 部分，除了 HTTP 协议外，网络中常用的还有 FTP、Gopher、News 等。
- 主机名：也就是 auto.sina.com.cn 部分，指出了网站的主机地址，当然也可以用诸如 202.103.185.242 的 IP 形式来表示，效果是一样的。
- 所要访问的文件路径和文件名：也就是/history/index.htm 部分，指明了要访问的网页文件的具体位置，主机名与文件路径之间用“/”符号隔开。

> 什么是 IP 地址？
>
> IP 地址是用于标识网络中计算机的一组数字号码，在 Web 浏览器中输入网站所在服务器的 IP 地址，即可访问该网站。当前，IPv4 定义的有限 IP 地址空间即将被耗尽，地址空间的不足必将妨碍 Internet 的进一步发展。为此，出现了 IPv6，IPv6 中的地址位数为 64 位，即有 2^{128}-1 个 IP 地址。IPv6 已经成为下一代的 Internet 协议，将在 3G、个人智能终端、IP 电信网、家庭游戏、在线游戏等业务方面发挥重大作用。

Web 服务器在收到用户请求浏览网页的信息后，对网页的内容进行解析后，将解析的结果回馈给网络中要求访问该网页的浏览器并进行呈现，这个过程如图 1-1 所示。

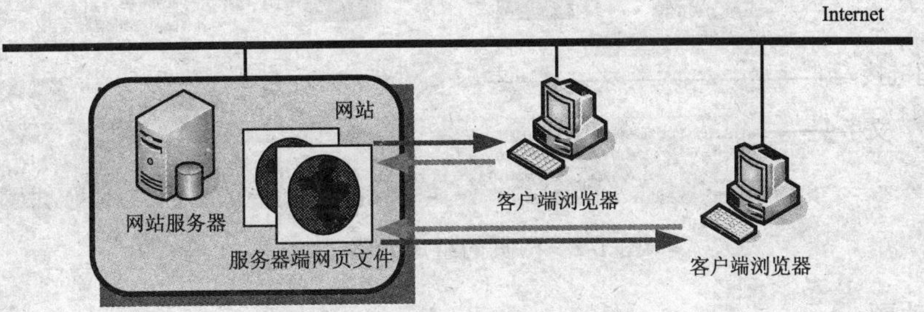

图 1-1　网页的访问过程

根据 Web 服务器对网页文件的处理过程，可以将网页分为静态网页和动态网页两种。静态网页在 Web 服务器端不进行处理，Web 服务器只负责找到站点内用户请求的网页文件，然后直接发送到用户的浏览器端呈现。这类网页通常是采用 HTML 语言编写的网页，虽然制作简单，但缺乏灵活性。

动态网页则需要 Web 服务器根据用户提供的不同信息而进行数据处理，从而动态地生成不同的网页内容，然后才将结果发送到浏览器端呈现。这类网页通常采用 ASP、PHP 或 JSP 技术来制作，读者除了需要具备网页设计的基本知识外，还需要掌握相关的编程知识和数据库知识。建议初学者先从网页设计的基本知识入手。

1.1.2　网页的组成元素

网页由多种元素组成，包括文本、图像、Flash 动画、声音、视频、超链接、表格、导航栏、交互式表单等，如图 1-2 所示。其中，文本和图像是网页中最基本的元素，是网页最主要的信息载体。

1. 文本

文本是最重要的网页信息载体与交流工具，通过它可以非常详细地将要传达的信息传送给浏览者。而且文本在网络上的传输速度很快，用户可以很方便地进行浏览和下载。

2. 图像

图像元素在网页中具有提供信息并展示直观形象的作用，网站的 Logo(标志)、Banner(横幅)等通常采用图像形式来表现。用户可以在网页中使用 GIF、JPEG 和 PNG 等多种文件格式的图像，目前应用最广泛的是 GIF 和 JPEG 格式。

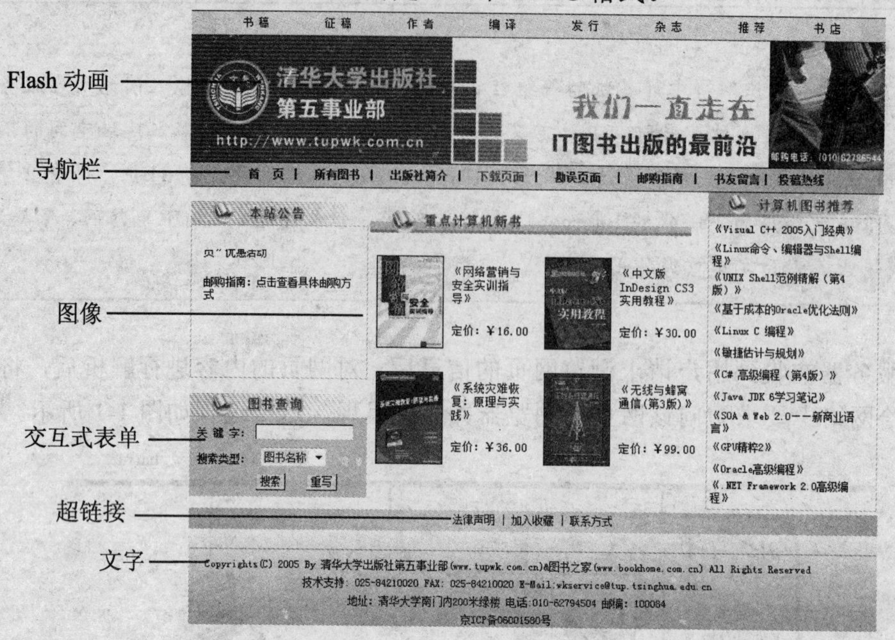

图 1-2　网页的组成元素

3. Flash 动画

动画在网页中的作用是有效地吸引访问者更多的注意。用户在设计制作网页时可以通过在页面中加入动画使页面更加活泼。

4. 声音

声音是多媒体和视频网页的重要组成部分。用户在为网页添加声音效果时，应充分考虑其格式、文件大小、品质和用途等因素。另外，不同的浏览器对声音文件的处理方法也有所不同，彼此之间有可能并不兼容。

5. 视频

视频文件的采用使网页效果更加精彩且富有动感。常见的视频文件格式包括 RM、MPEG、AVI 和 DivX 等。

6. 超链接

超链接是从一个网页指向另一个目的端的链接，超链接的目的端可以是网页，也可以是图片、电子邮件地址、文件和程序等。当网页访问者单击页面中某个超链接时，将根据自身的类型以不同的方式打开该目的端。

7. 导航栏

导航栏在网页中是一组超链接，其链接的目的端是网站中重要的页面。在网站中设置导航栏可以使访问者既快又容易地浏览站点中的其他网页。

8. 交互式表单

表单在网页中通常用来联系数据库并接收访问用户在浏览器端输入的数据。表单的作用是收集用户在网页上输入的联系信息、接受请求、反馈意见、设置签名以及登录信息等。

网页中除了上面介绍的网页元素之外，还包括悬停按钮、Java 特效、ActiveX 等各种特效。用户在制作网页时可以使用它们来点缀网页效果，使页面更加生动有趣。

1.1.3 网页制作的相关工具

早期的网页制作主要通过手工输入 HTML 代码来完成，工作量很大，随着计算机技术和网络技术的发展，网页制作工具也发生了巨大变化，性能有了很大提高。

1. 网页编辑工具

Dreamweaver 是一款专业的可视化网页编辑工具，能够快速创建各种静态、动态的网页，而且生成的代码量小。此外，Dreamweaver 还是出色的网站管理和维护工具，其最新版本为 Dreamweaver CS4。

2. 图像处理工具

网页中比较常用的图像文件是 JPEG 和 GIF 图像，两者都是压缩图像文件，体积都比较小，不会影响网页的下载时间。处理这些图像的工具主要有 Photoshop 和 Fireworks。其中，Fireworks 是 Adobe 公司专门为处理网页图像而量身定做的图形图像处理软件，和 Dreamweaver 有很好的兼容性和互操作性。同时，它内置的许多图像和按钮制作功能也使网页制作更为方便和快捷。

Photoshop 的图像处理能力比 Fireworks 要强大，尤其是它的滤镜功能可以帮助制作出丰富的艺术特效，而且使用 Photoshop 的颜色匹配功能可以很好地统一整个页面的风格。因此，制作一些高端的网页图像效果时还是首选 Photoshop。

3. 动画制作工具

目前最为流行的网页动画制作工具莫过于 Flash，它所制作出的动画文件存储空间小，画面可任意放缩而不影响品质，十分有利于网上传输。因而很多网站都使用 Flash 来制作动画，表现网站的内容。

4. 网页配色工具

网页中色彩的把握是网页制作中的一个重点和难点，使用一些专门的网页配色软件可以方便地创建网页配色方案，如“玩转颜色”、“网页配色”等。此外，一些站点也提供网页配色服务，如“蓝色理想”、“sinid”等。

5. 网站推广工具

为了提供网站的访问量，需要对网站进行宣传和推广。电子商务师、登录骑兵、网站世界排名提升专家等，都是比较优秀的网站推广软件。

1.1.4 网页的设计原则

做一个网页容易，但做一个好网页不容易，尤其是优秀的网页。它不是信息的简单堆砌，而是要根据网页的特点对信息进行筛选、整理。在设计过程中，既要考虑网页的布局，又要考虑色彩的搭配、整体的协调等。要设计好一个网页，通常有以下几项原则需要遵循：

- 条理清晰：这是网页设计需遵循的最基本原则，也就是网站中网页之间要层次分明，结构合理。要将收集到的材料有机地组织起来，为网站宣传的主题服务。
- 简洁：目前，网速仍然是遏制网络传输的瓶颈，要使自己设计的网页获得访问者的青睐，提高下载速度是必要条件之一。因而在制作网页时，应尽量避免使用较大的图片、音频、视频等信息，避免网页体积过大，尤其是首页。
- 美观：网页设计，不只是一个技术问题，更是一个艺术问题。网页的设计水平直接体现了设计者的艺术修养。在设计时，应根据不同的性质确定网页不同的风格，网页之间风格要一致，要多参考其他同种类型的网页，吸取他人优秀之处。此外，在颜色方面，要注重色彩之间的平衡。
- 兼容性好：不同的浏览器和分辨率，对网页的显示效果会有比较大的影响。目前应用最多的浏览器是微软的 IE 和网景的 Navigator 两种，国内使用 IE 的较多一些。网页设计完成以后，可以使用这两种浏览器先测试一下，没有问题后再进行发布。

除了以上的几条基本原则外，在设计网页时还需要注意的是，要力求传达信息的准确性，因为网页中大量使用了超级链接技术，错误的内容会对访问者造成非常坏的心情，直接影响到网站的整体形象。设计并上传成功的网页并不意味着工作的结束，当今社会是一个信息时代，知识在不断更新，网页也是一样，只有及时对内容进行更新和维护，才能成为佼佼者。

1.1.5 网页的构思

用户在制作网页之前，首先要进行网页的设计与构思。在网页设计的构思阶段需要认真考虑网页的主题、网页的命名、网站标志、色彩搭配和字体等要素。

1. 网页的主题

网页的主题指的是网页的题材。用户在构思网页主题时要尽量精准，范围不宜过大，内容要尽量提炼精要。最好选择自己了解的主题内容，这样在制作过程中容易收集到更多的网页素材与内容。

2. 网页的命名

网页的名称应该是网页内容的概括，访问者通过网页的名称就能够了解网页包含的内容题材。用户在设计网页名称的时候，应结合网页的主题，尽量简短精要，一般控制在 6 个汉字以内(如新浪、网易、中国新闻网、中国雅虎等)。网页名称的字数要少，以便于其他站点链接，因为站点的友情链接标志尺寸一般为 88 像素×31 像素，而 6 个汉字的宽度为 78 像素左右，刚好适合。

3. 网站的标志

网站的标志(Logo)是网站特色和内容的集中体现，一般简称为站标，放置在主页和链接页面上，如图 1-3 所示。用户在设计网站的标志时应立足于网页的名称和内容，选择符合站点特色的图形与颜色。

图 1-3 常见的网站 Logo

4. 网页色彩的搭配

网页给访问者的第一印象来自其页面颜色的视觉冲击。网页色彩的选取得当与否是网站能否成功的重要因素，不同颜色的搭配不仅会产生不同的视觉效果，还会影响浏览者的情绪。通常适合网页标准的颜色有黄/橙色、蓝色、黑/灰色三大系。另外，网页中的标准色彩不宜过多，太多的颜色会使人眼花缭乱。标准色彩主要应用于网站的标志与字体颜色。

5. 字体

网页中标准字体指的是用于网站标志、主菜单和标题的特有字体。默认的字体为宋体。用户在制作网页的过程中为了体现网页的特有风格，也可以根据需要选择一些特殊字体，如华文行楷、方正楷体、隶书和华文新魏等。

1.1.6 网页的制作流程

用户在制作网页的过程中，要遵循一定的流程才能协调分配整个制作过程的资源与进度。网页的设计制作步骤按先后顺序可以分为：建立目标规划、设计页面版式、收集与加工网页制作素材、编辑网页内容、测试并发布网页这几个部分。

- 建立目标规划：用户在制作网页之前，必须首先要明确网页的制作目标，以及创建的网页将要实现的效果。目标明确后，将相关的设计构思打印出来，作为今后网页设计过程中的指导依据。
- 设计页面版式：一个网页成功与否，版式设计是很重要的因素。用户在设计页面版式的过程中，需要安排网页中文本、图像、导航条、动画等各种元素在页面中显示的位置以及具体数量。
- 收集与加工网页制作素材：制作网页所需要的素材包括文字、图像、Flash 动画、音乐和多媒体文件等。用户可以通过网络和光盘收集所需要的网页元素，再使用 Fireworks 和 Flash 等工具软件制作出符合要求的网页制作素材。
- 编辑网页内容：完成网页版式设计和网页素材收集工作之后，下面就可以开始具体实施设计，将网页按照设计的方案设计出来，通过 Dreamweaver 等网页编辑工具软件在具体的页面中添加实际内容。在这个阶段，用户需要对网页进行反复地编辑和修改，确保网页最终的显示效果。
- 测试并发布网页：在完成网页的制作工作之后，用户需要对网页效果进行充分地测试，以保证页面中各元素都能正常显示。为了使其他用户可以通过网络访问网页，还必须将网页上传到所申请的远程站点上。发布成功后，用户还必须时常更新网页中的信息以保持页面内容的新颖。

1.2 初识 Dreamweaver CS4

启动 Dreamweaver CS4，利用出现的“欢迎屏幕”(图 1-4 所示)可以快速进入最近使用过的页面，只需在【打开最近的项目】列表中单击该页面名称即可。如果用户要编辑的页面不在列表中，可单击列表底部的【打开】按钮，在打开的对话框中导航到要编辑的页面后再将其打开。

通过【新建】区域，用户可以选择要创建页面的类型或基于的模板，它们提供了制作网页的起点，而每一个都有不同的页面布局。通过屏幕底部的【快速入门】、【新增功能】等链接，用户还可以浏览 Dreamweaver CS4 提供的相关帮助内容或主题。选中【不再提示】复选框，下次启动 Dreamweaver CS4 时将不再出现“欢迎屏幕”。

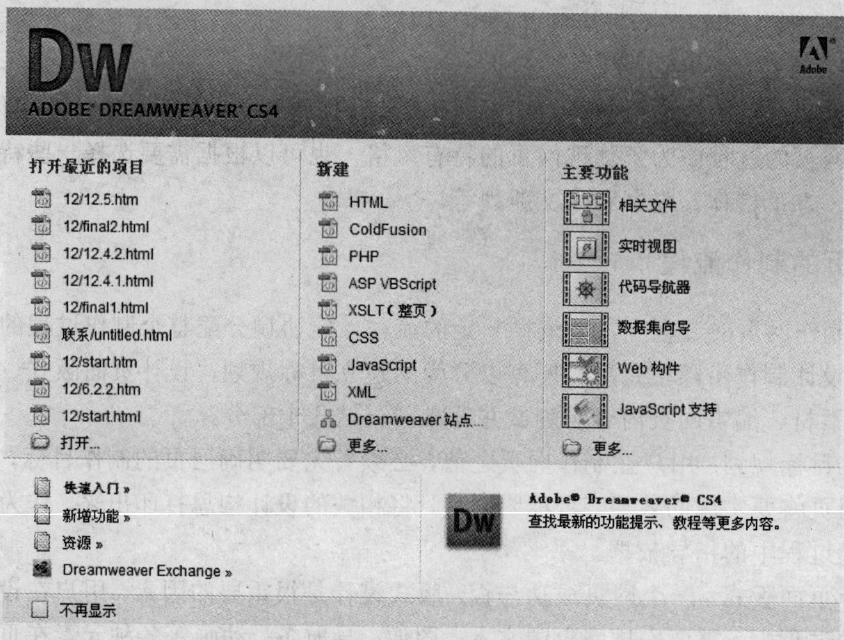

图 1-4 “欢迎屏幕”

在“欢迎屏幕”的【新建】区域单击【HTML】，打开一个新的空白页面，进入 Dreamweaver CS4 的工作界面，如图 1-5 所示。

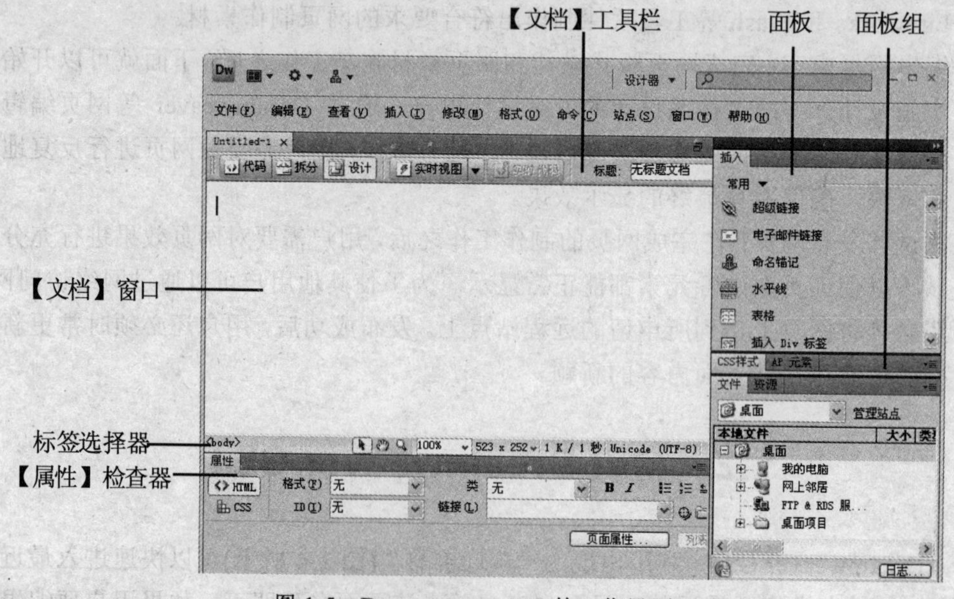

图 1-5 Dreamweaver CS4 的工作界面

1.2.1 文档窗口

【文档】窗口是利用 Dreamweaver 进行网页制作的主要区域，分为 3 个部分：最上边是【文档】工具栏，包含了切换视图按钮和各种查看选项；中间是显示窗口，用于显示当前文档操作效果，有【代码】视图、【设计】视图和【拆分】视图 3 种方式；最下边是状态栏，用于显示环绕当前选定内容的标签的层次结构，并提供与正文编辑有关的信息，如窗口大小、文档大小、估计下载时间等。

- 【代码】视图：在该视图下，文档以 HTML 语言的形式显示。可以手工编写 HTML、JavaScript 代码，以及服务器语言代码 ASP、JSP、PHP 等，对文档进行精确控制。
- 【设计】视图：在该视图下，文档以完全可视化的形式显示。这是一个用于可视化页面布局、可视化编辑和快速应用程序开发的设计环境，文档显示效果与在浏览器中观看网页时效果相似。
- 【拆分】视图：兼具【代码】视图和【设计】视图的优点，既可以手工编辑代码，也可以可视化编辑文档，方便同时操作。

这 3 个视图是紧密相连的，在【设计】视图中，只要页面发生了变化，其结果就会立刻显示在【代码】视图中，反之亦然。在【设计】视图中打开图 1-6 上方所示的页面文档，用鼠标选中“下载页面”文字。在【文档】工具栏单击【代码】视图按钮 代码 ，可以发现相应的源代码会被选中，如图 1-6 下方所示。按下 Delete 键，在【代码】视图中删除选中的文字，返回到【设计】视图可以对修改进行审核。

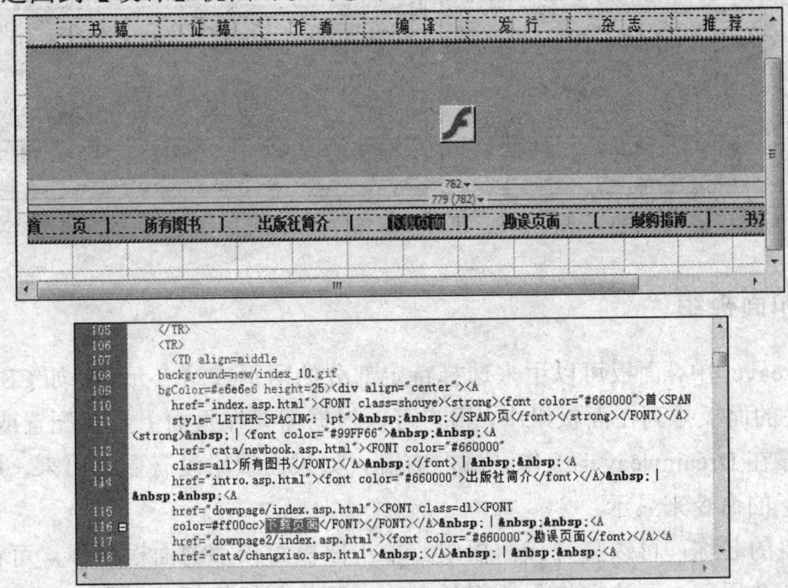

图 1-6 【设计】视图与【代码】视图

在【文档】工具栏单击【拆分】视图按钮 拆分 ，可同时显示页面和源代码。将光标定位在源代码和显示文档之间的框上，当光标显示为水平的上下箭头时拖动，可调整两个视图的大小，如图 1-7 所示。在任何一个视图中所作的修改，都将立刻反映到另一个视图中。

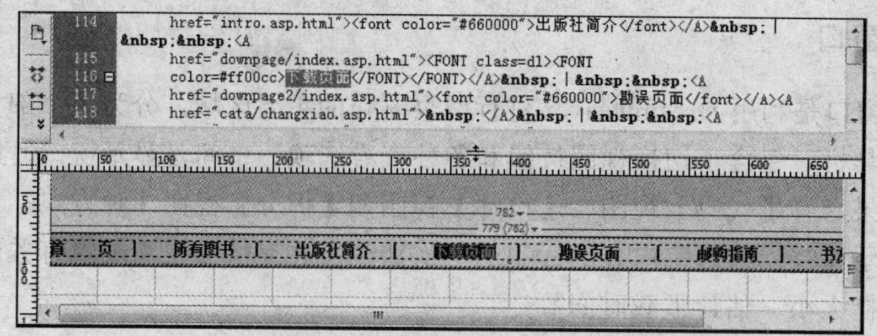

图 1-7　在【拆分】视图中同时编辑源代码和页面

将光标定位到页面中的文字“编译”，标签选择器显示出最靠近当前光标所在位置的一系列标签，这里显示为<a>。单击左侧标签<div>，可以发现扩展了选择，如图 1-8 所示。标签选择器可用于准确地选择要修改的部分和清晰地显示 HTML 的结构。虽然标签选择器对于选择特定代码区域相当重要，但状态栏用一个更加视觉化的方法提供了另一个特性，即缩放工具，以方便用户对页面的某个局部进行细致观察和修改。

单击状态栏上的【缩放工具】按钮，在【设计】视图中要放大的区域单击，可使该部分放大显示，每单击一次，页面放大一次，放大比率按照【设置缩放比率】列表中的设置执行。按住 Alt 键并单击鼠标，可缩小页面显示。

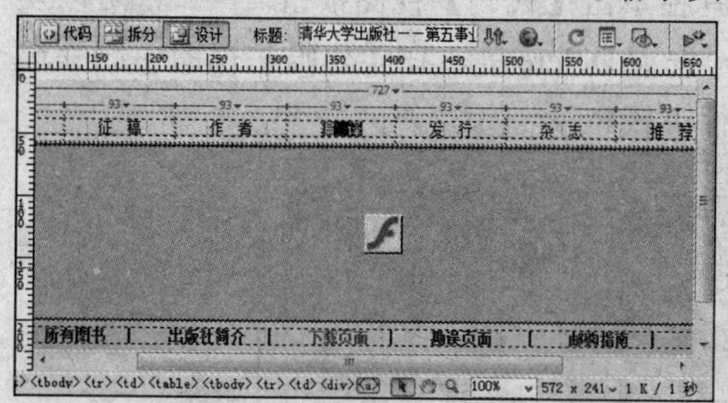

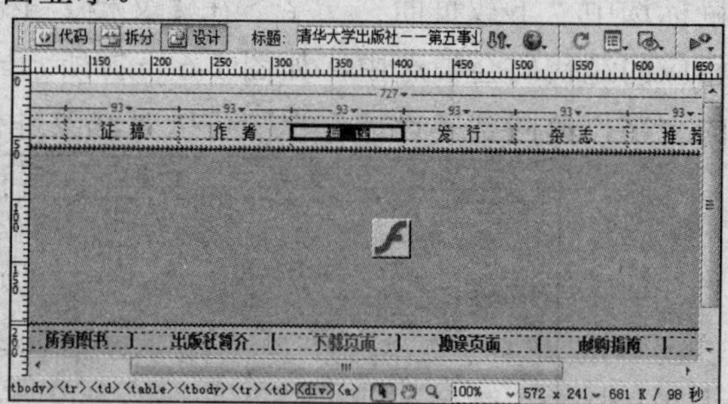

图 1-8　使用标签选择器

1.2.2　面板和面板组

在 Dreamweaver 中，面板可以用来选择特定部分的网页或站点元素，如 CSS 样式或服务器代码。相关的面板排列在面板组中，用户可以根据需要在页面上重新配置或定位面板。面板组默认停靠在 Dreamweaver 工作区域的右侧，如果面板组没有显示出来，用户可通过【窗口】菜单下的命令来显示。

单击面板组的名称，可以打开该面板组，单击面板组顶部的面板名称，可在不同面板间切换，如图 1-9 所示。再次单击面板组的名称，可将面板组折叠起来。如果用户打开了多个面板组，可对单个面板组的高度进行调整。只需将光标定位到要调整面板组的底部，当出现上下方向箭头时拖动即可，如图 1-10 所示。

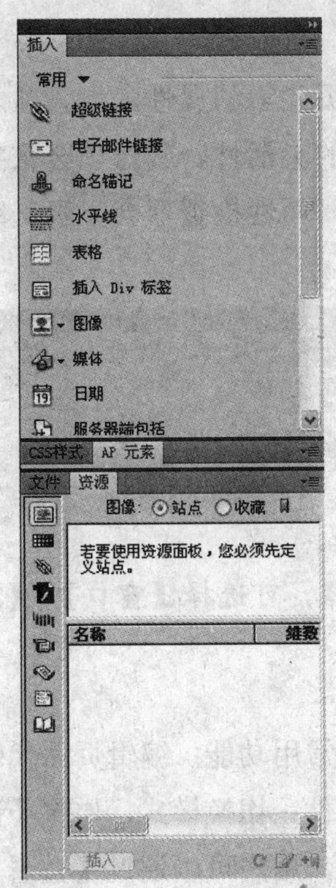

图 1-9　打开面板组和面板

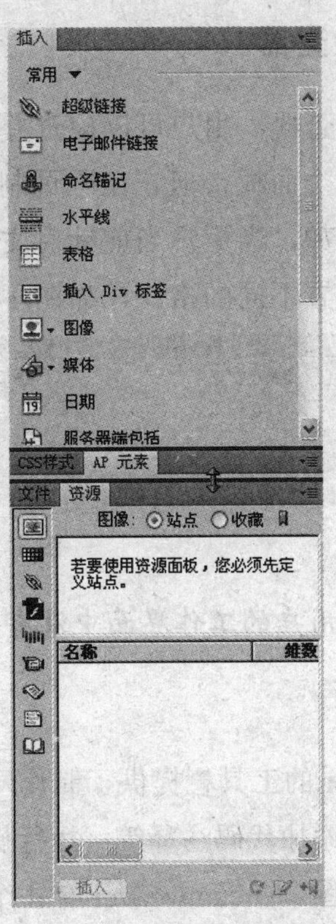

图 1-10　调整面板组的高度

尽管面板组是根据主题组织安排的，但默认的分组可能与用户的工作流程并不匹配。根据需要，您可以对 Dreamweaver 的面板进行重组或最大程度的拆分。例如，分别选择【窗口】|【框架】和【历史记录】命令，打开这两个面板组，这两个面板组都只各自包含一个面板，您可以将它们合并。将鼠标移到面板名称上，单击将其拖动到另一个面板上，当另一个面板的边框显示为蓝色时，即可将这两个面板合并，如图 1-11 左图所示，合并后的面板组如图 1-11 右图所示。

图 1-11　重新组合面板

除了可以改变面板的组合以外，您还可以解除组合，将面板单独放置到工作界面中，但我们还是建议用户将面板放置在面板组中。

在进行网页制作时，为了最大化文档窗口，也可以将面板组隐藏起来。单击面板组左侧的【折叠为图标】按钮▶▶，即可将所有面板组隐藏为图标。再次单击该按钮，可显示隐藏的面板组。

1.2.3 属性检查器

利用属性检查器，用户可以检查并编辑页面上网页元素的属性。尽管从本质上讲，属性检查器也是一个面板，但它在网页制作中具有极大的灵活性，其选项会依据用户当前的选择而变化。例如，当用户当前针对文本进行操作时，属性检查器会显示一系列针对文本的工具，用于设置不同的格式，如图 1-12 所示。

图 1-12　属性检查器

提示：如果用户的工作界面中没有显示属性检查器，可选择【窗口】|【属性】命令。

1.2.4 工具栏

Dreamweaver 的工具栏提供了制作网页所需的许多常用功能：编辑页面代码，如折叠或展开某段代码，添加代码注释等；执行操作，如获取文件；切换模式，如将【设计】视图切换为【代码】视图。Dreamweaver 有 4 个单独的工具栏，用户可以通过【查看】|【工具栏】下的命令将它们打开。

- 编码：包含可用于执行多种标准编码操作的按钮，例如折叠和展开所选代码、高亮显示无效代码、应用和删除注释、缩进代码等等。编码工具栏仅在【代码】视图下可见，且垂直显示在【文档】窗口的左侧。
- 文档：包含了一些对页面进行常用操作的功能按钮，用户单击这些按钮可以在文档的不同视图模式间进行切换，如图 1-13 所示。

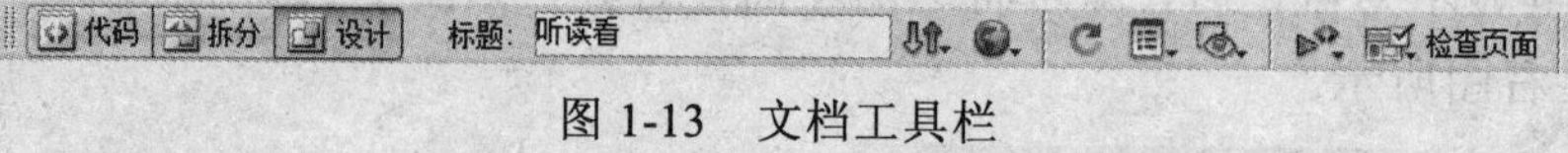

图 1-13　文档工具栏

- 标准：提供传统的文件操作，如打开、保存、撤销、剪切/复制/粘贴等，以及 Dreamweaver 的一些独有特性，如打印代码、在 Adobe Bridge 中浏览等，如图 1-14 所示。
- 样式呈现：控制【文档】窗口中呈现出来的 CSS 媒体类型，如图 1-15 所示。

图 1-14　标准工具栏　　　　图 1-15　样式呈现

提示：Adobe Bridge 是一个独立的图像浏览软件，用户可以通过它对计算机中的图像文件进行浏览和管理。

1.2.5 个性化首选参数

通过设置 Dreamweaver 的首选参数，用户可以完全控制网页的制作过程。

例 1-1 设置 Dreamweaver 的首选参数。

❶ 选择【编辑】|【首选参数】命令，打开【首选参数】对话框。系统默认打开的是【常规】选项页，如果没有显示，请在【分类】列表中单击【常规】选项。

❷ 选中【启动时重新打开文档】复选框，如图 1-16 所示。这样 Dreamweaver 在下次启动时会自动重新打开上次结束操作时未能关闭的文件。

❸ 在【历史步骤最多次数】文本框中将“50”修改成“100”。除了利用光标移动和选择外，Dreamweaver 会把用户的每个动作都视为一个历史步骤。可用历史步骤越多，可撤销的动作也就越多。

❹ 在【分类】列表中单击【复制/粘贴】选项，然后选中【带结构的文本以及全部格式】单选按钮，如图 1-17 所示。这样，从诸如 Word 等其他应用程序复制过来的素材，将在 Dreamweaver 中保留最高的保真度。

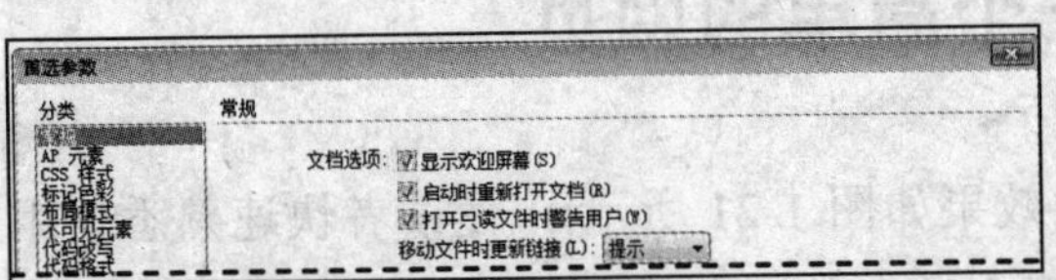

图 1-16 设置启动时重新打开未关闭文件

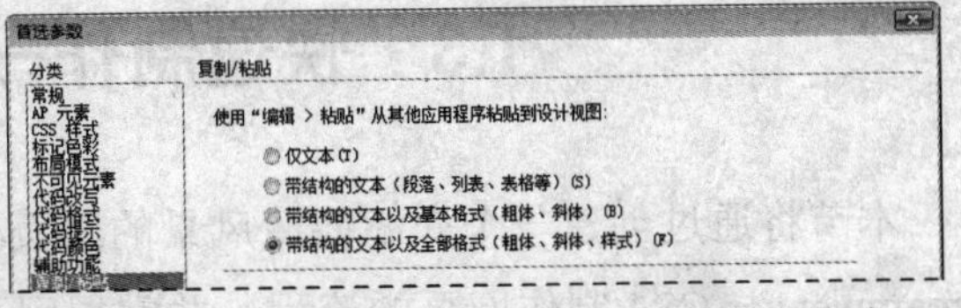

图 1-17 最大程度保留复制过来的原始格式

❺ 在【分类】列表中单击【不可见元素】选项，然后选中【注释】和【换行符】复选框，如图 1-18 所示。Dreamweaver 使用名为“不可见元素”的一系列图标，用于表明那些通常无法显示在浏览器中的网页标记。如果标记出现在页面上，图 1-18 中【显示】区域中的设置就决定了该图标是否可以显示在【文档】窗口中。

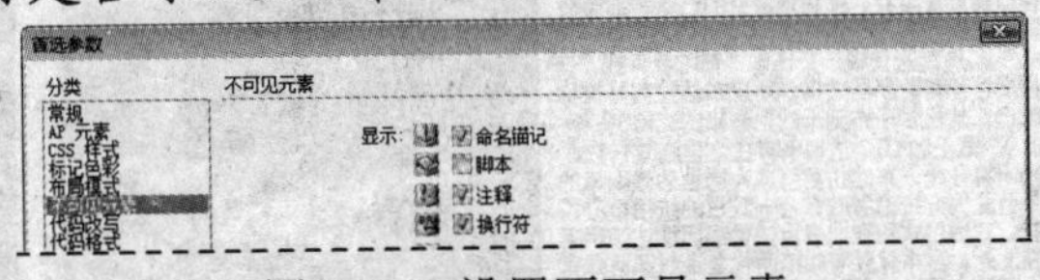

图 1-18 设置不可见元素

❻ 单击对话框底部的【确定】按钮，用户设置的首选参数都会马上生效，而无须重启 Dreamweaver CS4。

1.2.6 保存工作区

理想的工作环境设置完后，用户便可以将自己的设置保存起来，以便随时调用它。选择【窗口】|【工作区布局】|【新建工作区】命令，可命名当前的工作区并保存，如图 1-19 所示。

如果用户希望恢复 Dreamweaver 默认的工作环境，选择【窗口】|【工作区布局】|【设计器】命令即可，如图 1-20 所示。Dreamweaver 还提供了另外 7 种工作区布局，它们是专门针对不同 Dreamweaver 用户设计的。如果用户想调用自己保存的工作区，选择【窗口】|【工作区布局】下的工作区名称即可。

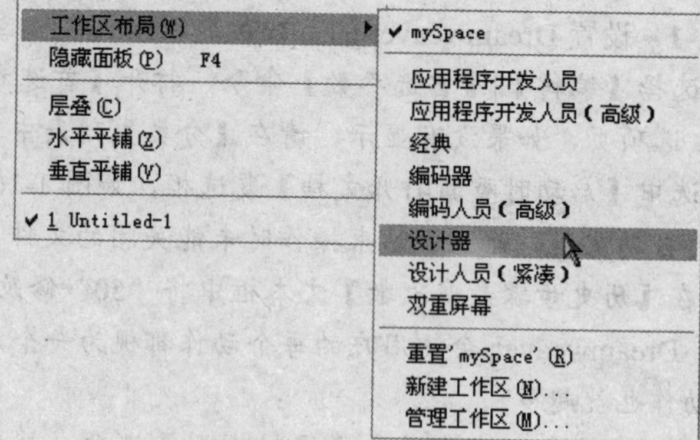

图 1-19　命名并保存工作区

图 1-20　恢复默认的工作区

1.3　快速制作一个简单的网页

本节将通过创建一个介绍西藏风景的网页(效果如图 1-21 所示)，使读者快速熟悉使用 Dreamweaver CS4 制作网页的流程，并掌握网页文档和使用 CSS 的基本操作。

图 1-21　制作的网页效果

1.3.1　新建网页文档

启动 Dreamweaver CS4，选择【文件】|【新建】命令，打开【新建文档】对话框，如图 1-22 所示。Dreamweaver CS4 提供了 32 种不同的起点文件，每一种都提供不同的页面布局，用户可以在此基础上进行修改以满足制作需求。当然，您也可以从一个空白页面开始制作。

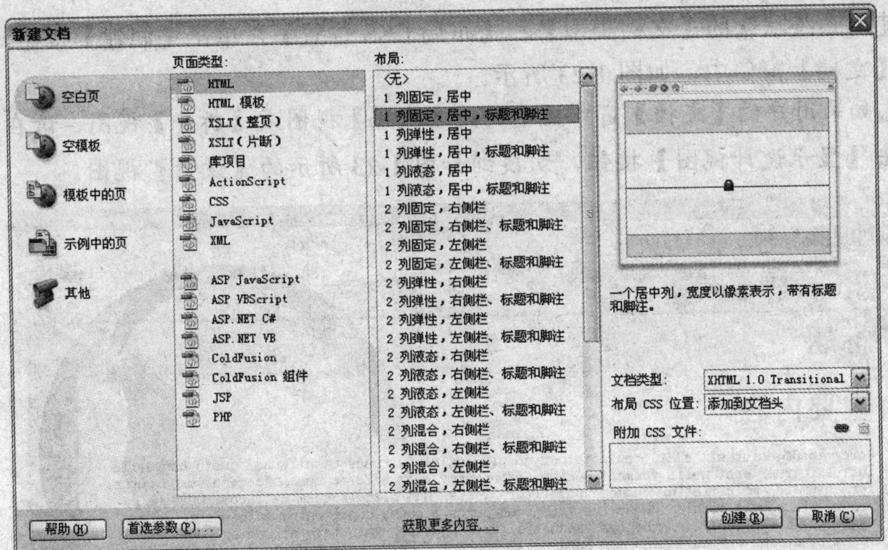

图 1-22 【新建文档】对话框

在【页面类型】列表中选择【HTML】，在【布局】列表中选择【1 列固定，居中，标题和脚注】。这种布局将使用一个挂锁符号来表明宽度是固定的，其他布局的宽度允许随浏览器的窗口宽度扩展或收缩。

预设的 CSS 布局提供了以下类型的列：

- **固定**：列宽是以像素指定的。列的大小不会根据浏览器的大小或站点访问者的文本设置来调整。
- **弹性**：列宽是以相对于文本大小的度量单位指定的。如果站点访问者更改了文本设置(很多浏览器都支持文本缩放功能，以方便浏览器阅读网页，如 Internet Explorer)，该设计将会进行调整，但不会基于浏览器窗口的大小来更改列宽度。
- **液态**：列宽是以站点访问者的浏览宽度的百分比形式指定的。如果站点访问者将浏览器变宽或变窄，该设计会进行调整，但不会基于站点访问者的文本设置来更改列宽度。
- **混合**：使用固定、弹性、液态三者的任意组合来指定列类型。例如，两列混合，一侧是具有可缩放至浏览器大小的液态主列，而另一侧则是可缩放至站点访问者的文本设置大小的弹性列。

Dreamweaver CS4 提供了 3 个创建布局 CSS 的位置：

- **添加到文档头**：将布局的 CSS 添加到要创建的页面中，CSS 代码显示在当前网页中。
- **新建文件**：将 CSS 布局保存为 CSS 格式的独立文件，然后创建具有该 CSS 布局的网页。
- **链接到现有文件**：通过指定已包含布局所需 CSS 规则的现有 CSS 文件来创建网页。使用该方式，用户需要附加外部 CSS 文件。

这里使用系统默认的【文档类型】和【布局 CSS 位置】，单击【创建】按钮，新页面将显示在【文档】窗口中，如图 1-23 所示。

提示：如果用户的【文档】窗口显示的是【代码】视图或【拆分】视图，请在【文档】工具栏单击【显示设计视图】按钮，切换到如图 1-23 所示的【设计】视图。

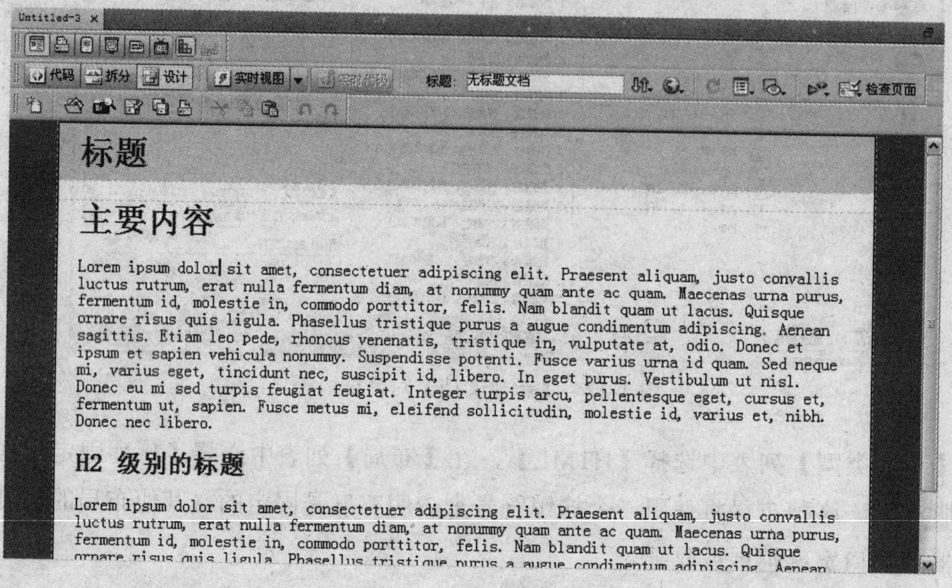

图 1-23　新创建的网页

1.3.2　修改网页标题

网页标题显示在浏览器的标题栏中，它是诸如 Google、Baidu 等搜索引擎索引网站的关键元素之一。因此，将网页标题设置为与网页内容相关的关键字，可以极大提高访客搜索到该网页从而浏览的几率。

对于新建的网页文档，Dreamweaver 默认的标题是“无标题文档”。要修改网页标题，可在【文档】工具栏的【标题】文本框中删除原有文字，然后重新输入新的网页标题，最后按 Enter 键即可，如图 1-24 所示。

图 1-24　修改网页标题

1.3.3　设置网页背景颜色

用户可以为网页设置背景颜色或图像，网页的背景颜色或图像应与网页的整体颜色相协调，以突出网页所要表达的主题。

要设置网页的背景颜色，可在工作界面右侧展开【CSS 样式】面板所在的面板组，打开【CSS 样式】面板。单击【全部】按钮以显示页面中使用的所有 CSS 规则，在规则列表中单击【body】样式，下方将显示该样式的所有属性，如图 1-25 左图所示。

在属性列表中单击【background】属性，可在右侧设置背景颜色，这里设置为“#666666”。按 Enter 键确认，此时最大化【文档】窗口可查看页面背景效果，如图 1-25 右图所示。

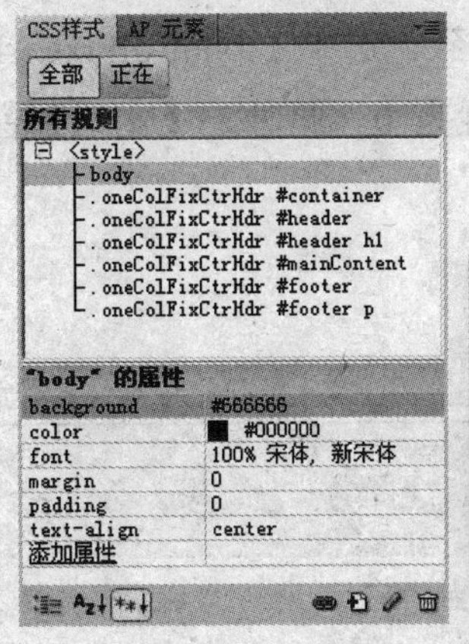

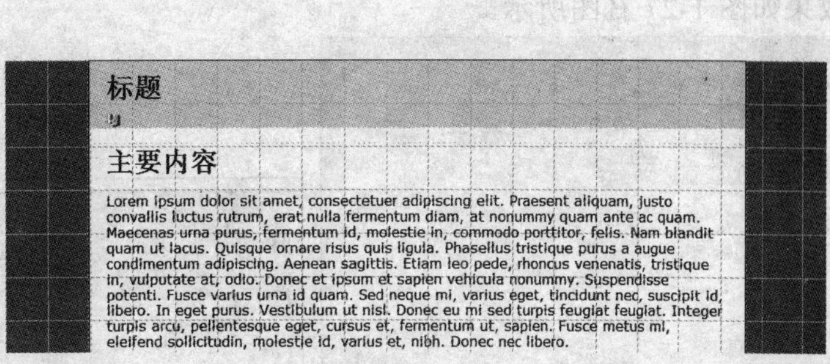

图 1-25 设置页面背景颜色

提示：如果要将图像作为页面的背景，可在【body】样式的属性列表中单击【添加属性】链接，再从属性列表中单击【background-image】选项，然后单击右侧的【浏览】按钮，打开【选择图像源文件】对话框，导航到要使用的图像文件，单击【确定】按钮即可，如图 1-26 所示。

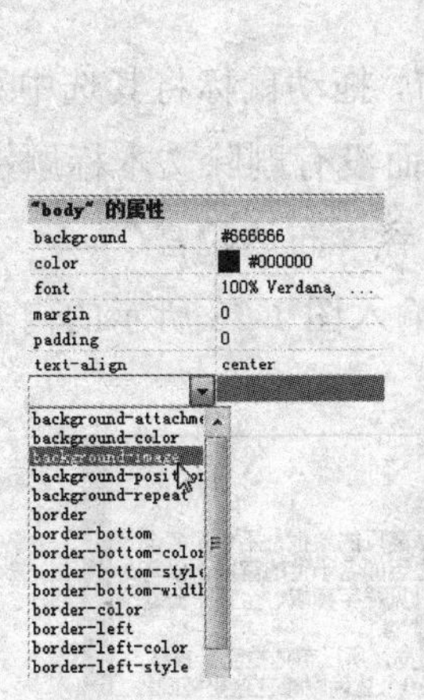

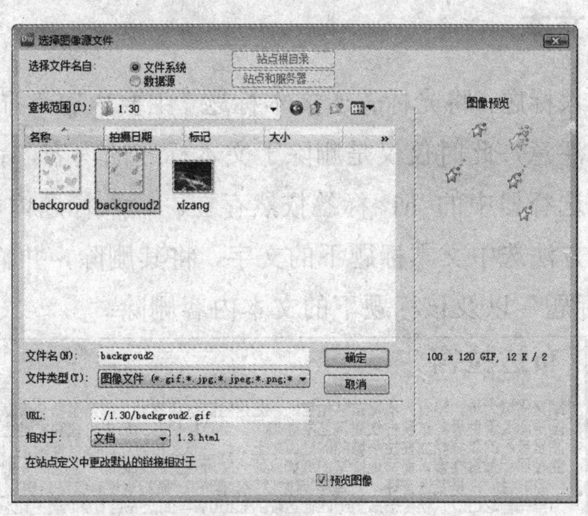

图 1-26 指定页面背景图像

1.3.4 插入 Flash 动画

在【文档】窗口中将光标置于文本占位符“标题”中，在标签选择器中单击<h1>标签将标签及其内容选中，然后按 Delete 键将其删除。在【插入】面板的【常用】类别下单击【媒体】按钮右侧小三角按钮，在下拉按钮列表中单击【SWF】按钮，打开【选择文件】对话框，导航到要插入的 Flash 文件，单击【确定】按钮，如图 1-27 左图所示。

将 Flash 文件插入到页面中后，用户需要调整网页的 CSS 布局，以使 Flash 动画能充分填充插入的区域。选中插入到网页中的 Flash 元素，在属性检查器中可以查看 Flash 的大小、高度和宽度，以及播放属性、比例等。

打开【CSS 样式】面板，在【样式】列表中选中【.oneColFixCtrHdr #conainer】样式，在其属性列表中将【width】属性设置为与 Flash 文件的宽度一致。选中【.oneColFixCtrHdr #header】样式，在其属性列表中将【padding】(填充属性)设置为 0。此时，【文档】窗口中的效果如图 1-27 右图所示。

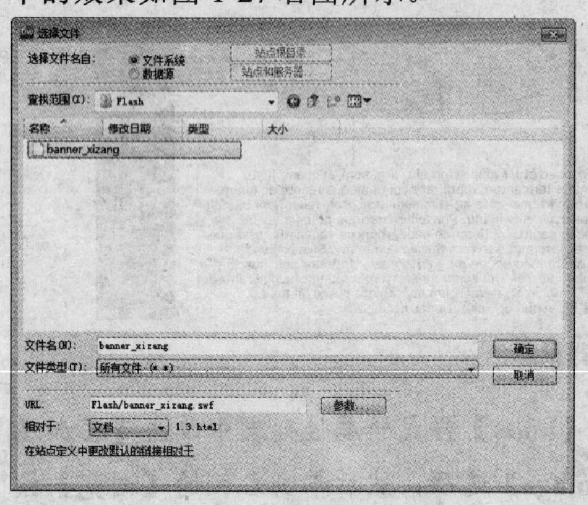

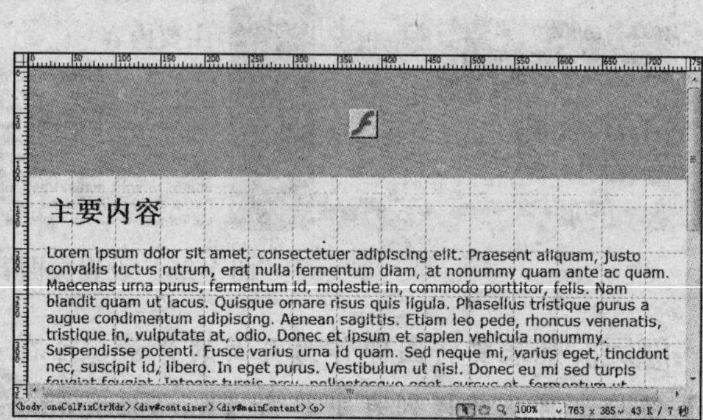

图 1-27　在页面中插入 Flash 动画

1.3.5　插入文本

首先来输入标题，将光标置于文本标题“主要内容”前，拖动鼠标将其选中并按 Delete 键将其删除。注意，此时仅仅是删除了文本标题的内容，而没有删除文本标题占位符，因而可发现标签选择器中的<h1>标签依然存在。输入标题内容“布达拉宫”。

用同样的方法选中文本标题下的文字，将其删除，并输入图 1-28 所示的内容，最后将“H2 级别的标题”以及该标题下的文本内容删除。

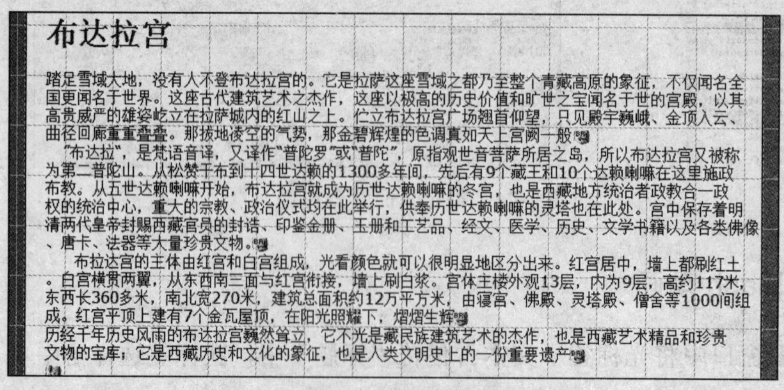

图 1-28　插入文本

将光标置于页面底部的“脚注”文本占位符，双击将其选中，然后按 Delete 键将其删除。输入版权信息，如图 1-29 所示。

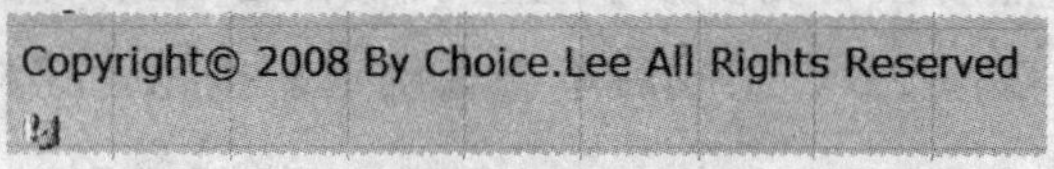

Copyright© 2008 By Choice.Lee All Rights Reserved

图 1-29　在脚注区域添加版权信息

1.3.6　插入图像

将光标置于内容段落中的第 2 行。在【插入】面板的【常用】类别下单击【图像】按钮右侧小三角按钮，在下拉按钮列表中单击【图像】按钮，打开【选择图像源文件】对话框。选中要插入到页面中的图像，单击【确定】按钮。

选中图像，将图像缩放到合适的大小，如图 1-30 所示。在属性检查器的【对齐】选项列表中选择【右对齐】，文本会围绕图像对齐到左侧或右侧，如图 1-31 所示。

图 1-30　调整图像大小

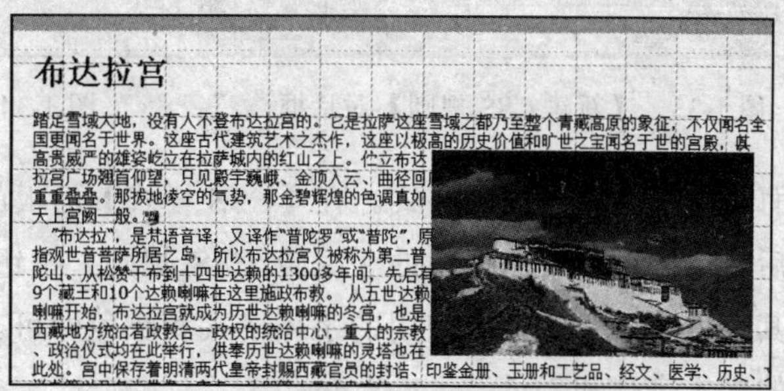

图 1-31　将图像右对齐至文本

1.3.7　插入图形背景

可以为不同的页面区域指定不同的图形背景，将光标置于页面的版权信息部分。打开【CSS 样式】面板，在【样式】列表中选中样式【.oneColFixCtrHdr #footer】，在其属性列表中向其添加【background-image】属性，并指定该区域要使用的背景图形，添加的图形和得到的效果如图 1-32 所示。

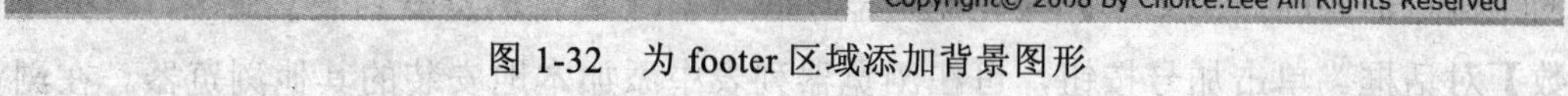

Copyright© 2008 By Choice.Lee All Rights Reserved

图 1-32　为 footer 区域添加背景图形

1.3.8　调整文本字体和颜色

使用 CSS 可以改变一个页面上或整个站点中所有标签的所有实例的外观，除此之外，用户还可以针对一个特定的页面元素来设置其 CSS 样式。例如要修改文本标题的字体和颜色，以使其更为美观。可首先将光标置于“布达拉宫”文本标题处，然后打开【CSS 样式】面板。单击属性列表右下角的【新建 CSS 规则】按钮，打开【新建 CSS 规则】对话框，如图 1-33 所示。

采用默认的设置，单击【确定】按钮，打开【CSS 规则定义】对话框。在【分类】列表中选择【类型】选项，然后在右侧参数中设置字体(Font-family)、大小(Font-size)以及字体颜色(Color)等，如图 1-34 所示。完成后单击【确定】按钮，该样式即被应用到标题文字上。

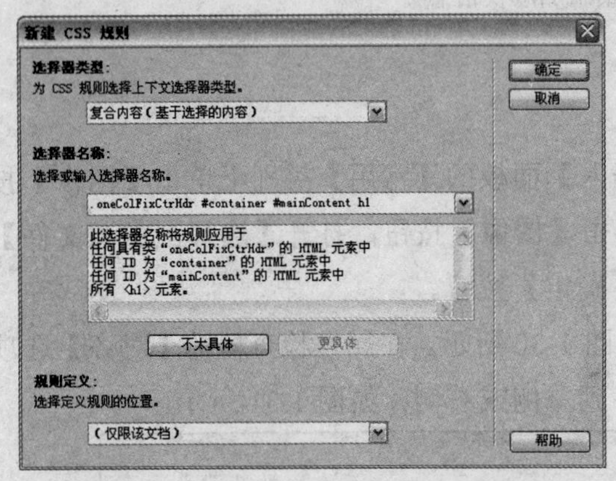

图 1-33 【新建 CSS 规则】对话框

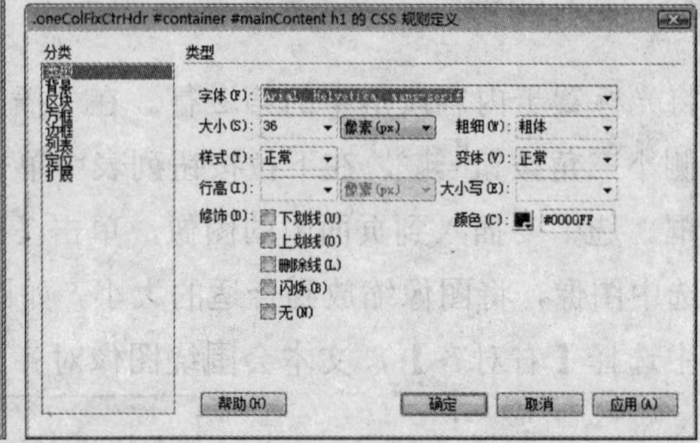

图 1-34 为标题文本创建 CSS 样式

下面来为正文内容设置格式。在【CSS 样式】面板的【样式】列表中选中【body】样式，然后单击属性列表右下角的【编辑 CSS 规则】按钮，打开【CSS 规则定义】对话框，在其中重新定义正文要使用的字体格式和颜色即可。用同样的方法设置 footer 区域版权信息的文本字体和颜色。

1.3.9 保存并预览网页

要保存网页文档，可选择【文件】|【保存】命令，或使用组合键 Ctrl+S，将打开【另存为】对话框，输入文件名，并选择文件的保存类型(这里选择【HTML 文档】类型)。文件的保存类型由用户创建的网页文档类型而定，可以是 HTML 文档，也可以是 ASP、JSP、XML 文档，还可以是库文件、模板文件等。

为了检测网页的兼容性，用户可在多个浏览器中预览自己制作好的网页，但需要指定默认的主浏览器。选择【文件】|【在浏览器中预览】|【编辑浏览器列表】命令，打开【首选参数】对话框。单击加号按钮，可在浏览器列表中添加本地安装的其他浏览器。在浏览器列表中选中要作为主浏览器的浏览器名称，选中【主浏览器】复选框即可，如图 1-35 所示。最后单击【确定】按钮完成设置。

返回 Dreamweaver，按 F12 键即可在设置的主浏览器中预览网页的效果，如前面的图 1-21 所示。如果您想在其他浏览器中预览，可单击【文档】工具栏的【在浏览器中预览/调试】右侧小三角按钮，从下拉选项中选择要使用的浏览器，如图 1-36 所示。

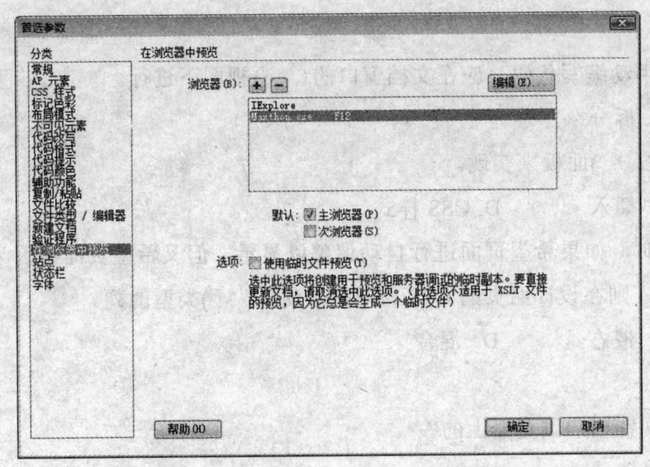

图 1-35　设置要使用的主浏览器

图 1-36　使用其他浏览器预览网页

本 章 小 结

通过对本章的学习，读者应对网页的基础知识有所了解，并能自定义 Dreamweaver CS4 的工作界面，使之更符合自己的网页制作习惯。通过章末的具体实例，读者应掌握使用 Dreamweaver CS4 制作网页的一般流程(从创建到最后的效果预览)，以及网页文档的基本操作，并对 CSS 如何控制页面元素效果有所了解。

习　题

填空题

1. 网页又称________，是一个纯文本文件，它以超文本和________为技术，采用 HTML、CSS、XML 等语言来描述组成页面的各种元素，包括文字、图像、音乐等，并通过客户端浏览器进行解析，从而向浏览者呈现各种信息。
2. 无论是 ASP、JSP，还是 PHP，它们都基于________标签，是对________标签的扩展。
3. 用户通过________来访问网页。
4. ________和________是网页中最基本的元素，是网页最主要的信息载体。
5. 网站的________是网站特色和内容的集中体现，一般简称为站标，放置在主页和链接页面上。
6. 在 Dreamweaver 中，________可以用来选择特定部分的网页或站点元素，如 CSS 样式或服务器代码。
7. 利用________，用户可以检查并编辑页面上网页元素的属性。
8. ________显示在浏览器的标题栏中，它是诸如 Google、Baidu 等搜索引擎索引网站的关键元素之一。
9. 使用________可以改变一个页面上或整个站点中所有标签的所有实例的外观，除此之外，用户还可以针对一个特定的页面元素来设置其 CSS 样式。
10. 为了检测网页的兼容性，用户可在多个浏览器中预览自己制作好的网页，但需要指定哪一个为默认的________。

选择题

11. 在 Dreamweaver 中，要对网页进行手动编写代码，应在文档窗口的(　　)视图下进行。

　A. 代码　　B. 视图　　C. 拆分

12. 要向页面中插入 Flash 动画，可通过(　　)面板来实现。

　A. 文件　　B. 资源　　C. 插入　　D. CSS 样式

13. 当站点访问者将浏览器变宽或变窄时，如果希望页面进行自动调整以显示，但又希望页面不因为站点访问者的文本设置而更改列宽度，则在设计网页的 CSS 布局时，使用(　　)类型的列。

　A. 固定　　B. 弹性　　C. 液态　　D. 混合

简答题

14. 网页是如何工作的，即它是如何呈现在用户浏览器上的？

15. 如何对网页进行构思？

16. 简述网页的设计原则和一般流程。

上机操作题

17. 利用 Dreamweaver CS4 提供的 CSS 页面布局，制作一个简单网页，要包含文本、图像等基本网页元素。

第 2 章

使用文本和图像

本章介绍网页中文本和图像元素的更多知识，包括可用的文本、图像类型，以及如何设置它们的格式。通过本章的学习，应该完成以下学习目标：

- ☑ 了解文本插入工具
- ☑ 学会对文本进行换行和分段
- ☑ 学会添加空格、水平线、日期以及一些特殊符号
- ☑ 学会创建编号列表和项目列表
- ☑ 掌握表格式文本的添加方法
- ☑ 学会设置文本的格式
- ☑ 了解网页中可用的图像类型
- ☑ 掌握在网页中添加图像的各种方法
- ☑ 学会创建鼠标经过图像
- ☑ 学会创建导航条

2.1　在网页中使用文本

文本是网页用来传递信息的最有效方式之一，也是网页中运用最广泛的网页元素。在制作网页时，除了可以在页面中直接输入文本外，用户还可以利用 Dreamweaver CS4 的文本插入工具(图 2-1 所示)，在页面中插入水平线、日期以及一些特殊字符(如版权符号)。对于具有相似性质或某种顺序的文本，用户还可以对它们应用列表。

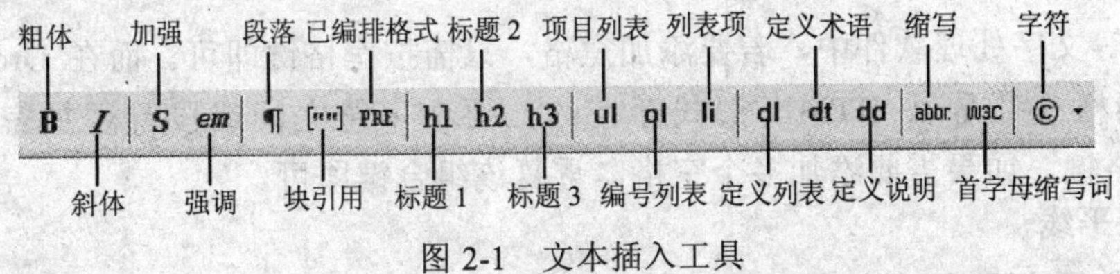

图 2-1　文本插入工具

提示：在【插入】面板的【文本】类别下，可看到各种文本插入工具。

2.1.1　使用普通文本

在网页文档中，将光标定位在需要添加文本的位置，按 Ctrl+Shift 键切换到要使用的输入法，即可进行文本的输入，如图 2-2 所示。进行文本输入时，Dreamweaver 不会自动进行换行，用户可使用 Shift+Enter 键来手动换行。如果要分段，则需要按 Enter 键。换行

时两行文本间的间距非常小，而分段时，两个段落间的间距比较大，如图 2-3 所示。

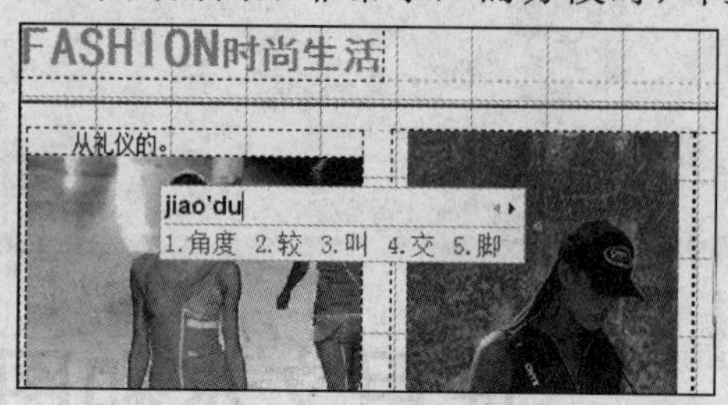

图 2-2　输入文本

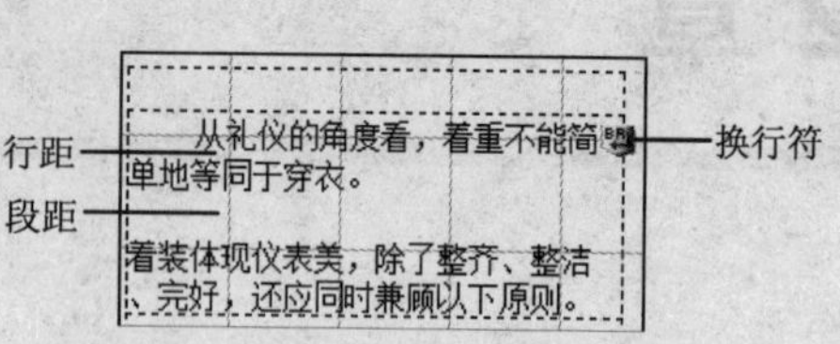

图 2-3　文本的行间距和段间距

除了直接输入文本外，用户还可以向页面中复制文本，或导入 Word、Excel 等其他应用程序中的文本。以导入 Excel 文档为例，将光标置于页面中要导入 Excel 文本的位置，选择【文件】|【导入】|【Excel 文档】命令，打开【导入 Excel 文档】对话框。选择要导入的 Excel 文档，单击【打开】按钮。稍等片刻后，Excel 数据将以表格形式显示在页面中，如图 2-4 所示。

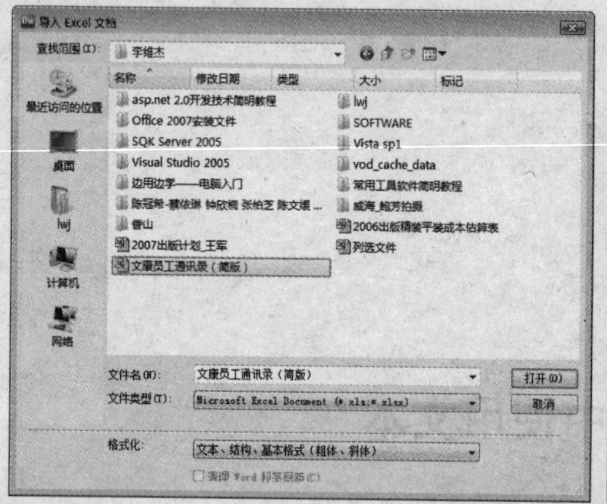

图 2-4　在页面中导入 Excel 文本

2.1.2　使用空格、水平线、日期和特殊符号

1. 使用空格

在 Word 等文字处理软件中，若要添加空格，只需按空格键即可。而在 Dreamweaver 中，由于文档格式都是以 HTML 形式存在的，要在字符之间或段首添加空格，可按 Shift+Ctrl+空格键。如果需要添加多个空格，重复该组合键即可。

2. 使用水平线

在页面中使用水平线可以更好地组织信息。例如，可以使用一条或多条水平线来分隔文本或对象，从而使网页更有条理和层次感。要在页面中添加水平线，可首先将光标定位到需要添加水平线的位置，然后选择【插入】|【HTML】|【水平线】命令即可，如图 2-5 所示。

选中添加的水平线，属性检查器中将出现其设置参数，如图 2-6 所示。用户可以在此设置水平线的高度、宽度、对齐方式以及是否启用阴影效果等。

提示：用户可通过多种方式来选中页面元素，在【设计】视图中直接单击该元素，在

标签选择器中单击该页面元素的标签，或在【拆分】视图的页面代码中选中定义该页面元素的源代码。

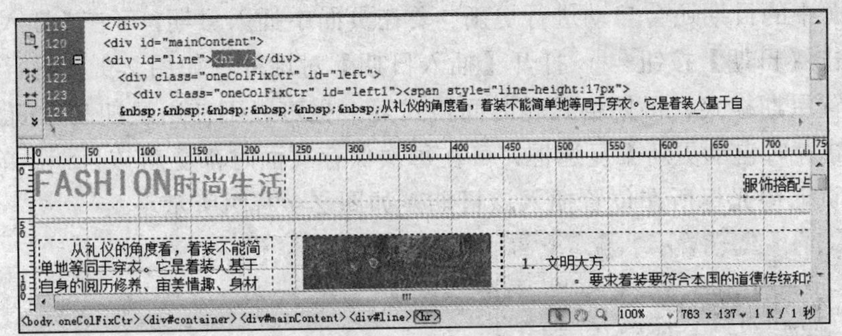

图 2-5　在页面中添加水平线

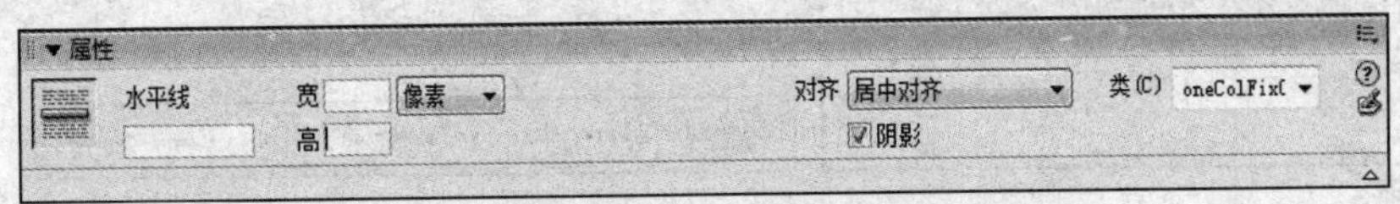

图 2-6　设置水平线属性

3. 使用特殊符号

特殊符号是指诸如版权符号、货币符号、注册商标等类型的符号。要在页面中使用特殊符号，可单击【插入】面板【文本】类别下最下方按钮旁的下拉三角按钮，如图 2-7 左图所示。Dreamweaver 将常用的特殊字符分成了 4 大类：标点符号、货币符号、版权符号和其他字符。单击要使用的符号，即可将其添加到页面中光标所在的位置，如图 2-7 右图所示。

如果用户要使用的字符不在图 2-7 左图所示的列表中，可单击【其他字符】按钮，打开【插入其他字符】对话框，从中选择要使用的字符，如图 2-8 所示。

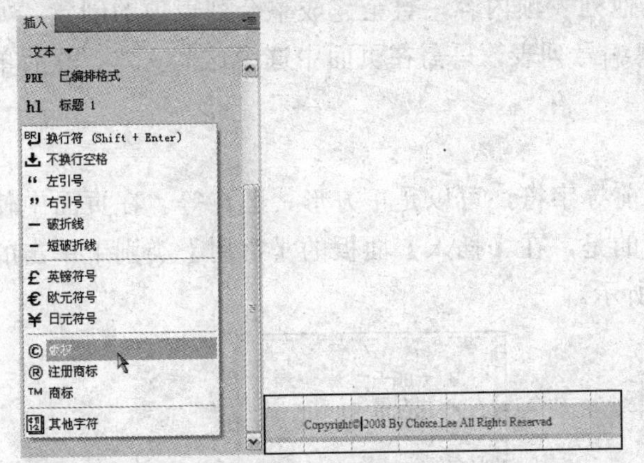

图 2-7　在页面中添加特殊字符

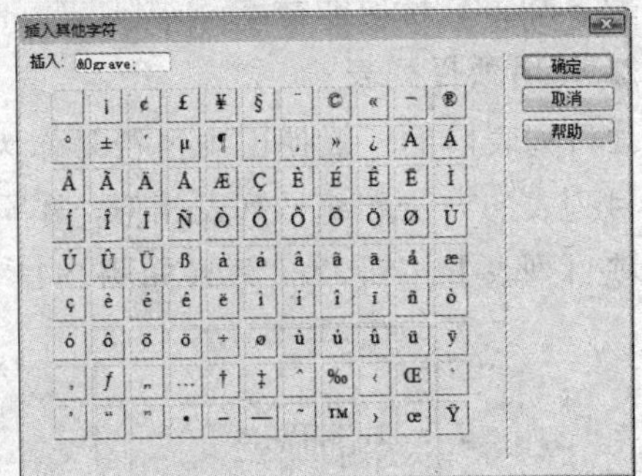

图 2-8　【插入其他字符】对话框

注意：在插入特殊字符时，由于文档编码方式的不同，可能会导致某些特殊字符不能显示。

4. 使用日期

在 Dreamweaver 中，用户可以很方便地在页面中插入当前日期。而且如果选择了自动更新，那么页面中的日期还会自动进行更新。要在页面中插入日期，可在【插入】面板【常用】类别下单击【日期】按钮，打开【插入日期】对话框，如图 2-9 左图所示。

用户可设置星期格式、日期格式和时间格式等，也可以不使用星期和时间，而只使用日期。选中【储存时自动更新】复选框，可在每次保存页面时都更新该日期。单击【确定】按钮，即可在页面中光标所在位置插入该日期，如图 2-9 右图所示。

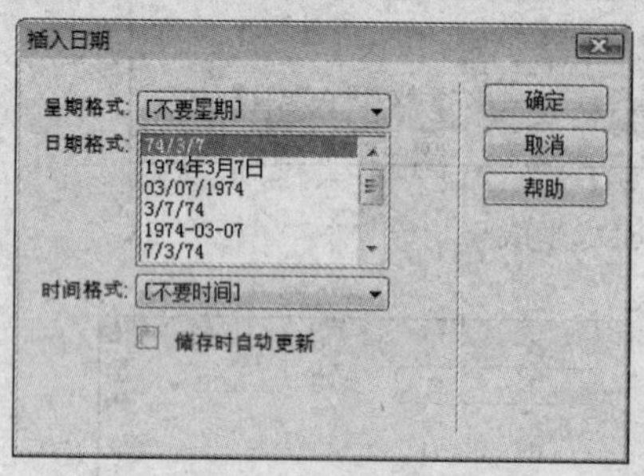

图 2-9 在页面中添加日期

2.1.3 使用并设置列表属性

Dreamweaver 完全支持编号列表和项目列表，列表常应用在条款或列举等类型的文本中，用列表的方式可使内容更直观。

1. 使用编号列表

编号列表前面通常带有数字前导字符，可以是英文字母、阿拉伯数字、罗马数字等。将光标置于页面中要创建编号列表的位置，在【插入】面板的【常用】类别下单击【编号列表】按钮 ol，页面中将出现数字前导字符。在其后输入文本内容后，按 Enter 键将换行，并出现下一个数字前导字符，继续输入其他列表项内容，直至完成整个列表项的创建，如图 2-10 所示。您也可以为已有的文本创建编号列表，只需在页面中选中这些文本，然后单击【编号列表】按钮即可。

2. 使用项目列表

项目列表前面一般使用项目符号作为前导字符，可以是正方形、圆点等。在页面中使用项目列表的方法和编号列表相似，不同的是，在【插入】面板的【常用】类别下单击的是【项目列表】按钮 ul，效果如图 2-11 所示。

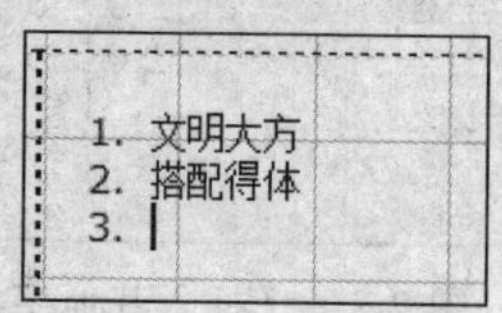

图 2-10 编号列表

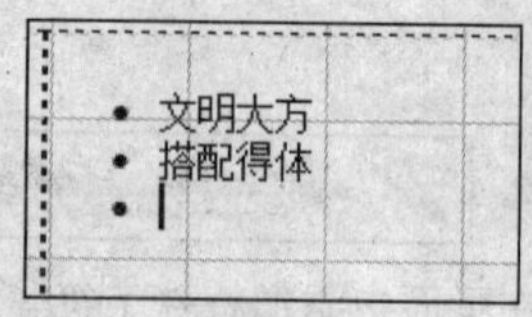

图 2-11 项目列表

3. 使用嵌套列表

列表是可以嵌套的，就是列表中可以包含其他列表。将光标置于页面中要创建嵌套列表的位置，在【插入】面板的【常用】类别下单击【编号列表】按钮，在数字前导字符后输入文本内容。按 Enter 键进行换行，单击属性检查器中的【文本缩进】按钮，页面中的效果如图 2-12 所示。

单击属性检查器的【项目列表】按钮，编号列表前导符变成了项目列表前导符，在前导符后输入文本内容，如图 2-13 所示。连续按两次 Enter 键，再次出现编号列表前导符，继续输入编号列表内容。结束输入后，按 Enter 键，可进入项目列表前导符，输入项目列表内容。重复上述操作，即可完成嵌套列表的创建，最后效果如图 2-14 所示。

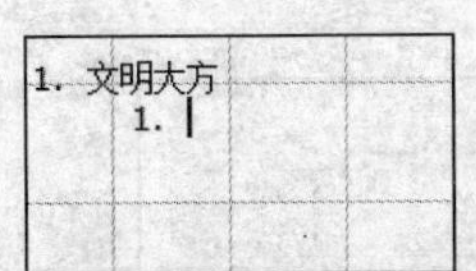

图 2-12　对文本进行缩进

图 2-13　创建嵌套列表

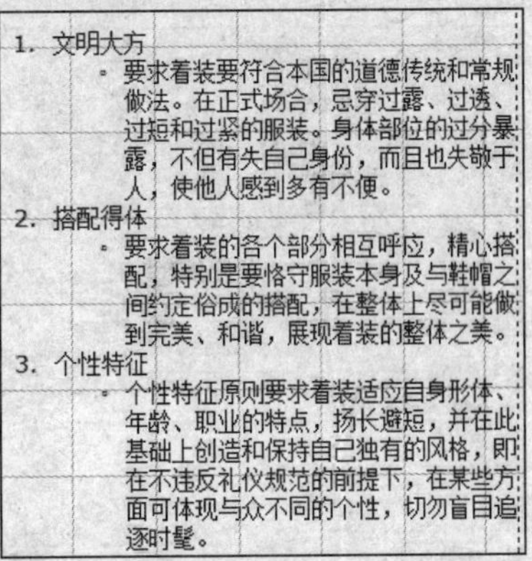

图 2-14　嵌套列表效果

4. 设置列表属性

在使用列表时，编号列表默认的前导字符是阿拉伯数字，项目列表默认的则是圆点。用户可以对列表的外观属性进行修改，改变列表的前导符号。将光标置于要修改的列表中，在属性检查器中单击【列表项目】按钮，可打开【列表属性】对话框，如图 2-15 左图所示。

在【列表类型】下拉列表中可选择列表的类型，如编号列表、项目列表等；在【样式】下拉列表中选择列表前导符号的样式(不同的列表类型，其提供的可选样式不同)。设置完成后单击【确定】按钮，页面中的列表样式将会自动进行更新，如图 2-15 右图所示。

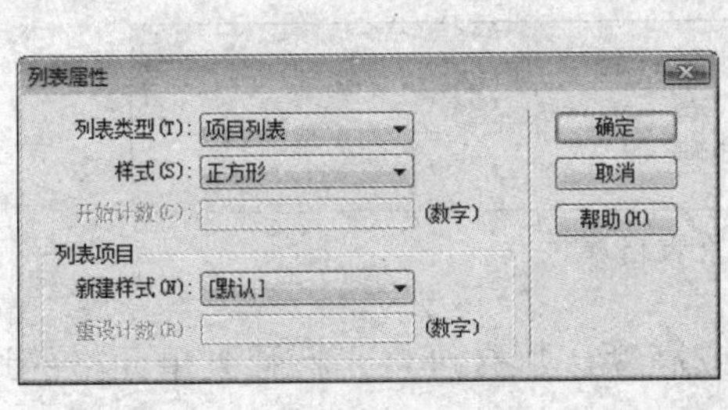

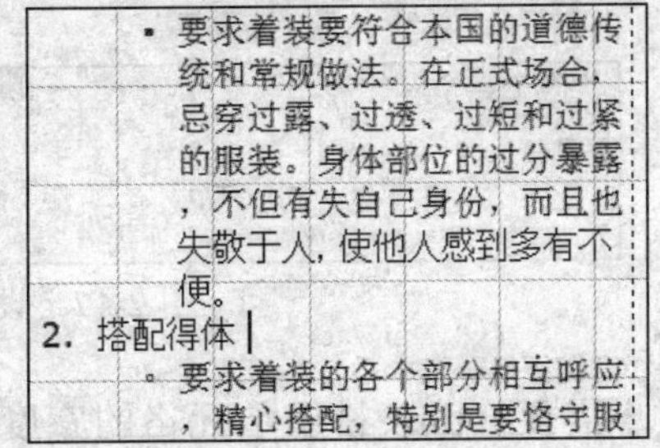

图 2-15　更改项目列表前导符

提示：如果选择的列表类型是编号列表，则【列表属性】对话框中的【开始计数】文本框可用，用户可输入编号列表的起始编号。

2.1.4　使用表格式数据

要在页面中显示已经组织好的数据，表格是最有效的方式。将光标定位到页面中要插入表格的位置，在【插入】面板的【常用】类别下单击【表格】按钮，打开【表格】对话框，如图 2-16 左图所示。输入要创建表格的行数和列数，设置表格的宽度、边框粗细，单元格的边距、间距，并设置页眉的位置。用户还可以为创建的表格设置标题，一切完成后，单击【确定】按钮，表格将以指定的方式插入页面中，如图 2-16 右图所示。

提示：在设置表格宽度时，如果使用的单位是“百分比”，表格会按照设置的百分比来填充光标所在的行，如果使用的值是 100，则表格会进行扩展，直至完全填充光标所在的列。您也可以使用“像素”作为单位，然后指定表格的具体宽度。

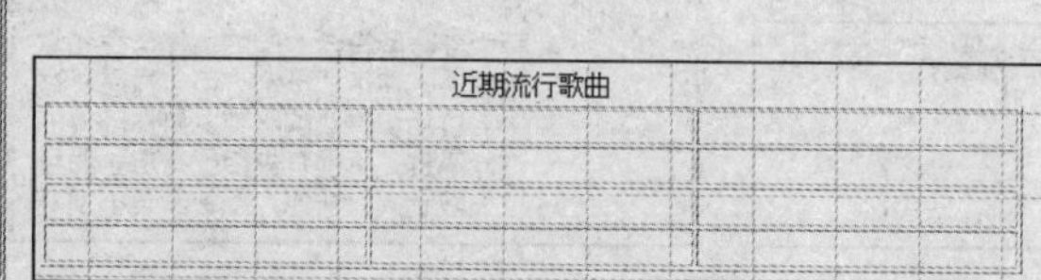

图 2-16　在页面中插入表格

在表格的单元格中输入数据，由于第一行是页眉，因而输入的文字会自动变成粗体。另外，在输入数据时，可以按 Tab 键在不同单元格间切换。按一次 Tab 键，可以将光标右移至下一个单元格。如果光标已经在本行的最后一个单元格中，那么按 Tab 键光标将移至下一行的第一个单元格中。

如果需要修改最初用来定义表格的行数或列数，可首先选中它，然后在属性检查器中进行修改即可，如图 2-17 所示。用户还可以在这里设置表格的边框宽度、对齐方式、背景颜色、边框颜色等，甚至可以单独为表格设置背景图像。要删除表格，只需选中它并按 Delete 键即可。

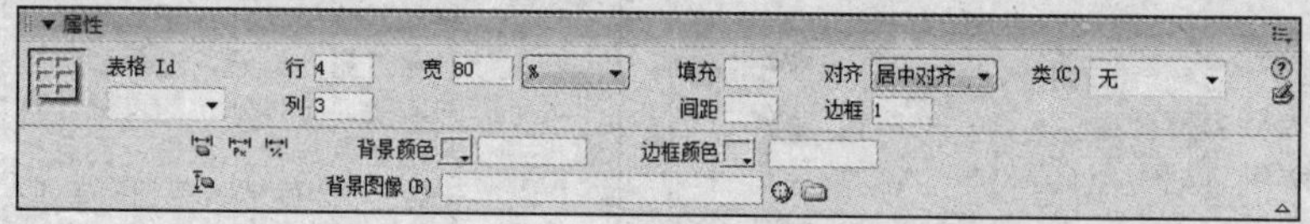

图 2-17　设置表格属性

如果用户需要修改表格中单元格的宽度或高度，那么可将光标移到单元格的边界上，当光标变成水平或垂直双向箭头时拖动即可，如图 2-18 所示。须要注意的是，改变一个单元格的宽度或高度，意味着将改变单元格所在行的宽度或高度。

用户可对表格中的单元格进行合并或拆分，要合并单元格，可首先选中它们，然后单击属性检查器中的【合并】按钮▭。要拆分某个单元格，可将光标置于该单元格，单击属性检查器中的【拆分】按钮⊐⊏，然后在打开的对话框中设置要拆分成的行数或列数即可，如图 2-19 所示。

编号	歌名	歌手
近期流行歌曲		
1	会呼吸的痛	梁静茹
2	eyes on me	王菲
3	pretty boy	M2M

图 2-18　修改单元格宽度

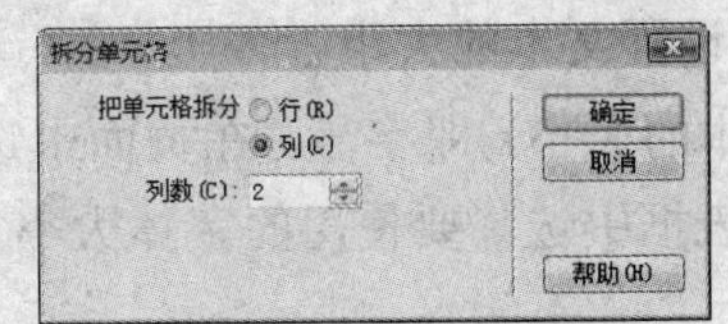

图 2-19　设置单元格要拆分成的行数或列数

2.1.5　设置文本格式

文本的字体、大小、颜色和粗斜等，是文本的基本格式。

1. 设置文本的字体

不同的字体，其显示外观是不同的。另外，不同的操作系统中所包含的字体可能不同，Dreamweaver 的页面使用的都是 HTML+CSS 的结构，浏览器在读取页面的时候都是从本地字库调用。因而，在设计者计算机上能正常显示的字体并不意味着在访客浏览器上就一定能正确显示。

为了使访客看到的页面效果保持一致，网页中的文本通常都采用最常用的字体。例如中文采用“宋体”，英文采用“Arial”等。此外，网页制作者还可以编辑一个字体列表，当访客计算机中没有第一种字体时，就按照字体列表中的第二种字体来显示，这样也可以尽可能地保持页面外观一致。

将光标置于页面中的文本处，单击属性检查器中的【CSS】按钮 CSS ，在【字体】下拉列表中的【编辑字体列表】命令，打开【编辑字体列表】对话框，如图 2-20 所示。在【可用字体】列表框中选择需要添加的字体，单击按钮«将其添加到左侧【选择的字体】列表框中。如果需要在字体列表中添加多种字体，重复操作即可。要删除字体列表中的某个字体，在【选择的字体】列表框中选中它后，单击按钮»即可。

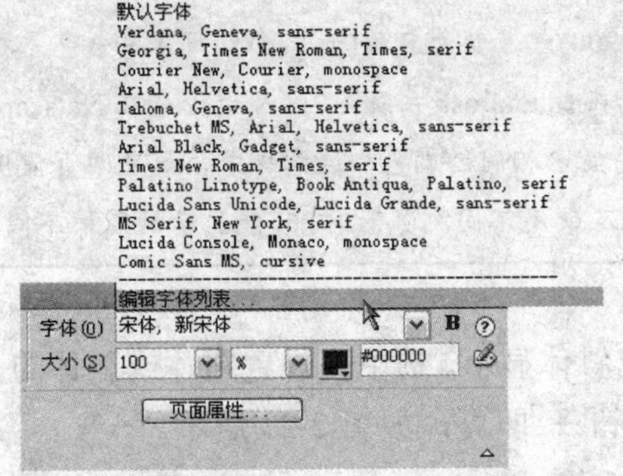

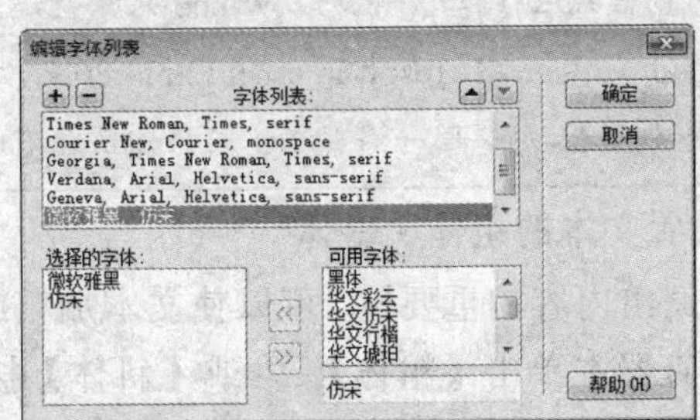

图 2-20　编辑字体列表

编辑完字体列表后，单击【确定】按钮，新的字体列表将会出现在属性检查器的【字体】下拉列表中。选择要设置字体的文本，在【字体】下拉列表中选择即可。

> 为什么我的【可用字体】列表框中没有“中文仿宋”、“中文彩云”等字体？
>
> 将 C:\Windows\Fonts 下的字体文件复制到 Dreamweaver 安装文件夹下的 JVM\lib\fonts 文件夹下。为了保证页面能在所有机器上显示正常，对于一些比较少见的字体，建议用户慎用。

2. 设置文本的大小

文本的大小，即字号。在页面中选中要设置大小的文本，然后在属性检查器的【大小】下拉列表框中选择要使用的字体大小，并在其后的下拉列表框中选择度量单位，如图 2-21 所示。

3. 设置文本的颜色

网页通常都采用白底黑字，有时为了适应网页的风格，用户也可以将文本设置成其他颜色。选中要设置颜色的文本，在属性检查器中单击颜色块，在打开的颜色选择器中单击需要使用的颜色即可。用户也可以从屏幕上的任何位置取色，要从桌面或其他应用程序中取色，可按住鼠标左键，保持滴管的焦点，从其他地方选择颜色即可。如果用户想获取更多的颜色选择，可单击颜色选择器右上角的按钮，选择其他颜色方案，如图 2-22 所示。

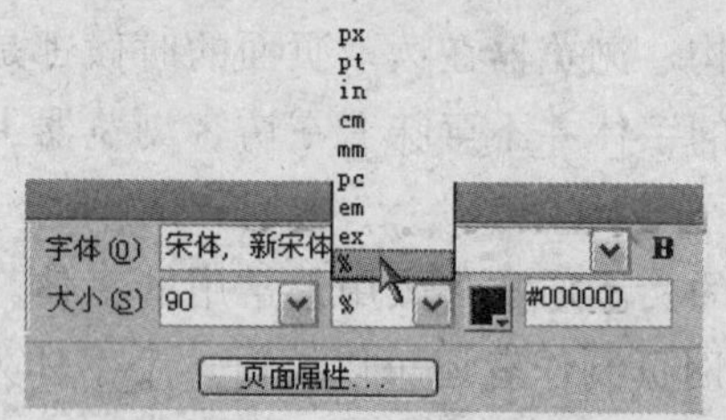

图 2-21　设置文本大小

图 2-22　设置文本颜色

要清除当前颜色而不选择另一种颜色，请单击【默认颜色】按钮；单击【调色盘】按钮，可打开系统颜色选择器，您可以自定义颜色。

注意：【立方色】、【连续色调】调色板中的颜色都是网页安全色，而【Windows 系统】、【Mac 系统】、【灰度等级】中的颜色则不是。

> 什么是网页安全色？
>
> 在 HTML 中，颜色表示成十六进制值(如#FF9900)或者颜色名称(如 red)。网页安全色是指以 256 色模式运行时，无论是在 Windows 系统还是在 Macintosh 系统中，以及无论是在 Netscape Navigator 还是在 Microsoft Internet Explorer 中，均显示相同的颜色。这意味着，如果网页使用的不是安全色，那么同一网页在不同操作系统下以及使用不同浏览器时，可能显示的效果不同。

4. 设置文本的粗体、斜体

为了突出内容的重要性，可以使文本加粗或斜体显示。选中要设置粗体或斜体的文本，在属性检查器中单击【粗体】或【斜体】按钮即可，如图 2-23 所示。

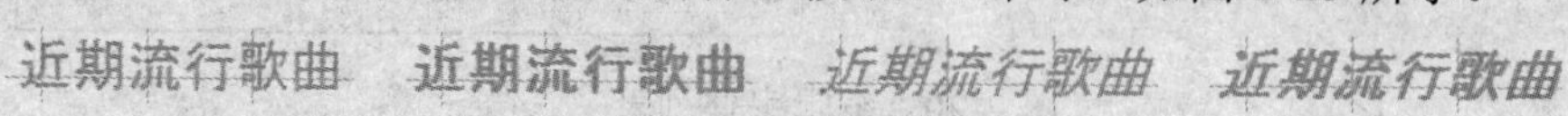

近期流行歌曲　**近期流行歌曲**　*近期流行歌曲*　***近期流行歌曲***

图 2-23　对文本应用粗体、斜体

2.1.6　设置段落格式

用户可以对段落文本进行缩进、对齐，还可以快速地为它们应用标题样式。对段落格式进行设置时，用户不需要选中整个段落中的文本，只要将光标定位到段落中即可。

将光标定位到要设置格式的段落中，在属性检查器单击【HTML】按钮，在【格式】下拉列表框中单击某个标题样式，即可将其应用于光标所在的段落，如图 2-24 所示。如果要删除段落样式，可单击【无】选项。

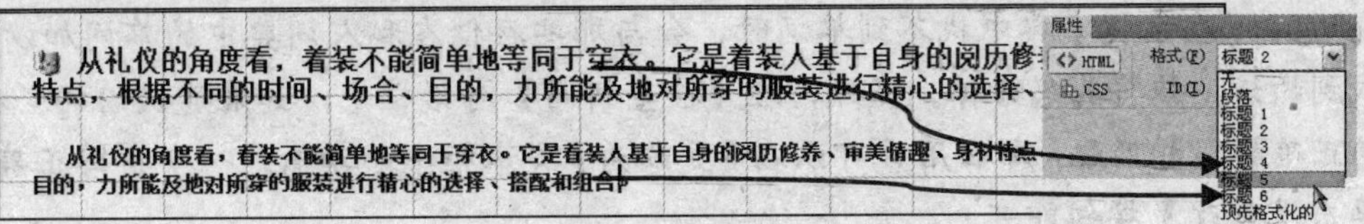

图 2-24　为段落应用“标题 4”和“标题 5”样式

注意：这与通过 HTML 标签(如表示“标题 1”的 h1，表示“标题 2”的 h2 等)来设置段落标题样式的效果是相同的，在【代码】视图中，用户可发现相对应的 HTML 标签已添加到定义段落的代码中。

段落文本的对齐在网页布局中起着十分重要的作用，Dreamweaver 提供了左对齐、居中对齐、右对齐和两端对齐4 种方式，用户只需在属性检查器中单击对应的按钮即可。

使用段落缩进可使段落显得更有层次感。在属性面板中单击【文本凸出】按钮，可将段落凸出。单击【文本缩进】按钮，可将段落缩进，效果如图 2-25 所示。

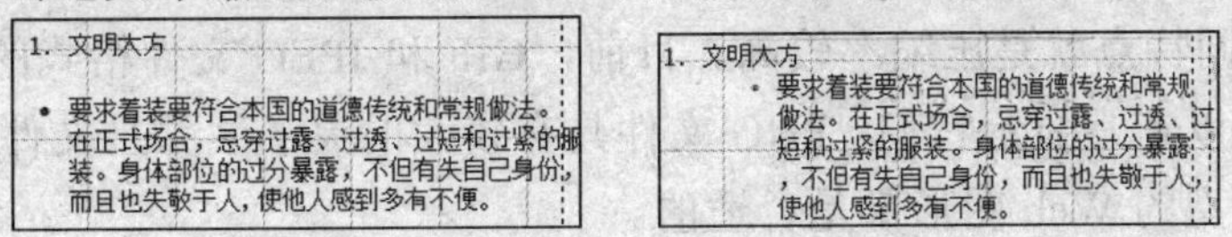

图 2-25　段落的缩进效果

2.1.7　对文档进行拼写检查

发布到 Web 上的内容必须准确无误。Dreamweaver 中带有一个功能强大的拼写检查器，它不仅能够识别常见的拼写错误，而且能够创建自定义词典。

将光标置于页面中要开始进行拼写检查的位置，选择【命令】|【拼写检查】命令，即可打开【拼写检查】对话框，如图 2-26 所示。Dreamweaver 会从当前光标所在的位置开始进行拼写检查，当到达文档末尾时，如果有必要，它会回到页面顶端从头再检查一遍。当【检查拼写】对话框出现时，它会立即在出现的第一个拼写错误上打标记。

选择【建议】列表中系统字典中提供的正确项，单击【更改】按钮即可将错误修正。系统会继续查找页面中的文字错误，进行重复更改，使用建议的词替换掉错误的词即可。当 Dreamweaver 提示“拼写检查完成时”，单击【确定】按钮即可，如图 2-27 所示。

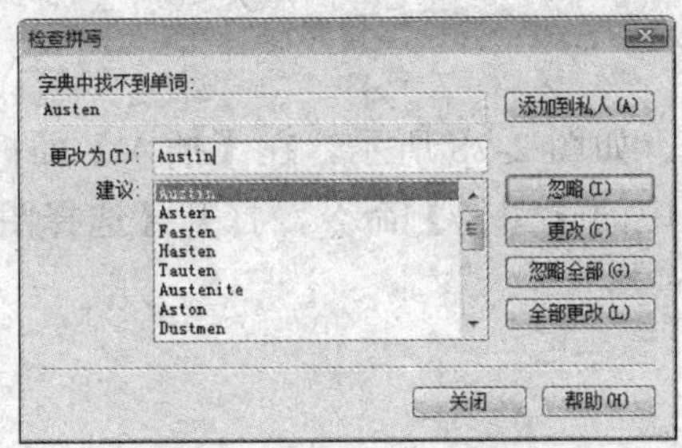

图 2-26　【检查拼写】对话框　　　图 2-27　Dreamweaver 提示完成拼写检查

提示：如果 Dreamweaver 识别出了一个在系统字典中找不到的单词，用户可以单击【忽略】按钮跳过它，或者单击【添加到私人】按钮将该单词添加到您的私人字典中。这样当 Dreamweaver 在系统字典中找不到单词时，会与那些存储在私人词典中的单词加以比较。如果找到的话，就将其忽略掉。另外，在【检查拼写】对话框中，如果建议的词全都不与该词的正确拼写相匹配，那么用户可以在【更改为】文本框中手动输入一个拼写正确的词，然后单击【更改】按钮即可。

2.2 在网页中使用图像

在网页中适当地插入图像可以使网页增色不少，更重要的是，可以借此更加直观地向访客传达信息。但是，图像的大小和数量会影响网页的下载时间。因此，图像要用得少而精，必要的话应使用图像处理软件，在不失真的情况下尽量压缩尺寸。

2.2.1 网页中所支持的图像文件格式

图像的文件格式有很多种，但网页中通常使用的只有 GIF、JPEG 和 PNG 这 3 种，这 3 种格式的一个共同特点就是压缩率较高。目前，GIF 和 JPEG 文件格式的支持情况最好，大多数浏览器都可以正常显示它们。PNG 文件具有较大的灵活性并且文件大小较小，所以它对于显示任何类型的 Web 图形都是合适的。

- GIF：图形交换格式。这种格式最多使用 256 种颜色，最适合显示色调不连续或具有大面积单一颜色的图像，例如导航条、按钮、图标或其他具有统一色彩和色调的图像。更重要的是，这种格式的图像可以在网页中以透明方式显示，还可以包含动态信息，因此成为网页中应用最广泛的一种格式，许多动画也都采用这种格式。
- JPEG：联合图像专家组标准。这是用于摄影或连续色调图像的高级格式，因为 JPEG 文件可以包含数百万种颜色。可以对 JPEG 格式的图像进行高效地压缩，在图像文件变小的同时保持不失真(因为丢失的内容通常是人眼不易察觉的部分)。JPEG 常用来显示颜色丰富的精美图像，如照片等。
- PNG：可移植网络图形。这种格式集 JPEG 和 GIF 格式优点于一身，既有 GIF 能透明显示的特点，又具有 JPEG 处理精美图像的优势，常用于制作网页效果图。目前 PNG 格式已逐渐成为网页图像的主流格式，出现在各大网站中。

2.2.2 在网页中直接插入图像

将光标定位到网页中要插入图像的位置，如图 2-28 所示。在【插入】面板的【常用】类别下展开【图像】下拉按钮列表，单击其中的【图像】命令，打开【选择图像源文件】对话框，如图 2-29 所示。

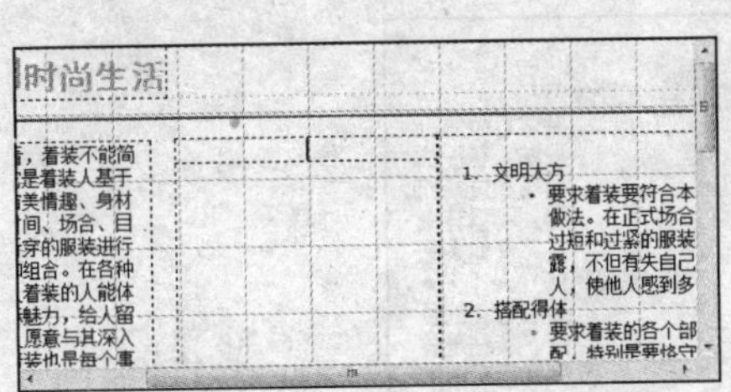

图 2-28　定位要插入图像的位置

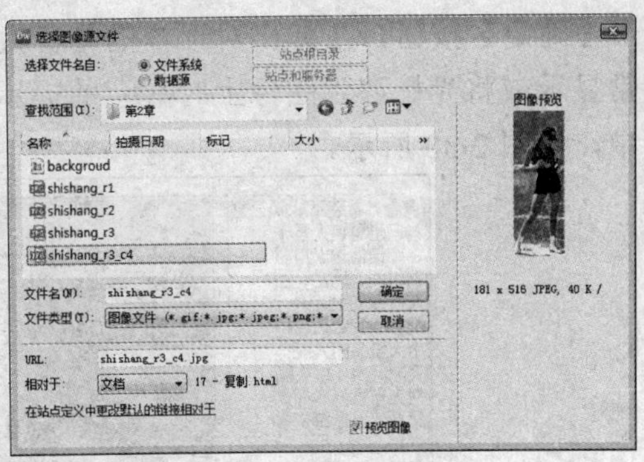

图 2-29　【选择图像源文件】对话框

选中【文件系统】单选按钮，导航到要插入的图像文件并选中。【URL】文本框中显示了该图像的路径和名称。用户可在【相对于】下拉列表框中设置图像的路径，分相对于站点根目录和网页文档两种方式。选中右下角的【预览图像】复选框，可在对话框右侧预览该图像。

提示：无论是相对于站点根目录还是网页文档，这里使用的都是文件的相对路径，就是网页文件相对于站点根目录或指定网页文档的存放路径。

什么是网页文件的路径？绝对路径和相对路径有何区别？

网页初学者在学习网页制作时，常常遇到如下问题：制作好的网页在自己机器上可以正常浏览，而当把页面上传到服务器上时就总是看不到图片，CSS 样式表失效等。这种情况多是由于使用了错误的路径，导致浏览器无法在指定的位置打开指定的文件。

我们都知道，平时使用计算机要找到需要的文件就必须知道文件的位置，而表示文件位置的方式就是路径。例如：c:/website/img/photo.jpg，表示 photo.jpg 文件是在 c 盘的 website 目录下的 img 子目录中。类似于这样完整地描述文件位置的路径就是绝对路径。我们不需要知道其他任何信息就可以根据绝对路径判断出文件的位置。而在网站中类似用来确定文件位置的方式也是绝对路径。

如果用户使用绝对路径，那么在自己的计算机上可能显示正常，但是当将页面上传到网站的时候就可能出错了。因为网站可能在服务器的 C 盘，也可能在 D 盘，还可能在某个目录下，总之是不会去理会 c:/website/img/photo.jpg 这样一个路径。解决方法就是使用相对路径。

相对路径，顾名思义就是相对目标的位置，例如相对于网页文档 c:/website/index.htm，我们就可以使用 img/photo.jpg 来定位图像文件。这样不论将这些文件存放到哪里，只要它们的相对路径没有变，就不会出错。因此，通常设置一个网站根目录，然后其他文件都使用相对于该根目录的路径。

在 Dreamweaver 中，为了避免在网页制作时出现路径错误，我们可以使用 Dreamweaver 的站点管理功能来管理站点。只要新建站点并定义了站点目录之后，系统就自动将绝对路径转换为相对路径，并当您在站点中移动文件的时候，与这些文件关联的路径都会自动更改，而无需您手动进行设置。

单击【确定】按钮，在弹出对话框的【替换文本】下拉列表框中输入当浏览网页图像不能正常显示或将光标移到图像上时显示的提示文本，单击【确定】按钮，即可将图像插入页面中，如图 2-30 所示。

图 2-30　在页面中直接插入图像

2.2.3　使用图像占位符

在网页制作过程中，如果需要插入的图像尚未完成，那么可以使用图像占位符，以避免由于没有图像而导致无法设计网页的尴尬。

将光标定位到要插入图像占位符的位置，在【插入】面板的【常用】类别下展开【图像】下拉按钮列表，单击其中的【图像占位符】命令，打开【图像占位符】对话框，如图 2-31 所示。

在【名称】文本框中输入占位符的名称，在【宽度】和【高度】文本框中分别输入占位符的宽度和高度，在【颜色】文本框中输入占位符的显示颜色，在【替换文本】文本框中输入占位符的简短描述。完成后单击【确定】按钮，即可在页面中插入图像占位符，如图 2-32 所示。

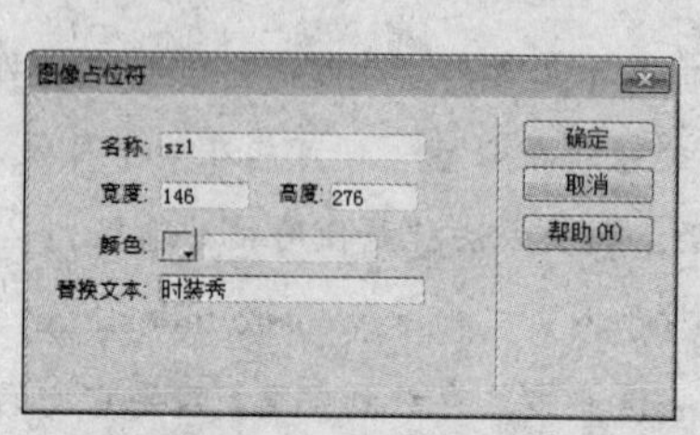

图 2-31　【图像占位符】对话框

图 2-32　在页面中插入图像占位符

图像占位符不是在浏览器中显示的图形或图像，在发布站点之前，应该使用适用于网页文档的图形文件替换所有的图像占位符。双击图像占位符，可打开【选择图像源文件】对话框，导航到要替换图像占位符的图像文件并选中，单击【确定】按钮。图 2-33 所示是替换为图像后的效果。

图 2-33　替换页面中的图像占位符

提示：如果图像占位符和实际插入的图像大小不一致，在插入图像后，占位符会自动更改大小。用户也可以在属性检查器中重新设置图像的大小或拖动图像边框进行调节。

2.2.4　设置图像属性

在页面中选中图像元素，属性检查器如图 2-34 所示，用户可对图像的属性进行设置。

图 2-34　图像的属性参数

- 如果要调节图像的大小，可在【宽】、【高】文本框中重新设置图像的大小，默认的度量单位是像素。如果用户希望将图像恢复到原始大小，可单击右侧按钮。当然，用户也可以直接在页面中通过拖动图像的边框来调整其大小。
- 如果要使用新图像替换原来的图像，可单击【源文件】右侧的文件夹图标，在打开的【选择图像源文件】对话框中重新选择其他图像即可。
- 如果要设置图像与文本在垂直方向以及水平方向的距离，可在【垂直边距】和【水平边距】文本框中输入值即可，单位是像素。图 2-35 分别显示了没有设置边距、水平边距为 20 像素、垂直边距为 20 像素的效果。

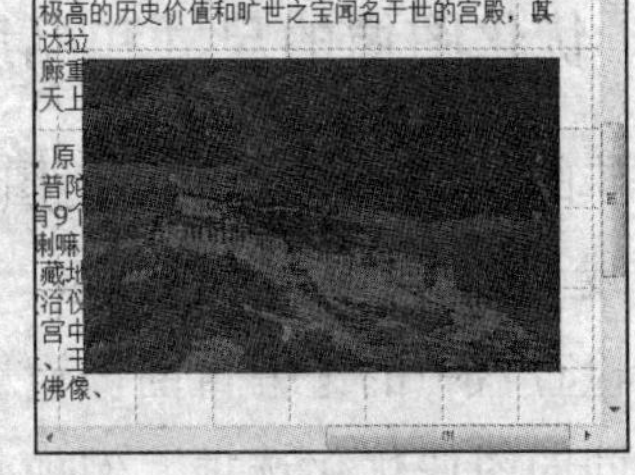

图 2-35　图像的边距效果

- 如果想为图像加上边框，可在【边框】文本框中输入边框的宽度，其单位是像素，图 2-36 所示为将边框设置为 3 像素的效果。

图 2-36　图像的边框效果

- 如果想设置图像与同一行文本的对齐方式，可在【对齐】下拉列表框中进行选择。【默认值】是基线对齐，是指将文本基准线对齐图像底端；【顶端】是指将文本行中最高字符的顶端和图像的顶端对齐；【居中】是指将文本基准线和对象的中部对齐；【底部】是指底端对齐；【文本上方】是指将文本行中最高字符和图像的上端对齐；【绝对居中】是指将图像的中部和文本中部对齐；【绝对底部】是指将文本的绝对底部和图像对象对齐；【左】对齐是指将图像放置在左边，右边可以绕排文本；【右对齐】则是指将图像放置在右边，左边可以绕排文本。
- 如果要调整图像的明暗度，可单击按钮，将打开【亮度/对比度】对话框，如图 2-37 所示。用户可通过滑块来调整图像的明暗度以及对比度。选中【预览】复选框，在调节的同时观看页面上图像的变化。
- 如果用户想裁掉图像中不想显示的部分，可单击按钮，图像周围就会出现阴影边框，如图 2-38 所示。将光标移到图像的边缘，当变成双向的水平、垂直或斜箭头时拖动鼠标，阴影部分的面积将会增大。拖动至合适的大小后释放鼠标，完成裁切范围的设置。最后再单击按钮，阴影部分的图像即被裁掉。

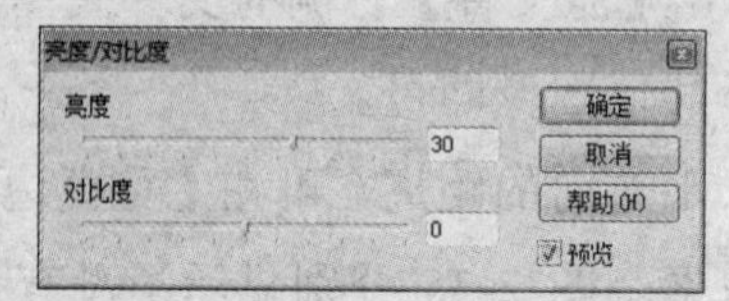

图 2-37　设置图像的亮度和对比度

图 2-38　裁切图像

2.2.5　优化图像的尺寸和品质

最佳的 Web 图形都能平衡图像的清晰度和文件的大小。用户可以对网页中的图像进行优化，减小文件的大小。同时，为了使文件大小更小，还可以对图像重新取样。单击图像的属性检查器中的【编辑图像设置】按钮，打开【图像预览】对话框。该对话框提供了许多不同的图像优化选项，例如将 GIF 这样的 Web 图形格式转换为 JPEG 格式。

在【格式】下拉列表中选择【JPEG】，然后单击【品质】滑块，将其设置为 80。在【图像预览】对话框右下方单击按钮，将右侧的预览分成两个视图。单击下方的那个视图，然后单击【品质】滑块，将其设置为 50，如图 2-39 所示。

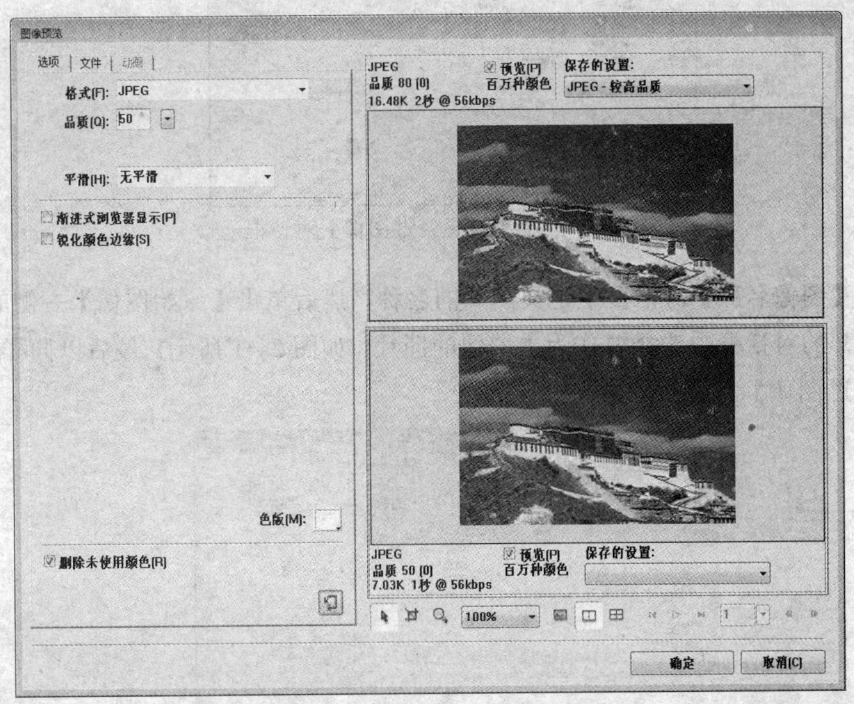

图 2-39　对图像进行优化并对比

用户可以发现：两个预览之间的图像品质有显著差别。在文件大小方面差别也比较明显：对于 JPEG 格式，品质为 80 时的文件大小为 16.48KB，品质为 50 时则降为 7.03KB。当品质为 50 时，可以发现，图像的质量明显降低了。用户可调节图像的品质，直到在大小和质量间得到一个好的平衡为止。单击【确定】按钮，以接受对图像的新设置。如果系统提示保存 Web 图像，可选择将原有文件替换即可。

注意：用户可能注意到，显示在属性检查器里的图像尺寸要比【图像预览】对话框中显示的图像尺寸大得多。这是由于【图像预览】对话框在打开时使用了自动缩放功能，您可以在【文件】选项卡下查看文件的缩放比率。

2.2.6　使用鼠标经过图像

鼠标经过图像是指在浏览器中查看网页时，当光标经过图像时图像变为其他图像，移开光标后图像又还原到原始图像的一种网页制作技术。它实际上由主图像(当首次载入页面时显示的图像)和次图像(当光标移过主图像时显示的图像)两部分组成。主图像和次图像的大小应相等，如果这两个图像的大小不同，Dreamweaver 将自动调整次图像的大小以匹配主图像的属性。

将光标定位到页面中要创建鼠标经过图像的位置，在【插入】面板的【常用】类别下展开【图像】下拉按钮列表，单击其中的【鼠标经过图像】命令，打开【插入鼠标经过图像】对话框，如图 2-40 所示。

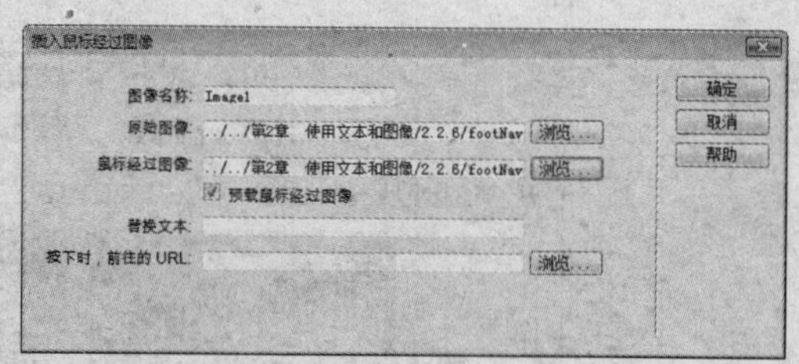

图 2-40 【插入鼠标经过图像】对话框

首先在【图像名称】对话框中定义图像的名称，然后单击【原始图像】右侧的【浏览】按钮，在打开的对话框中选择要作为主图像的图片，如图 2-41 所示。最后以同样的方法设置【鼠标经过图像】，即次图像。

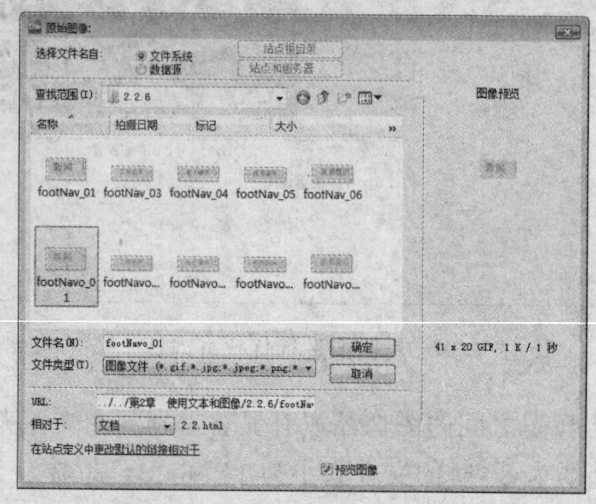

图 2-41 选择并预览原始图像

设置好后，按 F12 键在浏览器中预览，效果如图 2-42 所示。

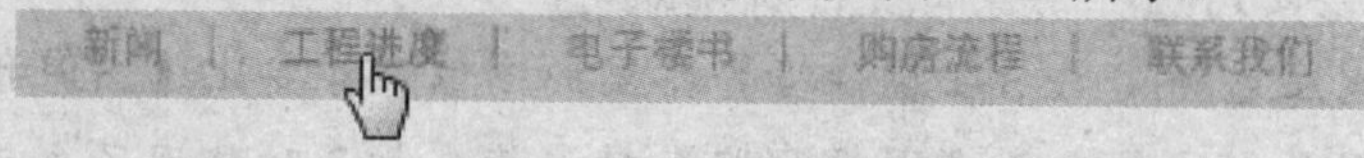

图 2-42 鼠标经过图像效果

2.2.7 使用导航条

导航条是具有导航功能的图像组，它由多个图像导航条元件组成。每个图像导航条元件包括 1 到 4 张图像，分别对应鼠标的不同状态，当鼠标处于某种状态时就显示该状态下的图像，如图 2-43 所示。

图 2-43 导航条中对应不同鼠标状态下的图像

要在页面中插入导航条，需要首先将鼠标定位到页面中要插入导航条的位置。然后在【插入】面板的【常用】类别下展开【图像】下拉按钮列表，单击其中的【插入导航条】

命令，打开【插入导航条】对话框，如图 2-44 所示。

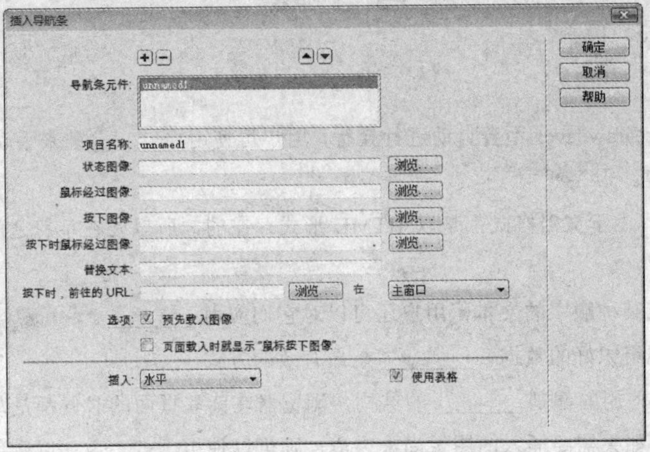

图 2-44　【插入导航条】对话框

在【项目名称】文本框中用户可命名图像导航条元件的名称，然后通过【浏览】按钮分别设置其状态图像、鼠标经过图像、按下图像和按下时鼠标经过图像。

提示：用户可以只设置对应部分鼠标状态的图像，即可以有选择地使用状态图像、鼠标经过图像、按下图像和按下时鼠标经过图像，而不是全部使用。

网页的导航条一般都有链接功能，即当用户单击导航条中某个图像时，将打开一个新的网页。要设置导航链接，可通过【按下时，前往的 URL】文本框来设置，既可以链接到站点内的某个文档，也可以链接到 Internet 上的其他网页(输入其网址即可)。

在【选项】区域，用户可以设置在页面载入时图像导航条元件显示什么图像，是状态图像(即预先载入图像)还是鼠标按下图像。在【插入】下拉列表框中，用户可以选择导航条在页面中的插入方式，是水平方式还是垂直方式，图 2-43 中使用的是水平方式。选中【使用表格】复选框，导航条将容纳在表格中，以表格形式插入页面中。

本 章 小 结

文本和图像是网页的最基本元素，也是传达信息最直接有效的方式。掌握页面中文本和图像的插入方式，是制作网页的基本功。本章介绍了各种文本的插入方式，包括文字、水平线、日期、空格以及货币、版权符号等一些特殊文本。另外还介绍了页面中文本和段落的格式设置，以及常用的各种列表。

对于图像，读者首先需要了解网页所支持的图像格式，以及它们的特点，然后才能根据页面的具体需要，在保证图像质量的前提下通过本章介绍的方法在页面中插入并设置图像，并尽可能在较短时间内完成页面下载，减小访客等待的时间。

习　题

填空题

1. 进行文本输入时，Dreamweaver 不会自动进行换行，用户可使用________键来手动换行。如果要分段，则需要按________键。
2. 在 Dreamweaver 中，由于文档格式都是以 HTML 形式存在的，所以要在字符之间或段首添加空格，可按________键。
3. 对于具有相似性质或某种顺序的文本，用户还可以对它们应用________。
4. 要在页面中显示已经组织好的数据，________是最有效的方式。
5. Dreamweaver 的页面使用的都是________的结构，浏览器在读取页面的时候都是从本地字库调用。
6. 在网页制作过程中，如果需要插入的图像尚未完成，则可以使用________，以避免由于没有图像而导致无法设计网页的尴尬。
7. 鼠标经过图像实际上由________ (当首次载入页面时显示的图像)和________ (当光标移过主图像时显示的图像)两部分组成。

选择题

8. 可以使用一个或多个(　　)来分隔文本或对象，从而使网页更有条理和层次感。

   A. 空格　　B. 水平线　　C. 列表

9. 要使图像动态地显示，最理想的格式是(　　)。

   A. GIF　　B. PNG　　C. JPEG

简答题

10. 什么是网页的安全色，它有什么作用？
11. 鼠标经过图像和导航条有何区别？

上机操作题

12. 基于本章提供的素材，练习在网页中插入文本、图像等，并设置它们的格式。

第 3 章

CSS 基础知识

本章介绍使用 CSS 美化和统一网页外观的基础知识。通过本章的学习，应该完成以下学习目标：

- ☑ 了解 Web 标准和为什么要使用 CSS
- ☑ 学会创建 CSS
- ☑ 学会使用 CSS 定义各种网页元素外观
- ☑ 掌握 CSS 的各种应用方式
- ☑ 掌握 CSS 的管理方法

3.1 CSS 与 Web 标准概述

CSS 即层叠样式表(Cascading Style Sheets)，是由 W3C 开发的一种 HTML 规范，可以用来统一页面的外观，对页面元素的显示效果进行精确控制，已经成为当前流行的网页制作技术。

3.1.1 什么是 Web 标准

讲到 CSS，就不得不提到 Web 标准。Web 标准不是某一个标准，而是一系列标准的集合。网页主要由 3 部分组成：结构、表现和行为。对应的 Web 标准也就分为 3 个标准集：结构标准主要是 XHTML 和 XML，表现标准主要是 CSS，行为标准主要是对象模型。

1. 结构标准

结构用于对网页中的信息进行整理和分类。HTML(超文本标记语言，Hyper Text Markup Language)是最早也是最基本的 Web 描述语言，由 Tim Berners-lee 提出。HTML 文本是由 HTML 命令组成的描述性文本，可以标记文字、图形、动画、声音、表格、超链接等。HTML 的结构包括头部(Head)和主体(Body)两大部分：头部描述浏览器所需的信息，主体包含网页的具体内容。

目前遵循的结构标准是 XML 和 XHTML。XML，即可扩展标记语言(The Extensible Markup Language)是一种能定义其他语言的语言。XML 最初的设计目标是弥补 HTML 的不足，以强大的扩展性满足网络信息发布的需要，后来逐渐用于网络数据的转换和描述。XML 的数据转换能力虽然强大，并完全可以替代 HTML，但面对成千上万已有的站点，直接采用 XML 为时过早。为此，在 HTML 4.0 的基础上，用 XML 对其进行扩展，便形成了 XHTML。XHTML 用于实现 HTML 向 XML 的过渡。

2. 表现标准

表现技术用于对已经被结构化的信息进行显示上的控制，包括版式、颜色、大小等形式控制。用于表现的 Web 标准是 CSS，目前其最新标准为 CSS 3.0。CSS 标准的目的是以 CSS 来描述整个页面的布局设计，与 HTML 所负责的结构分开。使用 CSS 布局与 XHTML 所描述的信息结构相结合，能够帮助网页设计师分离出表现与内容，使 Web 站点的构建和维护更加容易。

3. 行为标准

行为是指对整个文档内部的一个模型定义及交互行为的编写，用于编写用户可进行交互式操作的文档。行为标准主要有：

- DOM(文档对象模型)　根据 W3C DOM 规范，DOM 是一种让浏览器与内容结构之间沟通的接口，是页面上的一些标准组件。它给予 Web 设计师和开发人员一个标准的方法，使他们来访问站点中的数据、脚本和表现层对象。
- ECMAScript 脚本语言　由 CMA 制定的标准脚本语言，用于实现具体的界面上对象的交互操作。

3.1.2　Web 标准有何好处

真正符合 Web 标准的网页设计是指能够灵活使用 Web 标准对网页内容进行结构、表现与行为的分离——即表现与内容的分离。内容是指具体的信息，仅仅表示信息正文，正文通过 XHTML 结构化语言被标记为各个独立部分，如左分栏、右分栏、新闻列表等。表现是指信息的展示形式，如对字号、字体、排版的设计称之为表现。使用表现与内容分离技术的好处主要体现在以下几个方面：

1. 高效率与易维护

在网站的设计过程中，开发人员最希望的就是高效开发与简单维护，这也是网站的开发与运营成本的关键所在。

由表现与内容分离所带来的高效开发是指：通过内容与表现的分离技术，可以使具体内容与样式设计分离开来，并使得同一个设计可以重复使用。当定义界面上某一个元素的样式以后，可以将该设计样式重用于另一个信息内容之中。直接应用或继承这段代码进行扩展，达到重用的目的，可以减少重复代码，加快开发效率。

而这种重用的手段在维护中同样可以起到事半功倍的作用，通过修改同一个代码，可以使得重用这段代码的所有区域同时改变样式设计，使维护简单高效。更值得庆幸的是，由于内容和表现分离，网页设计人员可以只关注于样式的表现而不用重复定义样式内容，在可读性和维护性上都得到了极大的提高。

2. 信息跨平台的可用性

通过将内容与设计进行分离，我们可以使得信息实现跨平台访问。例如针对掌上电脑或游戏终端，我们只要替换一个样式设计文件即可使页面在这些设备上以不同的样式来表现，以适应不同设备的屏幕，而页面的内容无需改变。

3. 降低服务器成本

通过样式的重用，整个网站的文件量可以成倍地减小，使得降低服务器带宽成本成为可能。特别是对大型门户网站，网页数量越大，便意味着重用的代码数量越多，从而使得同一时间服务器的数据访问量降低，降低带宽使用。

4. 加快页面解析速度

相对于老式的内容与设计混合编码而言，这种内容与设计分离的网页设计，使得浏览器对网页的解析速度大幅提高。浏览器在解析中可以以更好的解析方式分析结构元素与设计元素，而良好的网页浏览速度使得用户的浏览体验得到提升。

5. 与未来兼容

由于已经将内容和设计分开，不用再担心未来的技术变革，无论是结构还是设计，都可以随时替换或修改，不需要再在混杂着信息与设计的代码中进行修改了。

符合 Web 标准的 Web 设计还有更多优势，Web 标准已经逐步普及为一种趋势，符合 Web 标准的网页设计正在改变着大家的浏览体验。事实上，大家在使用 Dreamweaver CS4 进行网页制作时，就已经在开始使用 Web 标准技术。在进行网页设计时，实际上网页编辑器正在为我们自动编写符合 Web 标准的各个技术代码段。

3.1.3 CSS 的语法结构

CSS 的语法结构由 3 部分组成：选择符(selector)、属性(property)和值(value)。使用格式如下：

```
selector(property;value;)
```

- 选择符：要将 CSS 应用到 XHTML 中，首先要做的就是选择合适的选择符。选择符是 CSS 控制 XHTML 文档中对象的一种方式，用于告诉浏览器这段样式将应用到哪个对象。
- 属性：属性是 CSS 样式控制的核心，对于每一个 XHTML 中的标签，CSS 都提供了丰富的样式属性，如颜色、大小、定位、浮动方式等。
- 值：是指属性的值，形式有两种。一种是指定范围的值，如 float 属性，只可能应用 left、right、none 这 3 个值。另一种为数值，如 width 属性，能够使用 0-9999px 或其他数学单位。

在实际应用中，我们往往使用与下面类似的应用形式：

```
body{background-color;blue;}
```

表示选择对象为 body，即选择了页面中的<body>标签；属性为 background-color，用于控制对象的背景颜色；值为 blue，即蓝色。这组 CSS 代码定义了页面中的 body 对象的背景颜色为蓝色。

除了单个属性的定义，用户还可以为一个标签定义多个属性，每个属性用逗号分开即可，如下所示：

```
p{
  text-align:center;
  color:black;
  font-family:arial;
 }
```

上面的 CSS 代码定义了<p>标签的 3 个样式属性，即对齐方式、文本颜色和字体。对于同一个 id 或 class，用户都可以用上面的形式来定义其样式。

提示：CSS 中对选择符进行了分类，关于它们的具体说明和用法，读者可参考附录 A。

3.2 创建并定义 CSS 样式

CSS 可以保存在当前的页面中，也可以作为一个独立的文件(通常扩展名为.css)保存在网页外部。一般情况下，一个网站中至少要有一个外部 CSS 文件，用于设置整个站点中页面的大部分样式。而对于个别网页中需要的样式，通常将其保存在网页内部。

3.2.1 CSS 样式面板

通过【CSS 样式】面板，用户可以方便地创建、编辑和修改 CSS 样式，如图 3-1 所示。

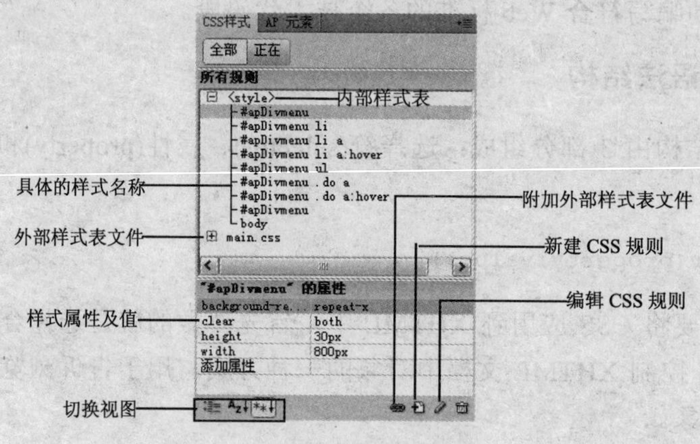

图 3-1 【CSS 样式】面板

【全部】选项卡下显示了页面中的所有 CSS 规则，包括附加的外部样式和内部样式。在【所有规则】下单击某个样式名称，下方的列表框中将显示该样式下具体的每个属性及对应值。单击【添加属性】链接，可向该样式添加属性并设置值。

默认情况下，属性列表中只显示已设置的样式属性，如果想分类别显示样式的属性，可通过单击按钮进行切换，如图 3-2 所示。属性列表中按字体、背景、区块等来进行显示，用户可直接设置要修改这些类别下的属性值。如果用户想以列表方式显示样式下可以设置的所有属性，可单击按钮进行切换，如图 3-3 所示。

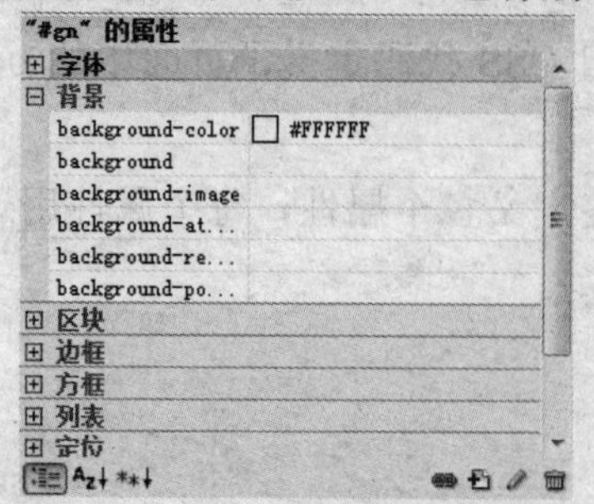

图 3-2 按类别显示样式下的属性

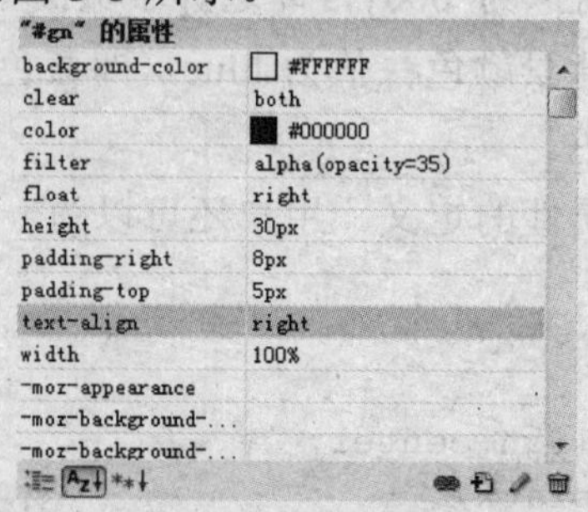

图 3-3 以列表形式显示样式下的所有属性

3.2.2　新建 CSS 规则

在【CSS 样式】面板单击【新建 CSS 规则】按钮，打开【新建 CSS 规则】对话框，如图 3-4 所示。首先应选择要使用的选择器类型(即选择符)，这是定义 CSS 样式的第一步。

- 【类】(可应用于任何 HTML 元素)：选中该选项可以创建 class CSS 样式，在【名称】下拉列表框中选择或输入 class 的名称，即可对页面中所有 class 属性为该名称的页面元素定义样式。class 样式定义后需要手动对网页元素进行样式应用。
- 【标签】(重新定义 HTML 元素)：选中该选项，可以创建标签 CSS 样式。在【标签】下拉列表框中选择或输入标签的名称，即可对 XHTML 标签进行样式定义，如图 3-5 所示。该样式定义后将自动应用到页面元素上。

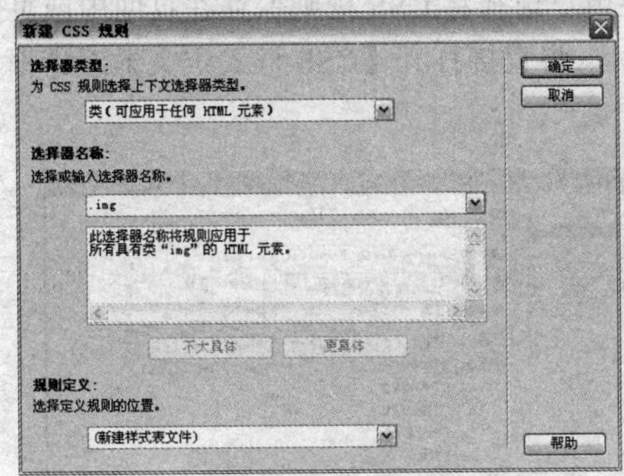

图 3-4　新建类 CSS 规则

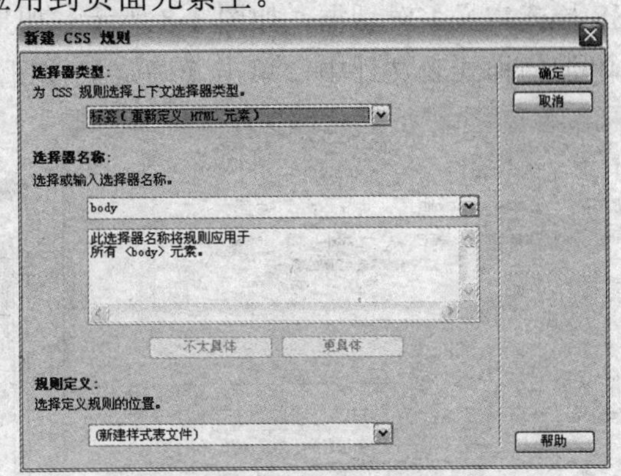

图 3-5　新建标签 CSS 规则

- 【ID(仅应用于一个 HTML 元素)】：选中该单选按钮，可以创建 ID 或伪类 CSS 样式，可以在【选择器】下拉列表中选择要使用的伪类，例如超级链接的各种点击、移过等样式，如图 3-6 所示。样式定义后会自动应用到页面元素中。

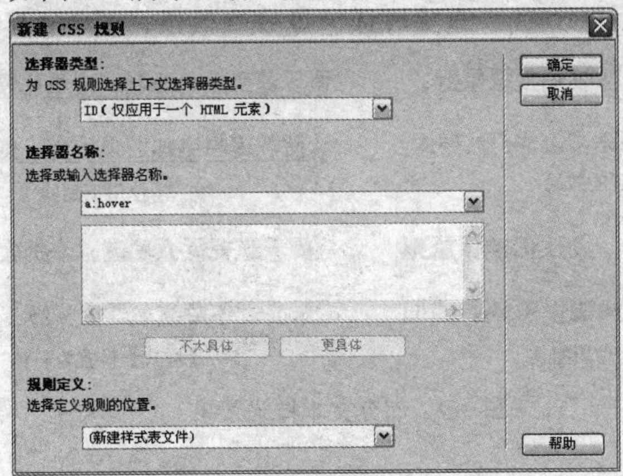

图 3-6　新建 ID 或伪类 CSS 规则

选择了选择符后，接下来需要定义 CSS 样式的存放位置。选中【新建样式表文件】选项，可以新建一个外部的 CSS 样式文件，并将创建的 CSS 样式信息保存在该文件中。如果当前页面中已经链接有外部 CSS 样式文件，可以在该下拉列表框中选择该 CSS 文件，这样新建的 CSS 样式信息将保存到该文件中。用户也可以将样式信息保存到当前页面中，选择【仅对此文档】选项即可。

3.2.3 定义文本样式

选择好 CSS 规则的选择器和保存位置后，就可以来具体定义属性及其值了。通过 Dreamweaver CS4 的【CSS 样式定义】对话框，用户可以可视化地定义这些属性，而不用手动编写代码。

在【新建 CSS 规则】对话框中，如果用户选择将 CSS 规则以新建样式表文件方式保存，单击【确定】按钮后，系统会打开【保存样式表文件为】对话框，提示用户对文件保存，如图 3-7 所示。输入 CSS 样式文件的名称并设置保存路径后，单击【保存】按钮，可打开【CSS 样式定义】对话框，如图 3-8 所示。如果用户选择将 CSS 规则保存在页面中或页面已经附加的样式表文件中，单击【确定】按钮后，将直接打开【CSS 样式定义】对话框。

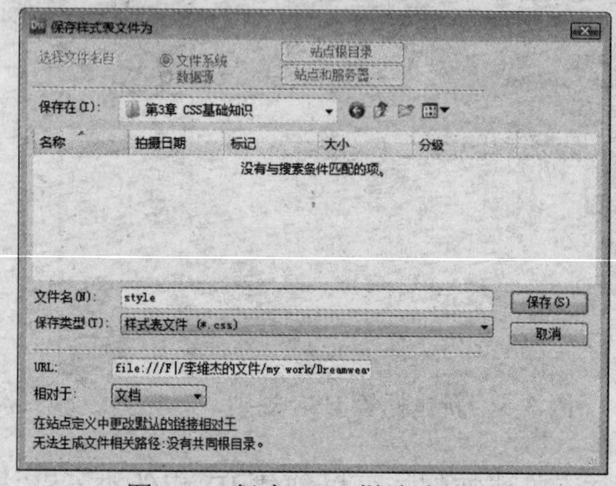

图 3-7 保存 CSS 样式表文件

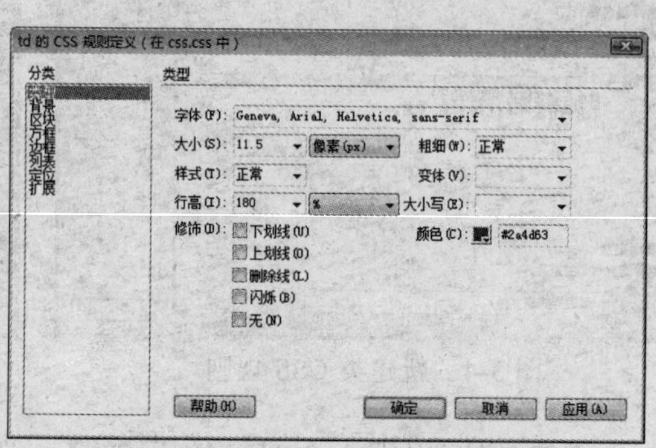

图 3-8 【CSS 样式定义】对话框

通过【类型】下的选项，用户可以定义文本的字体、大小、样式、粗体、颜色、行高等，还可以应用下划线、上划线、删除线或闪烁修饰效果。图 3-9 显示了部分效果。

俱乐部秉承小班制，人性化授课原则， 泳队教练相继加盟俱乐部。他们过硬的 图 3-8 中设置的效果	俱乐部秉承小班制，人性化授课原则， 泳队教练相继加盟俱乐部。他们过硬的 使用下划线
俱乐部秉承小班制，人性化授课原则 **市游泳队教练相继加盟俱乐部。他们** 【粗细】设置为使用粗体	*俱乐部秉承小班制，人性化授课原则，* *泳队教练相继加盟俱乐部。他们过硬的* 【样式】设置为斜体

图 3-9 部分文本样式效果

3.2.4 定义背景样式

在【CSS 规则定义】对话框的【分类】列表框中单击【背景】选项，即可在右侧选项中对背景样式进行定义，如图 3-10 所示。

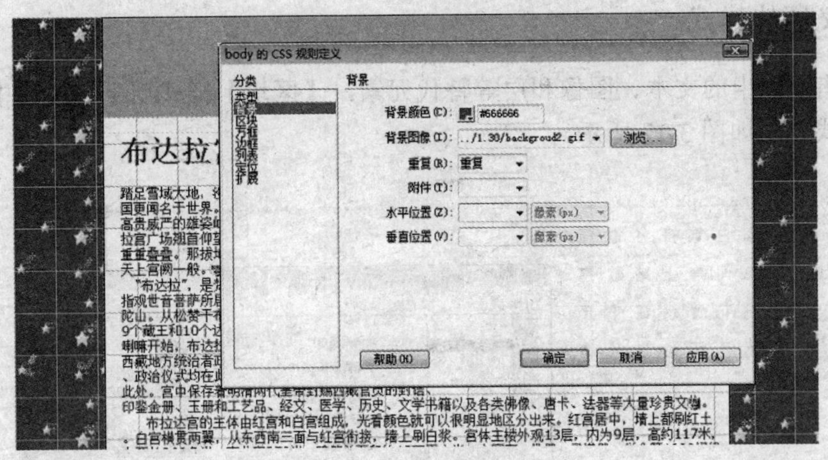

图 3-10　使用背景样式

网页中的背景图像通常都是一些小图片，以重复方式充满整个页面。单击【背景图像】右侧的【浏览】按钮，可在打开的对话框中选择要作为页面背景的图片，然后在【重复】下拉列表框中选择图像的重复方式。除了默认的重复方式外，还有横向重复和纵向重复两种，指分别沿水平和垂直方向对背景图片重复，例如图 3-11 中使用的就是横向重复。当然，用户也可以选择不重复背景图像。

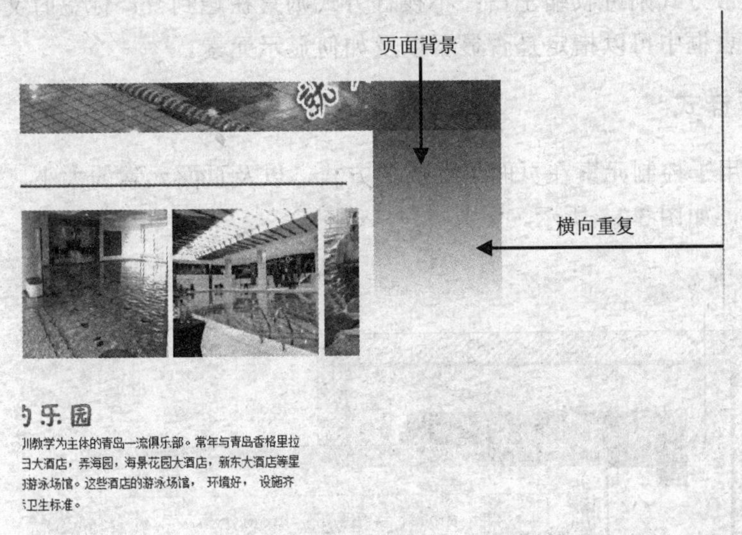

图 3-11　背景图像的横向重复

通过【附件】下拉列表框，用户可以设置背景图像是固定在原始位置还是随页面内容一同滚动。【水平位置】和【垂直位置】下拉列表框用于设置背景图像相对于页面元素的初始位置，这可以用于将背景图像与页面中心水平或垂直对齐。

注意：用户也可以为整个页面设置背景图像，也可以为某个具体的页面元素单独设置背景图像，这取决于在定义 CSS 规则时所选择的选择器。另外，用户也可以仅仅设置背景颜色而不使用背景图像。

3.2.5 定义区块样式

区块是指页面中的文本、图像和层等替代元素，【区块】样式用于控制块中元素的间距和对齐方式等，如图 3-12 所示。

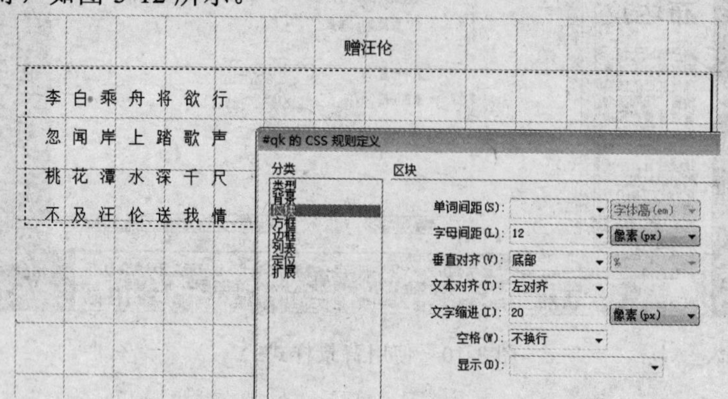

图 3-12 区块样式应用效果

可以设置单词、字母间的间距，垂直对齐方式和文本对齐方式。如果想让文本块内第一行文本缩进显示，还可以在【文字缩进】文本框中进行设置。【空格】下拉列表框中提供了处理空白的 3 种方式：保留、正常和不换行。保留方式可保留所有空白，包括空格、制表符和回车；正常方式则可收缩空白；不换行方式则只在遇到
标签时文本才换行。在【显示】下拉列表框中可以指定是否显示以及如何显示元素。

3.2.6 定义方框样式

【方框】样式用于控制元素在页面上的放置方式，以及页面元素的大小、浮动方式、填充大小、边界等，如图 3-13 所示。

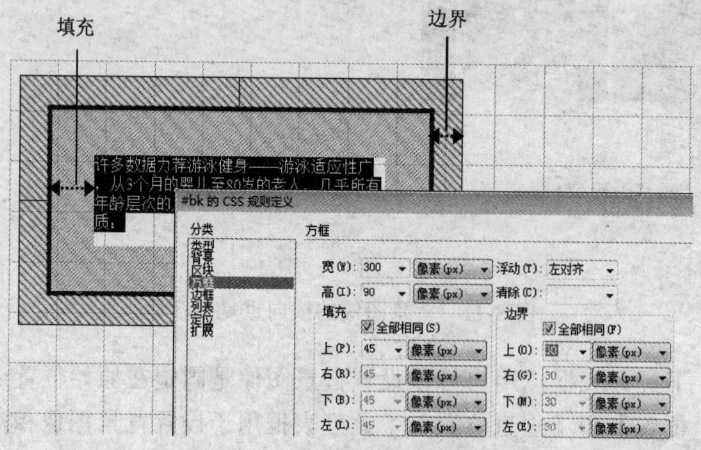

图 3-13 方框样式应用效果

在【高】和【宽】下拉列表框中可以设置元素的大小，元素一般为图片、表格或层等。【填充】选项区域用于指定元素内容与边框之间的间距，选中【全部相同】复选框可将相同的填充属性应用于元素的上、下、左、右侧边。用户也可以分别为每个边设置填充，只需禁用【全部相同】复选框即可。【边界】选项区域则用于设置元素的边框与另一个元素之间的间距。

通过【浮动】下拉列表框，用户可以设置元素的浮动方式，其他元素则按照设置环绕在浮动元素的周围。通过【清除】下拉列表框，可以取消元素的浮动：【左对齐】表示不允许左边有浮动对象；【右对齐】表示不允许右边有浮动对象；【两者】则表示两边都不允许有浮动对象；【无】表示不限制浮动。

3.2.7　定义边框样式

【边框】样式用于定义页面元素周围的边框，例如边框的颜色、宽度等。该页面元素可以是表格、图像、文本等，如图 3-14 所示。

用户可通过【样式】下拉列表框指定边框的形状，可以是点划线、虚线、实线、双线、槽状、脊状、凹陷、凸出等。通过【宽度】下拉列表框可以设置边框的粗细，可供选择的有细、中、粗 3 个选项，用户也可以输入值自定义。【颜色】下拉列表框用于设置边框的颜色。

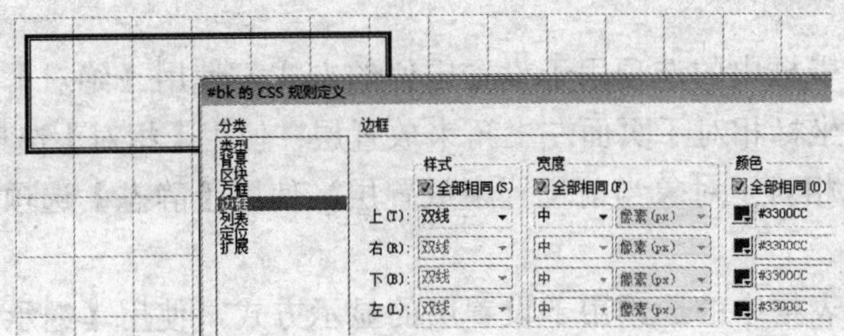

图 3-14　边框样式效果

3.2.8　定义列表样式

【列表】样式用于指定页面中列表标签所定义的项目列表的外观显示，如图 3-15 所示。

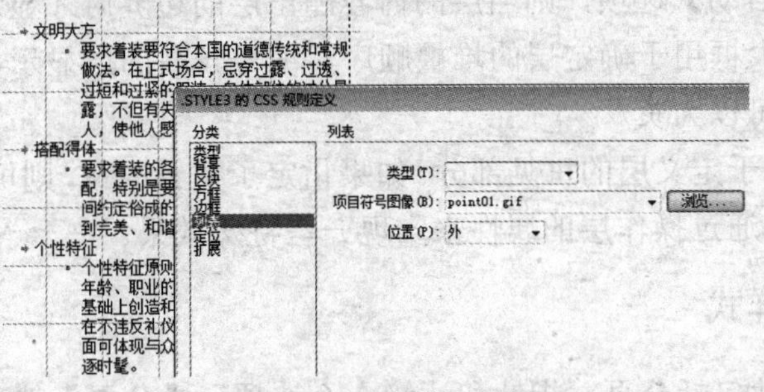

图 3-15　列表样式效果

图 3-15 中的项目列表符号使用的是外部图片，用户也可以通过【类型】下拉列表框选择 Dreamweaver 自带的样式，如圆点、阿拉伯数字等。在【位置】下拉列表框中，用户可以设置列表项是否换行和缩进。其中，【外】表示当列表过长而自动换行时以缩进方式显示，【内】则表示不缩进。

3.2.9 定义定位样式

【定位】样式用于对页面中的 Div(层)进行定位和显示上的控制，如图 3-16 所示。

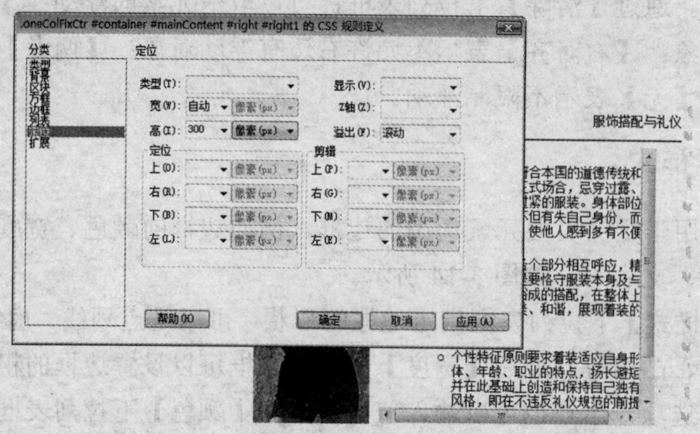

图 3-16 定位样式效果

【类型】下拉列表框中的选项用于设置定位的方式，使用【绝对】选项可以使用【定位】选项组中输入的坐标相对于页面左上角来放置层；使用【相对】选项可以使用【定位】选项组中输入的坐标相对于对象当前位置来放置层；使用【静态】选项可以将层放在它所在文本中的位置。

【显示】下拉列表框中的选项用于设置层的显示方式，使用【继承】选项可以继承父层的可见属性，如果没有父层，则可见；使用【可见】选项将显示层的内容；使用【隐藏】选项将隐藏层的内容。

【溢出】下拉列表框中的选项用于设置当层的内容超出层的大小时的处理方式，使用【可见】选项将使层向右下方扩展，以使所有内容都可见；使用【隐藏】选项将保持层的大小并剪辑任何超出的内容；使用【滚动】选项将在层中添加滚动条，而不论内容是否超出层的大小；使用【自动】选项，则当层的内容超出层的边界时才显示滚动条。

【Z 轴】下拉列表框用于确定层的堆叠顺序，编号较高的层显示在编号较低的层的上面。值可以为正，也可以为负。

【剪辑】选项组用于定义层的可见部分。如果指定了剪辑区域，则可以通过脚本语言(如 JavaScript)来访问它，通过操作层的属性来实现一些特殊效果。

3.2.10 定义扩展样式

【扩展】样式属性包括分页、指针和滤镜 3 个选项。【分页】选项用于在打印期间，在样式所控制的对象之前或之后强行分页；【光标】下拉列表框用于设置光标的显示属性，当光标位于样式所控制的对象上时改变光标的视觉效果；过滤器又称为 CSS 滤镜，通过【过滤器】下拉列表框中的选项可以对样式所控制的对象应用 CSS 滤镜，以得到对应的特殊效果。表 3-1 列出了【光标】和【过滤器】下拉列表框中的各选项及其说明。图 3-17 显示了扩展样式的应用效果。

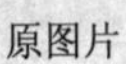
原图片

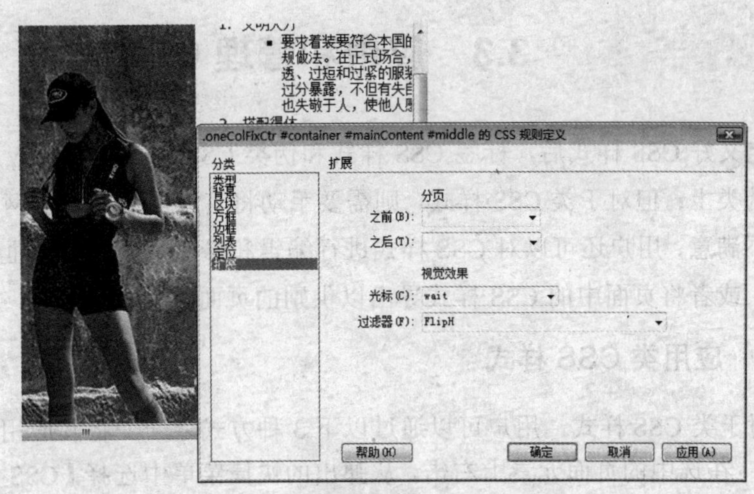

使用等待光标效果和水平镜像图像滤镜

图 3-17　扩展样式效果

表 3-1　光标和滤镜效果名称及说明

光 标 名 称	视 觉 效 果	滤 镜 名 称	效 果 说 明
crosshair	┼(十字准心)	Alpha	透明的渐进效果
text	I(文字/编辑)	BlendTrans	淡入淡出效果
wait	(等待)	Blur	风吹模糊的效果
default	(系统默认)	Chroma	指定颜色透明
help	(系统提示帮助)	DropShadow	阴影效果
e-resize/w-resize	⇔(向右或向左调整大小)	FlipH	水平翻转
ne-resize/sw-resize	(向上右或向下左调整大小)	FlipV	垂直翻转
nw-resize/se-resize	(向上左或向下右调整大小)	Glow	边缘光晕效果
n-resize/s-resize	⇕(向上或向下调整大小)	Gray	彩图变为灰度图
		Invert	底片的效果
		Light	模拟光源效果
		Mask	矩形遮罩效果
		RevealTrans	动态效果
		Shadow	轮廓阴影效果
		Wave	波浪扭曲变形效果
		Xray	X 光照片效果

注意：在使用 CSS 滤镜时，用户还必须设置滤镜属性的各个参数。例如 Glow 滤镜就包含两个参数，color 参数用于确定发光颜色，strength 参数用于确定发光距离。

3.3 应用和管理 CSS 样式

定义好 CSS 样式后，标签 CSS 样式和伪类 CSS 样式会自动应用到相应的 XHTML 标签和伪类上；但对于类 CSS 样式，则需要手动将其应用到需要的网页元素上。如果对 CSS 样式不满意，用户还可以对 CSS 样式进行编辑和修改。可以在页面上导入使用外部的 CSS 样式，或者将页面中的 CSS 样式导出以供别的页面使用。

3.3.1 应用类 CSS 样式

对于类 CSS 样式，用户可以通过以下 3 种方式之一，将其应用到选中的网页元素上：

- 在选中的页面元素上右击，从弹出的快捷菜单中选择【CSS 样式】下要使用的 CSS 样式即可，如图 3-18 左图所示。
- 在【CSS 样式】面板中要应用的 CSS 样式名称上右击，从弹出的快捷菜单中选择【套用】命令，如图 3-18 中间图所示。
- 在网页元素的属性检查器的【样式】(或【类】)下拉列表框中选择要使用的 CSS 样式，如图 3-18 右图所示。

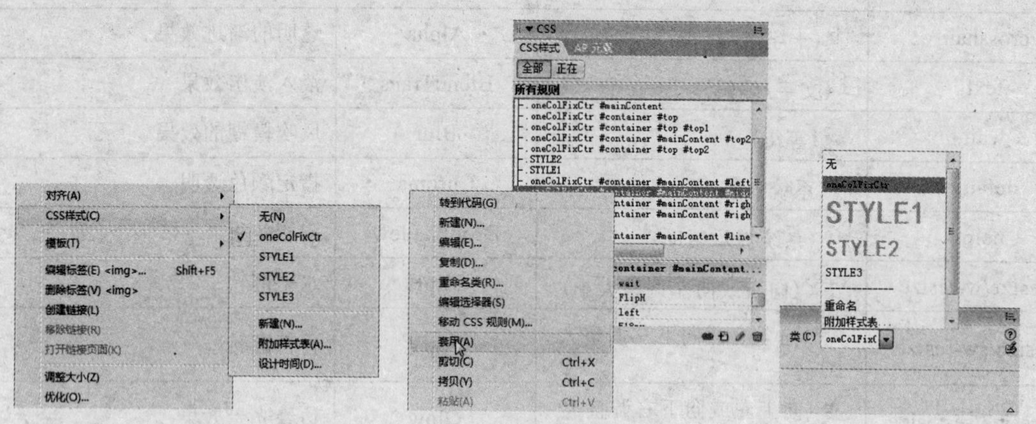

图 3-18　应用类 CSS 样式

3.3.2 修改 CSS 样式

在【CSS 样式】面板中单击【全部】按钮，以显示当前页面文档中用到的所有 CSS 样式规则。选中不满意的 CSS 样式，然后可以通过以下两种方式之一对该样式进行修改：

- 单击【编辑样式】按钮，打开【CSS 规则定义】对话框，可根据需要对 CSS 样式进行重新定义。
- 或者在【属性】列表框中单击需要修改的属性值，此时系统会根据属性的类别显示一个文本框、下拉列表框或颜色框，在其中输入或选择新的属性值即可，如图 3-19 所示。如果需要添加新的属性，可单击【添加属性】链接，使其变成一个下拉列表框，在其中选择需要的属性，然后设置值，如图 3-20 所示。要删除某个属性，选中后直接按 Delete 键即可。

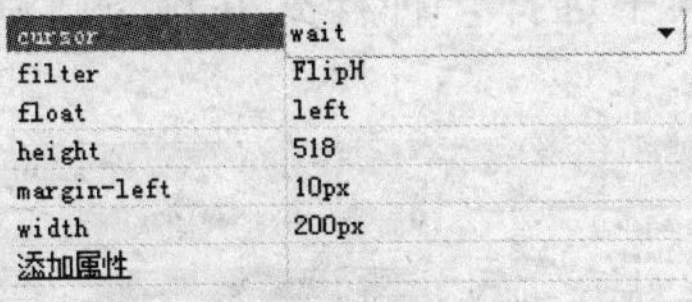

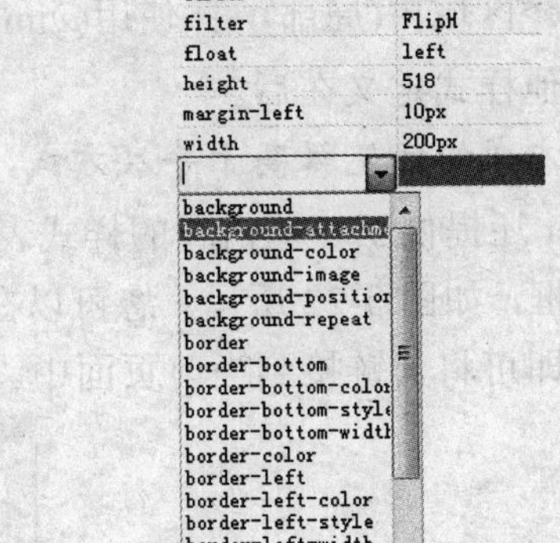

图 3-19 修改 CSS 样式的属性值　　图 3-20 向 CSS 样式中添加属性

3.3.3 删除 CSS 样式

可以将未使用的或无效的 CSS 样式删除。在【CSS 样式】面板中选择要删除的 CSS 样式，单击【删除 CSS 规则】按钮，即可删除该 CSS 样式。

3.3.4 链接或导入外部 CSS 样式表文件

可以在页面中附加或链接外部的 CSS 样式表文件，则页面中的网页元素将全部更新以反映该样式。用户可以将创建的或复制到站点中的任何样式表附加到页面上，也可以使用 Dreamweaver 附带的预置样式表，它们可以自动移入站点并附加到页面上。

在【CSS 样式】面板中单击【附加样式表】按钮，打开【链接外部样式表】对话框，如图 3-21 所示。在【文件/URL】下拉列表框中输入外部样式表文件的路径和名称，或单击右侧的【浏览】按钮，在打开的对话框中选择要使用的外部样式表文件。

要在页面中使用外部的 CSS 样式表，有两种方式：链接和导入。对于链接到页面中的 CSS 样式表，系统会自动在页面代码中创建一个 link href 标签，并链接到使用的外部样式表上。

```
<link href="Level3_1.css" rel="stylesheet" type="text/css"/>
```

这种方法的优点是：可以将要套用相同样式规则的页面都指定到同一个样式文件，以进行统一的修改，这样也便于设置统一的风格。

导入方式与链接方式相似，但必须放在标签“<STYLE>”和“</STYLE>”中：

```
<style type="text/css">
<!--
@import url("main.css");
-->
```

导入方式的优点在于，可以灵活地引入 CSS 文件对 XHTML 元素进行控制。链接方式和导入方式的相同点在于，都是将样式表以单独的文件存放；不同点在于，链接外部样式表是将样式表以<link>标记链接插入网页中(整体)，而导入外部样式表则是将样式表插入内部样式表的<style>区域内(局部)，并使用@import 声明，且@import 声明必须在样式表定义的开始部分，其他样式定义在后。

提示：链接方式的优先级高于导入方式，网页一般都使用链接方式。

Dreamweaver 还提供了一些内置的样式表文件，单击【范例样式表】链接，可打开【范例样式表】对话框，如图 3-22 所示。您可以在其中选择一种样式并预览，满意了可以单击【确定】按钮，即可将其链接到当前页面中。

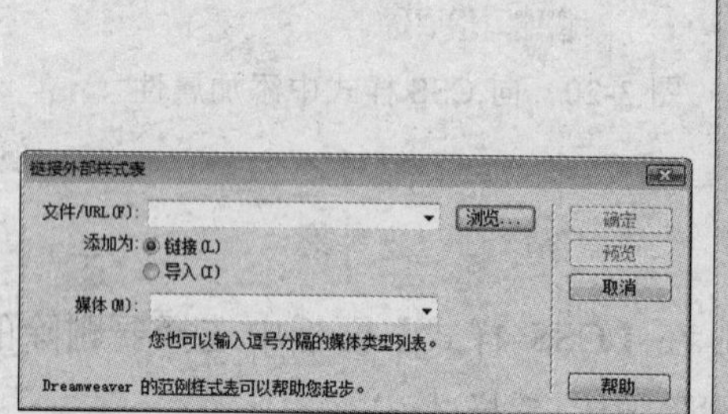

图 3-21 【链接外部样式表】对话框

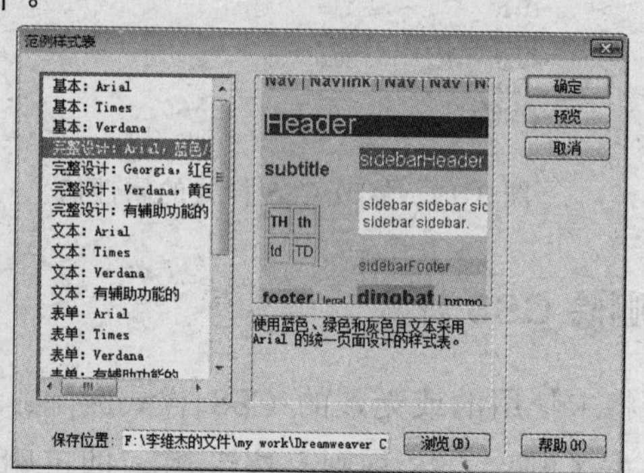

图 3-22 【范例样式表】对话框

本 章 小 结

CSS 是最重要的 Web 标准之一，已经为业内所认可，当前许多流行网站都是通过 CSS 来实现页面显示的。本章首先概述了 Web 标准的基本概念，然后详细介绍了 CSS 的知识点，包括如何创建、应用和管理 CSS 样式等。掌握这些知识，是大家进行网页设计和深入学习 CSS 的基础，是每一个网页制作人员的必备技能。

习　题

填空题

1. Web 标准主要分为 3 个标准集：结构标准主要是________和________，表现标准主要是________，行为标准主要是________。
2. 真正符合 Web 标准的网页设计能够实现网页________和________的分离。
3. CSS 的语法结构由 3 部分组成：________、________和________。
4. 区块是指页面中的文本、图像和________等替代元素。
5. 过滤器又称为________，可以对样式所控制的对象应用 CSS 滤镜，以得到对应的特殊效果。
6. 定义好 CSS 样式后，标签 CSS 样式和伪类 CSS 样式会自动应用到相应的 XHTML 标签和伪类上；但对于________ CSS 样式，则需要手动将其应用到需要的网页元素上。
7. 对于链接到页面中的 CSS 样式表，系统会自动在页面代码中创建一个________标签，并链接到使用的外部样式表上。

选择题

8. (　　)用于对网页中的信息进行整理和分类。

　A. 结构　　B. 表现　　C. 行为

9. 要对页面中的 DIV(层)进行定位和显示上的控制，应对其设置(　　)样式。

　A. 区块　　B. 方框　　C. 定位　　D. 扩展

简答题

10. 什么是 Web 标准？CSS 在其中充当什么角色？

11. 链接和导入外部 CSS 样式表有什么区别？

第 4 章

使用 CSS+Div 布局页面

本章介绍使用 CSS+Div 进行网页布局的过程和方法。通过本章的学习，应该完成以下<u>学习目标</u>：

- ☑ 了解使用 CSS+Div 和使用表格布局页面的区别
- ☑ 掌握对页面中插入的 Div 标签应用 CSS 样式的方法
- ☑ 学会在网页中添加文本和图像占位符
- ☑ 学会将 CSS 样式导出到一个外部样式表
- ☑ 学会使用标尺和辅助线微调布局
- ☑ 了解 AP Div 并掌握其基本操作

4.1 创建 Div 元素样式的页面布局

对于现代的网页设计来说，都是采用以 CSS 为基础的布局。国内许多知名网站都纷纷进行了 CSS+Div 改造，如阿里巴巴、当当网等。业内也越来越关注 CSS+Div 的标准化设计，当前，网页设计人员已经把这一要求作为行业标准。

4.1.1 与表格布局方式的比较

一个以 CSS 为基础的页面布局包括两大部分：一系列 CSS 样式(定义页面元素的显示外观)和与其对应的一系列 XHTML 标签(典型代表是 Div 标签，它是形成页面的基础)。与传统的以表格为基础的布局相比，CSS 布局更符合 Web 标准，满足工业需求。

- 由于采用 CSS 布局，页面中不像表格布局那样页面内容和表格样式、属性代码混杂在一起。页面的代码结构更加清晰，而且 CSS 样式可以以 CSS 样式文件形式链接到页面中，实现了样式和结构的分离，从而极大地缩减了页面代码，提高了页面浏览速度，同时也使得页面结构的重构性增强了。
- 结构清晰。对搜索引擎更加友好，更容易被搜索引擎收录，具备 SEO(搜索引擎优化)的先天条件，配合优秀的内容和一些 SEO 处理，可以获得更好的网站排名。
- 兼容性更好。可以在几乎所有的浏览器上使用，不会出现在不同浏览器上效果差距很大的情况。
- 易于维护。由于网站的布局通过 CSS 文件来控制，只需修改 CSS 文件即可对网站的整体风格进行更新。

- 更加易用。使用 CSS 可以结构化 HTML，例如 p 标签只用来控制段落，h1-h6 标签只用来控制标题，table 标签只用来表现格式化的数据等。
- 更好的扩展性。用户的设计不仅可以用于 Web 浏览器，还可以用到其他设备上，如 PowerPoint。
- 能更灵活地控制页面布局。通常情况下，页面的下载是按照代码的排列顺序，而表格布局代码的排列顺序是从上向下、从左到右，无法改变。而通过 CSS 控制，用户可以任意改变代码的排列顺序，比如将重要的右边内容先加载出来。

4.1.2　预览要完成的页面布局

下面将创建本书第 2 章在讲解文本和图像时所基于的页面布局，如图 4-1 所示。

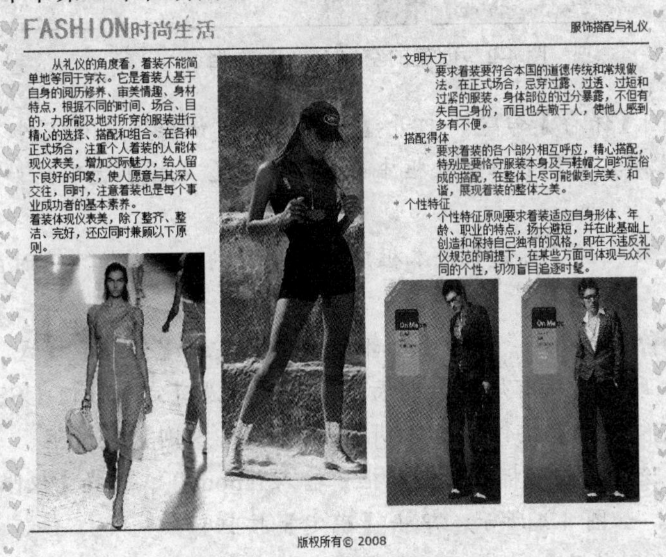

图 4-1　要完成的页面布局效果

从整体上看，页面主要由顶部、中间、底部这 3 个区域组成。其中，中间区域又划分成了左、中、右 3 个部分。这是一种典型的“三”型页面结构，通常在顶部显示页面 logo 和导航，中间部分显示主要内容，而底部显示版权信息。

4.1.3　创建页面并定义 body 标签样式

下面从一个空白的 HTML 页面开始，来设计图 4-1 所示的页面布局。创建了页面文档后，我们首先来定义 body 标签，以保证页面中的文本都默认使用一致的外观。

例 4-1　新建空白 HTML 页面并定义其 body 标签样式。

❶ 选择【文件】|【新建】命令，打开【新建文档】对话框。选择【空白页】选项，在【页面类型】列表框中选择【HTML】类型，在【布局】列表框中选择【无】选项。单击【创建】按钮，即可创建一个空白的 HTML 页面。

❷ 【文档】窗口默认打开的是【设计】视图，由于创建的是空白页面，因而【设计】视图中显示的是一片空白。切换到【代码】视图，可以查看 HTML 文档的代码结构，如图 4-2 所示。

提示：HTML 标签都是成对出现的，如<title>和</title>；而且是可以嵌套的，如<html>和</html>。<head>标签是文档头，通常包含 CSS 样式的定义或链接信息。<title>标签控制页面的标题，<body>标签则是页面的主体。关于 HTML 的常用标签及说明，读者可参阅附录 B。

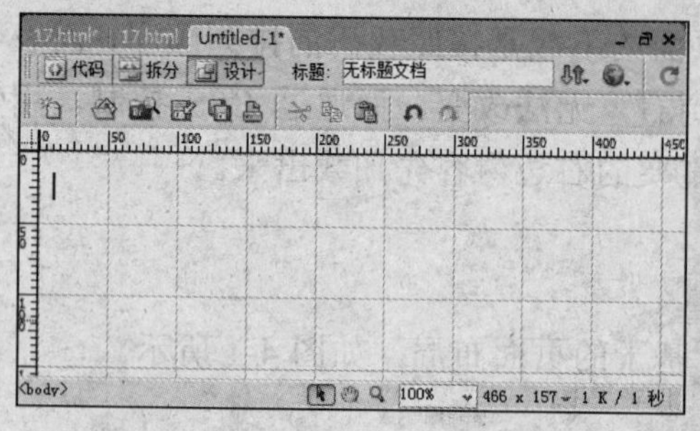

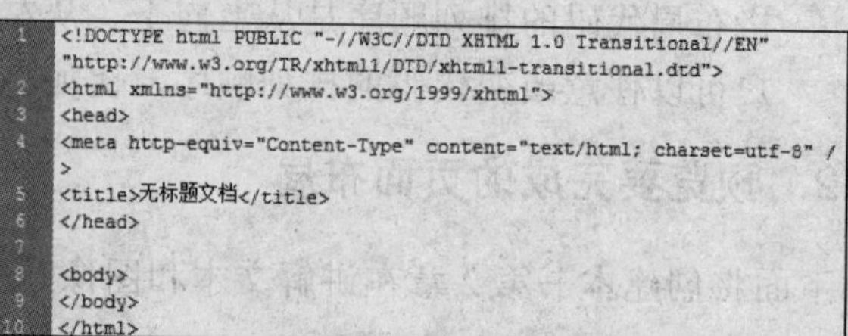

图 4-2　创建的空白 HTML 文档

❸ 选择【文件】|【保存】命令，打开【另存为】对话框。在【文件名】文本框中输入“layout”，在【保存类型】下拉列表框中选择【HTML 文档】选项，如图 4-3 所示，单击【保存】按钮。

❹ 在【文档】工具栏的【标题】文本框中清除原有内容，并输入“时尚生活”作为页面的标题。

❺ 展开【CSS 样式】面板，单击【全部】按钮切换到【全部】模式。由于是从空白的 HTML 页面开始，所以【所有规则】列表框中会提示没有定义任何 CSS 样式。在面板的底部单击【新建 CSS 规则】按钮，打开【新建 CSS 规则】对话框。

❻ 选择【标签】选项，在【标签】文本框中输入“body”。选择【仅限该文档】选项，将规则保存在页面中，如图 4-4 所示，单击【确定】按钮。

❼ 打开【CSS 规则定义】对话框，在【分类】列表框中单击【类型】选项。将【字体】设置为【Arial，Helvetica，sans-serif】，将【大小】设置为【中】，如图 4-5 所示。

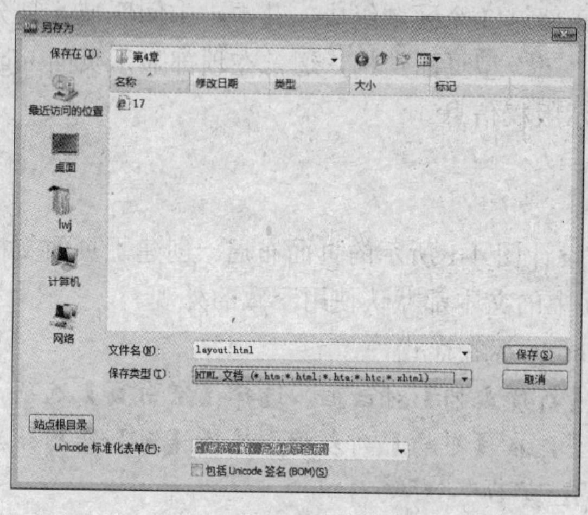
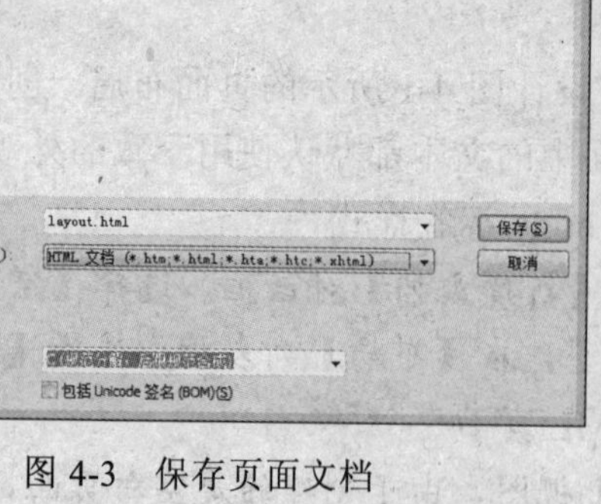

图 4-3　保存页面文档

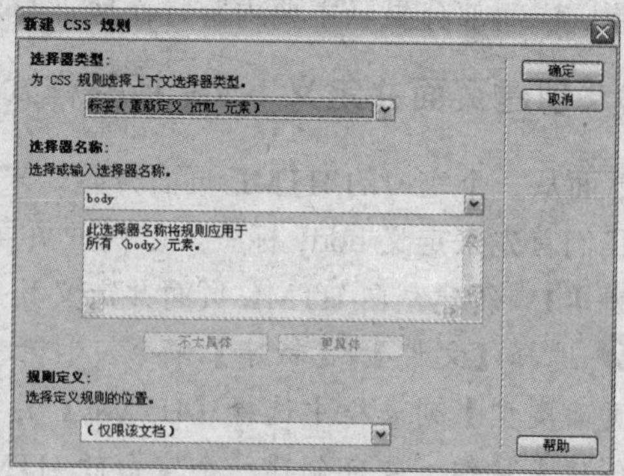

图 4-4　新建 CSS 规则

❽ 在【分类】列表框中单击【背景】选项。单击【浏览】按钮，选择图 4-6 中所示的图片，将【重复】方式设置为【重复】，单击【确定】按钮。

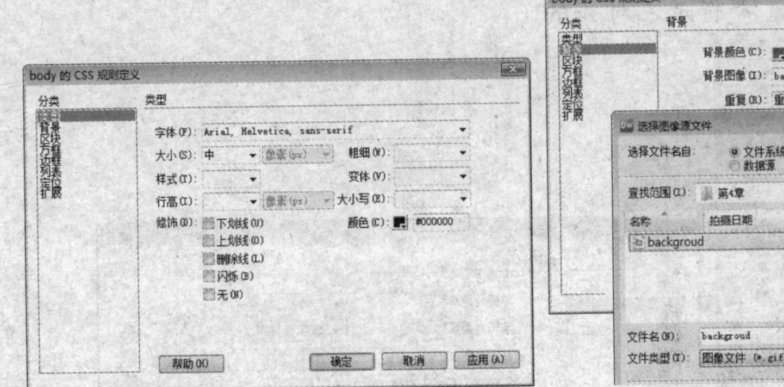

图 4-5　定义 body 标签的字体样式

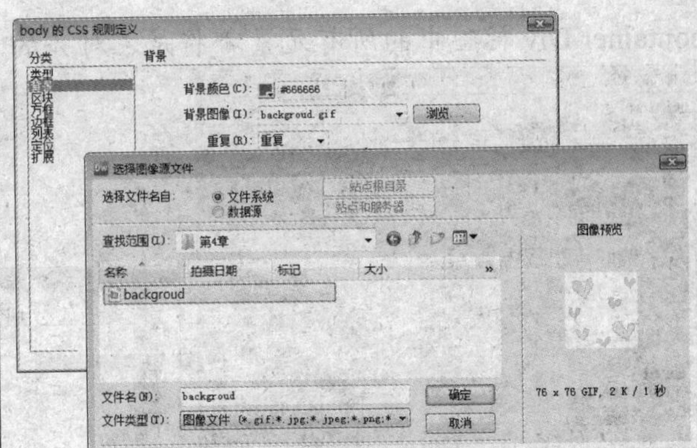

图 4-6　定义 body 标签的背景样式

注意：为了使页面与旧版本的浏览器兼容，您可以在【分类】列表框中选择【区块】选项，然后将【文本对齐】参数设置为【居中】，以确保页面将始终居中显示在访客的浏览器中。

❾ 按 Ctrl+S 键对修改进行保存。此时【文档】窗口如图 4-7 所示。在【代码】视图下，我们可以发现，定义的 CSS 样式保存在<head>标签中。

```
<head>
<meta http-equiv="Content-Type" content="text/html; charset=utf-8" />
<title>时尚生活</title>
<style type="text/css">
<!--
body {
    background: #666666;
    font-family: Arial, Helvetica, sans-serif;
    font-size: medium;
    background-image: url(backgroud.gif);
    background-repeat: repeat;
}
-->
</style>
</head>
<body>

</body>
```

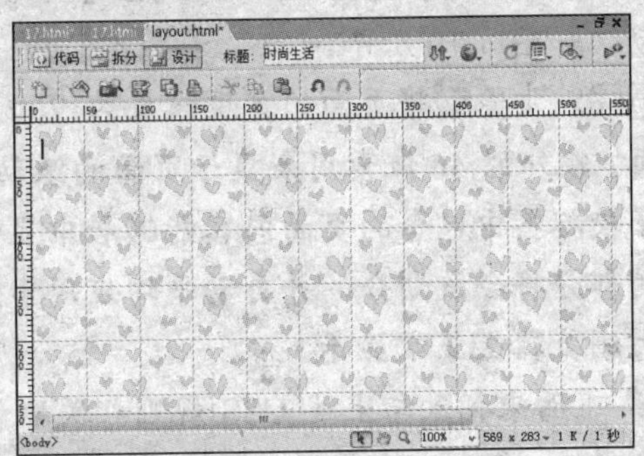

图 4-7　body 样式的代码与效果

注意：通常情况下，网页设计人员都是在网页文档的<head>中定义页面的 CSS 布局规则。设计工作完成之后，再将规则导出到一个外部样式表中。

4.1.4　定义外部容器

创建以 CSS 为基础的布局的一个标准技术，就是使用一个包含其他所有标签及内容的 Div 标签，以便为建立全局设置(如页面的总体宽度和布局对齐)定义一个 CSS 规则。下面基于例 4-1 来定义该 CSS 规则，并插入与之关联的 Div 标签。

例 4-2　对页面进行全局的布局设置。

❶ 继续例 4-1，在【CSS 样式】面板中单击【新建 CSS 规则】按钮，打开【新建 CSS 规则】对话框。选择【ID】选项，在【选择器】文本框中输入“#container”。选择【仅限该文档】选项，如图 4-8 所示。

提示：#表示这是一种 ID 选择器，读者可参阅附录 A。

❷ 单击【确定】按钮，打开【CSS 规则定义】对话框。在【分类】列表框中选择【区块】选项，将【文本对齐】方式设置为【左对齐】，如图 4-9 所示。这样一来，最终设置

在 container Div 标签中的所有元素都将是左对齐的。

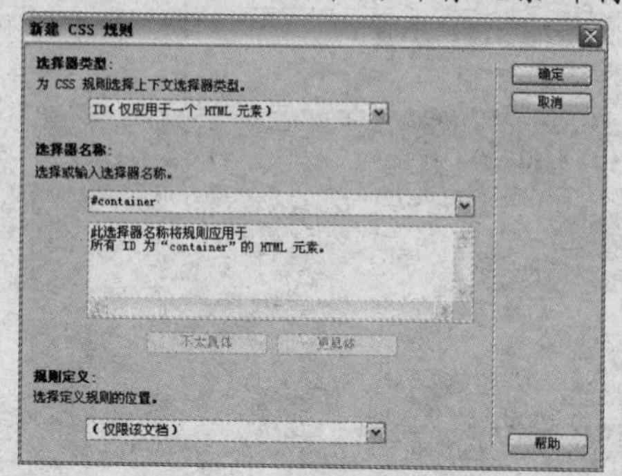

图 4-8　定义页面外部容器的 CSS 规则

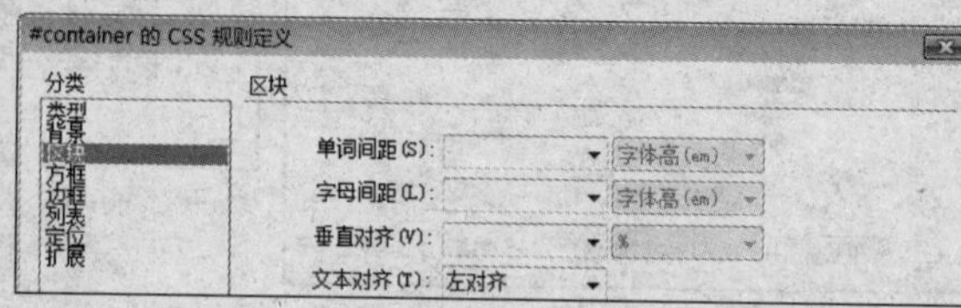

图 4-9　设置容器内元素的对齐方式

注意：虽然 body 标签的样式规则将文本对齐设置为居中，但这是针对整个页面在浏览器中的显示位置而言。如果 container 标签有自己的规则定义，那么其所包含的元素将按照 container 标签的样式规则来显示。

❸ 在【分类】列表框中单击【方框】选项，将【宽】设置为 760 像素。在【边界】区域禁用【全部相同】复选框；设置【上】为 0 像素，【右】为自动，【下】为 0 像素，【左】为自动，如图 4-10 所示。

提示：步骤❸将页面的宽度设置为 760 像素，通常情况下按照 800×600 的大小来设计网页。额外的 40 像素用来显示页面的滚动条。container 标签的左右边框被设置为自动，是为了使标签中包含的页面内容能够居中显示。如果浏览器的窗口比设置的宽度大，那么多出的部分将会被划分，并自动平均应用于左右边框，这样就确保页面可以在 1024×768 或更大浏览器上正常显示。

❹ 下面来插入与上述 CSS 规则相关联的 Div 标签。在【插入】面板的【布局】类别中单击【插入 Div 标签】按钮，打开【插入 Div 标签】对话框。将插入位置设置为【在插入点】，从【ID】下拉列表中选择 container，如图 4-11 所示。

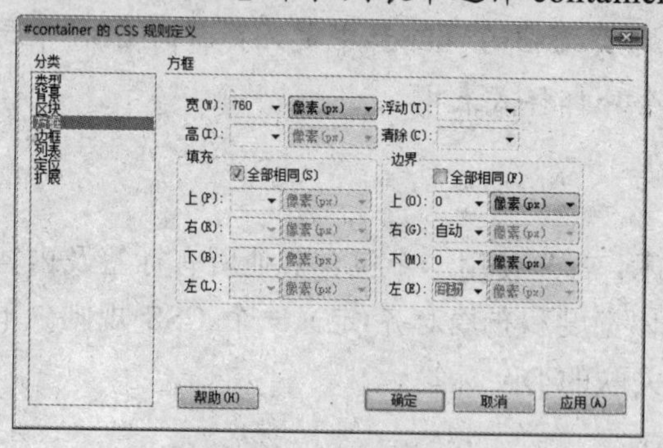

图 4-10　定义容器的大小

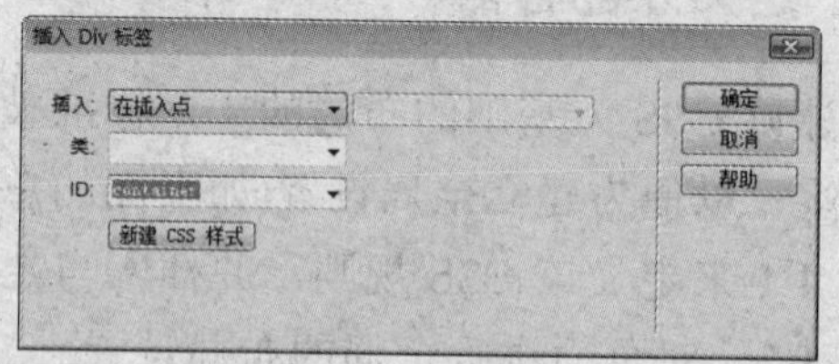

图 4-11　插入 Div 标签

❺ 单击【确定】按钮，Dreamweaver 便将新的 Div 标签添加到了页面上，占位符内容显示为"此处显示 id 'container' 的内容"，且 container 标签位于【文档】窗口的居中位置，如图 4-12 所示。

图 4-12　插入的 container 标签

提示：如果 container 标签周围没有显示边框，那么可以从文档工具栏上的【可视化助理】下拉菜单中单击【CSS 布局外框】选项。

❻ 将【文档】窗口切换到【代码】视图，可以查看添加的 container 标签的定义代码，位于标签<body>和</body>之间，如下所示：

```
<body>
<div id="container">此处显示  id "container" 的内容</div>
</body>
```

4.1.5　设计顶部布局

从图 4-1 中可以发现，页面顶部可划分为两个部分：左侧部分和右侧部分。左侧部分显示标题“FASHION 时尚生活”，右侧部分显示文本“服饰搭配与礼仪”。

例 4-3　设计页面顶部布局。

❶ 继续例 4-2。在【CSS 样式】面板中单击【新建 CSS 规则】按钮，打开【新建 CSS 规则】对话框。选择【ID】选项，在【选择器】文本框中输入“#top”；选择【仅限该文档】选项，如图 4-13 左图所示。

❷ 单击【确定】按钮，打开【CSS 规则定义】对话框。将【方框】样式设置为：【宽】为 760 像素，【高】为 38 像素，【上】为 0 像素，【右】为自动，【下】为 0 像素，【左】为自动，如图 4-13 右图所示。然后单击【确定】按钮。

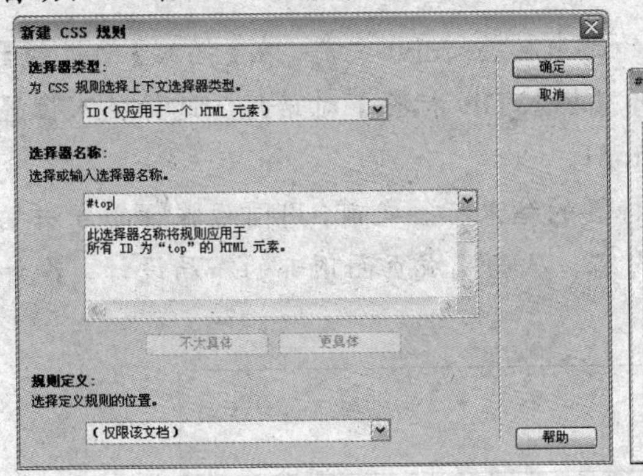

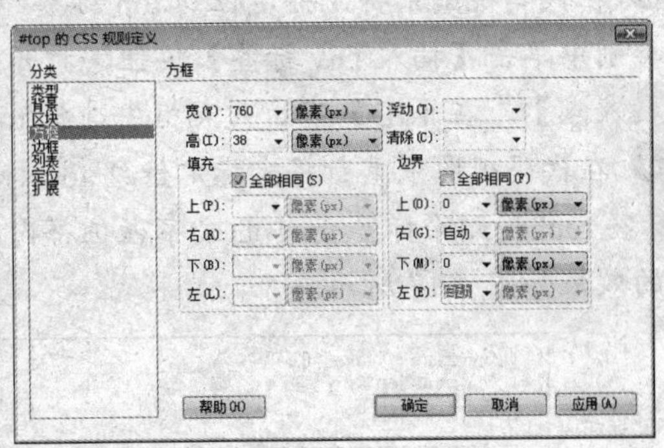

图 4-13　定义#top 样式规则

❸ 用同样的方法定义#top1 和#top2 样式规则，如图 4-14 所示。

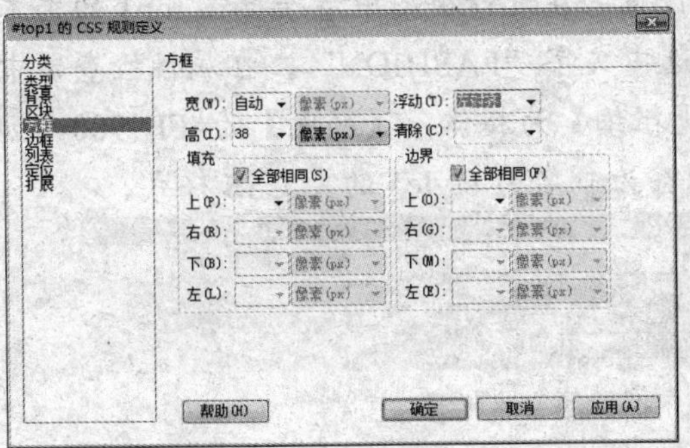

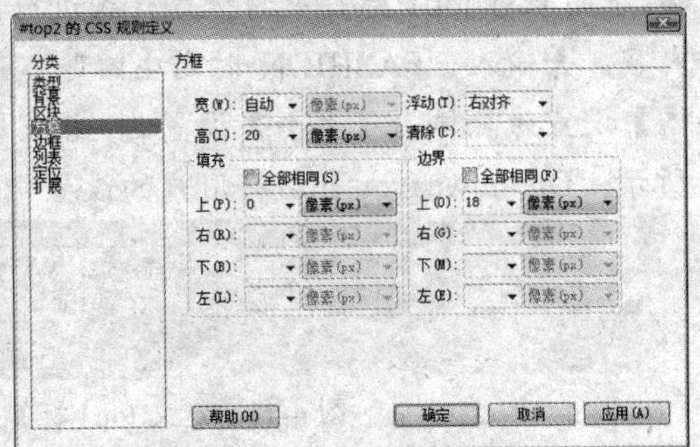

图 4-14　定义#top1 和#top2 样式规则

❹ 下面在页面中插入与#top、#top1、#top2 样式规则相对应的 Div 标签。将【文档】窗口切换到【拆分】视图，将光标定位到 container 标签的结束标签之前，即</div>的前面，如图 4-15 所示。

❺ 在【插入】面板的【布局】类别中单击【插入 Div 标签】按钮，打开【插入 Div 标签】对话框。选择插入位置为【在插入点】，在【ID】下拉列表中选择 top，如图 4-16 所示。

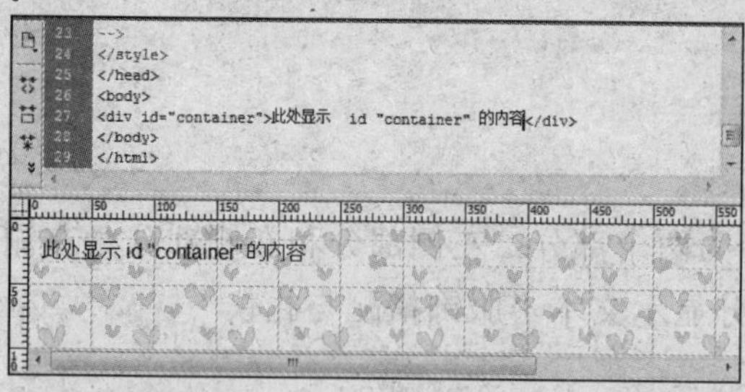

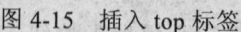

图 4-15　插入 top 标签

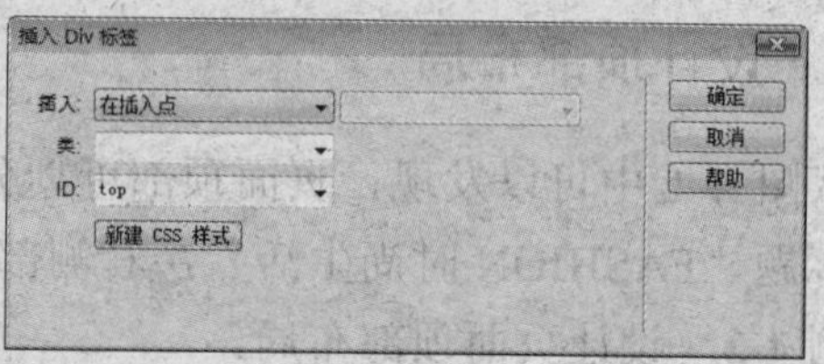

图 4-16　选择插入 top 标签的参数

提示：在【拆分】视图下，我们可以在上面的代码视图中精确定位要插入网页对象的位置，然后在下面的设计视图中观看插入后的效果。在网页设计过程中，这是一种避免出错的十分有效的方法。

❻ 单击【确定】按钮，新添加的 Div 标签将显示在 container 标签中，并显示占位符信息“此处显示 id "top" 的内容”。

❼ 在代码视图中将光标定位到 top 标签的结束标签</div>之前。在【插入】面板的【布局】类别中单击【插入 Div 标签】按钮，打开【插入 Div 标签】对话框。选择插入位置为【在插入点】，在【ID】下拉列表框中选择 top1。

❽ 在代码视图中重新将光标定位到 top 标签的结束标签之前，用同步骤❼的方法插入 Div 标签 top2。删除标签 top1 的文字占位符内容，从而完成页面顶部的布局设计。设计视图中的效果如图 4-17 所示。

图 4-17　完成页面顶部的布局

❾ 下面来对 top1 标签中的标题样式进行设置。在设计视图中清除标签 top1 的文本占位符内容，并输入“FASHION 时尚生活”。选中文字“FASHION”，在属性检查器中将【字体】设置为黑体，【大小】设置为 36，【粗细】为粗体，【颜色】为#FF9900，如图 4-18 所示。Dreamweaver 自动将用户的设置保存为命名为 style1 的类 CSS 样式。

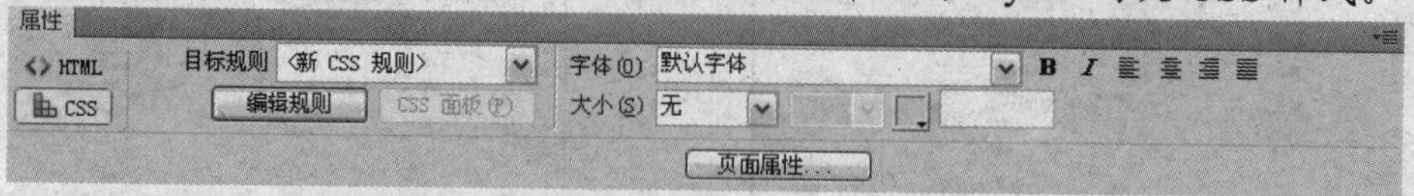

图 4-18　定义 top1 标签中的标题文本样式

⑩ 用同步骤⑨所示的方法定义命名为“时尚生活”的文字设置格式，【字体】为黑体，【大小】为 26，【粗细】为粗体，【颜色】为#FF66CC。Dreamweaver 自动将该设置保存为命名为 style2 的类 CSS 样式。

⑪ 在设计视图中清除标签 top2 的文本占位符内容，并输入文本“服饰搭配与礼仪”，清除 container 标签的文本占位符，此时页面顶部效果如图 4-19 所示。

图 4-19 页面顶部最终效果

4.1.6 设计水平线样式

观察图 4-1，页面顶部与中间内容之间，以及中间内容和底部之间分别有一条水平线，本节介绍如何设计水平线的样式并在页面中设计水平线的布局。

例 4-4 设计并在页面中使用水平线。

❶ 继续例 4-3。在【拆分】视图的代码编辑器下，在定义 CSS 样式的部分新定义“line hr”类 CSS 样式，如图 4-20 所示。代码的意思是，将所有 class 属性为 line 的标签下的 hr(水平线)填充颜色设置为粉红色。

❷ 将光标定位到 container 标签的结束标签之前，在【插入】面板的【布局】类别中单击【插入 Div 标签】按钮，打开【插入 Div 标签】对话框。选择插入位置为【在插入点】，在【class】下拉列表框中输入 line，如图 4-21 所示。

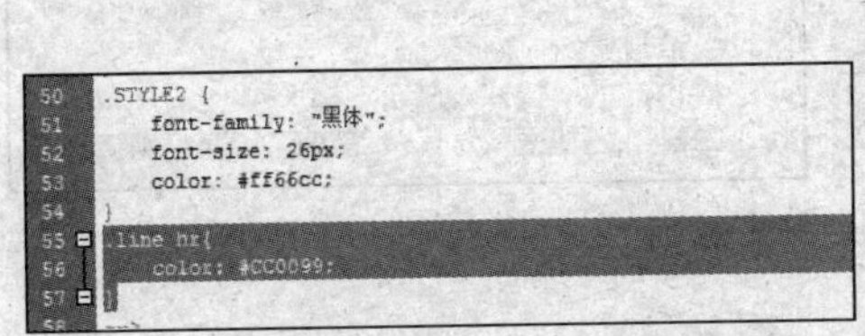

图 4-20 定义水平线样式

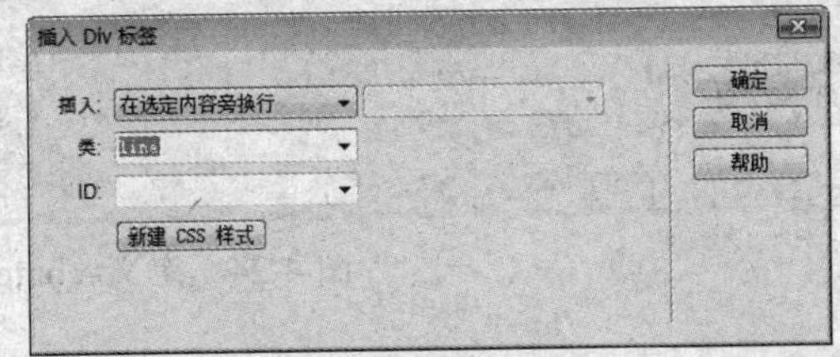

图 4-21 在页面中插入容纳水平线的 Div 容器

❸ 单击【确定】按钮，在代码编辑器中将光标置于新添加的 line 标签的结束标签之前。然后选择【插入】|【HTML】|【水平线】命令，得到效果如图 4-22 所示。

❹ 用同样的方法在页面中添加页面中间部分和底部之间的水平线，得到效果如图 4-23 所示。

图 4-22 水平线及其样式效果

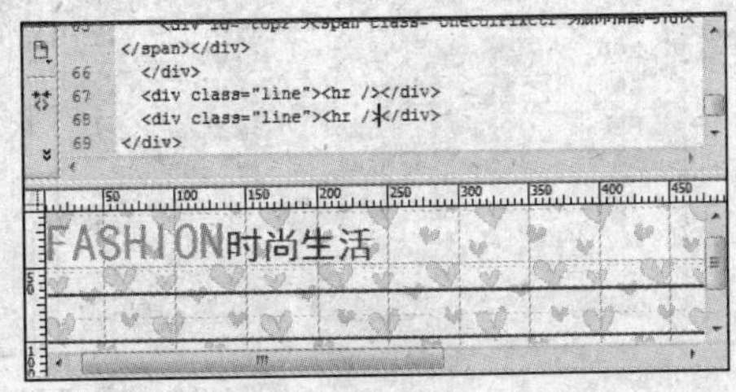

图 4-23 制作另外一条水平线

注意：细心的读者可能发现，这两条水平线的生成代码是完全一样的，它们也使用同样的样式规则，因而直接对代码进行复制、粘贴即可，而不必重复步骤❷和❸的操作。可以通过其所在 Div 容器的 id 属性加以区别，用户只需在 class 属性后添加诸如“id="hr1"”这样的代码即可。

4.1.7　设计中间布局

页面的中间部分用于承载页面的主要内容，它分为左、中、右 3 个区域。这里首先设计承载页面中间部分的容器 content，然后在其中嵌套 3 个 Div 标签，分别为 left、middle 和 right，用于将 content 区域进行划分。

例 4-5　设计并布局页面中间区域。

❶ 继续例 4-4。首先来定义#content 样式规则，如图 4-24 所示。

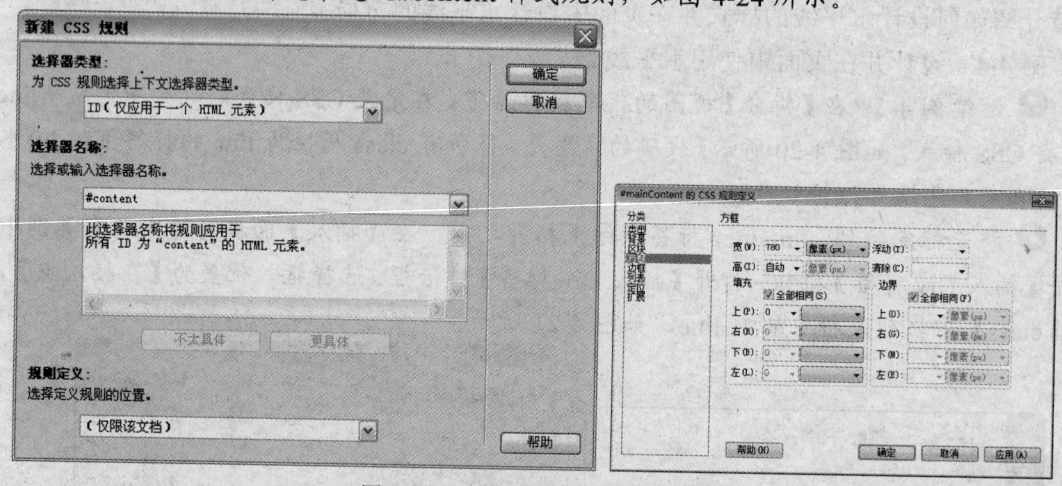

图 4-24　定义#content 样式规则

❷ 接下来定义#left 样式规则，如图 4-25 所示。将【定位】样式的【左】、【右】剪辑设置为 5 像素，是为了使容器中的文本与边界之间有一定的间隙，从而使页面不显得杂乱而更有条理性。

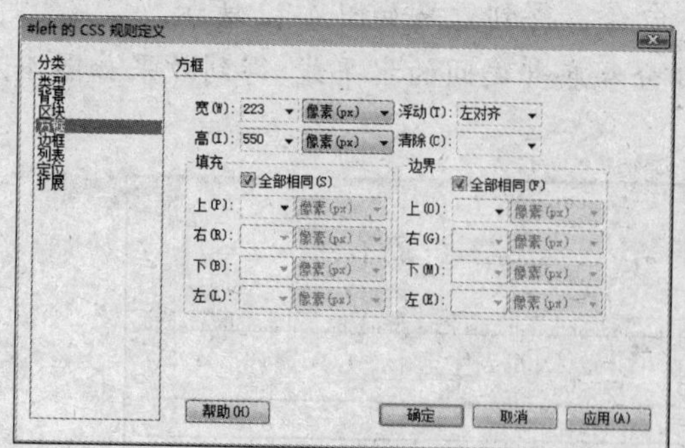

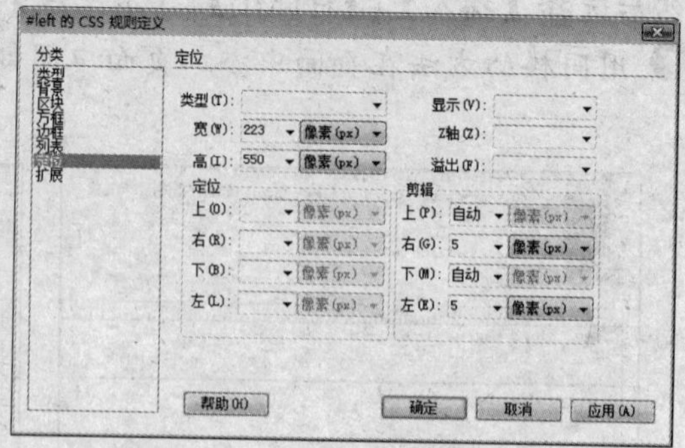

图 4-25　定义#left 样式规则

❸ 下面来定义#middle 和#right 样式规则，如图 4-26 所示。为了使 right 容器中的页面元素与容器边界之间有一定的间隙，在定义#right 样式规则时，还需将【定位】样式的【右】剪辑设置为 5 像素。

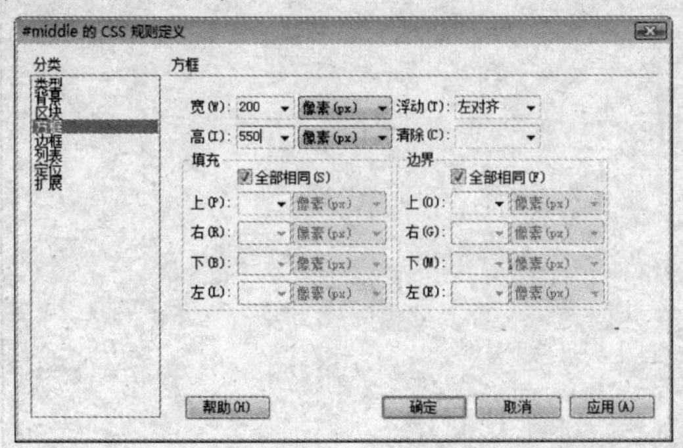

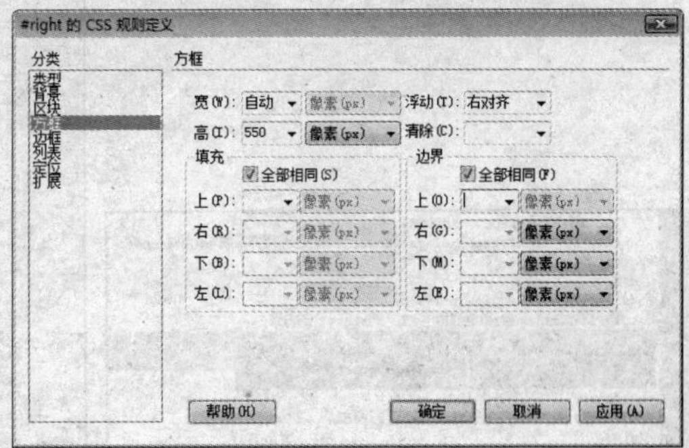

图 4-26　定义#middle 和#right 样式规则

❹ 下面来插入与#left、#middle 和#right 样式规则相对应的 Div 标签。在【拆分】视图下，将光标置于代码编辑器中第一个水平线所在 Div 标签的结束标签后，在【插入】面板的【布局】类别中单击【插入 Div 标签】按钮，打开【插入 Div 标签】对话框。选择插入位置为【在插入点】，在【id】下拉列表框中选择 content，如图 4-27 所示。

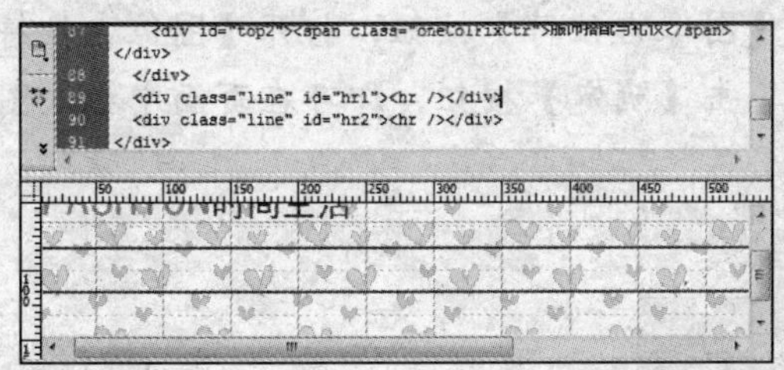

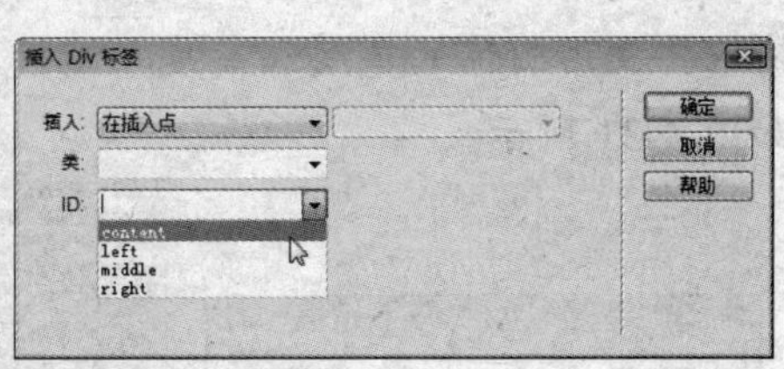

图 4-27　插入 content 标签

❺ 单击【确定】按钮，此时【文档】窗口中的效果如图 4-28 所示。

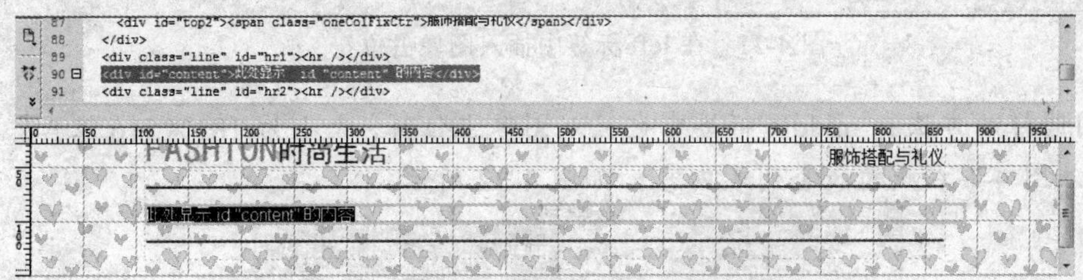

图 4-28　插入 content 标签后的效果

❻ 将光标置于 content 结束标签之前，按步骤❹所示的方法插入 left、middle 和 right 标签。完成后的代码如图 4-29 所示。删除这些标签的文本占位符内容，完成页面中部的布局，按 F12 键后页面的预览效果如图 4-30 所示。

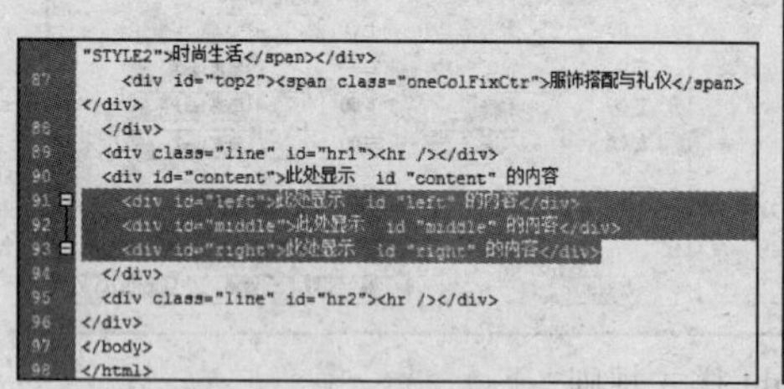

图 4-29　插入 left、middle 和 right 标签

图 4-30　页面预览效果

注意：Div 标签的插入点十分重要，如果光标定位的插入点不对，则可能会得到不符合预期效果的页面布局。

❼ 将光标定位到 left 标签，输入图 4-1 左侧所示的文本内容，然后按 Shift+Enter 键换行。在【插入】面板的【常用】类别中单击【图像占位符】按钮，打开【图像占位符】对话框，输入要使用图像的宽度和高度，然后单击【确定】按钮，即可在页面中插入图像占位符，如图 4-31 所示。

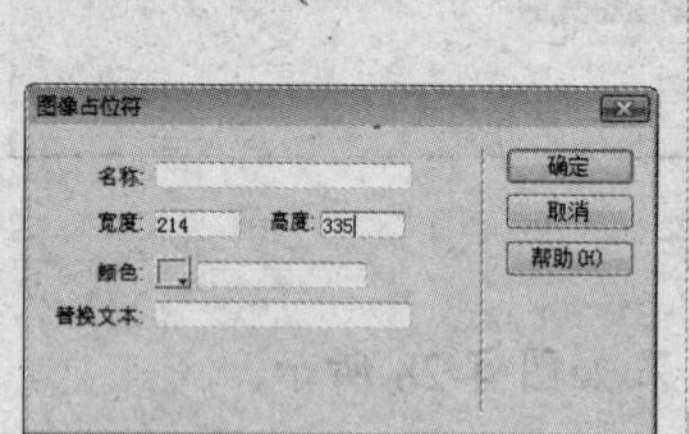

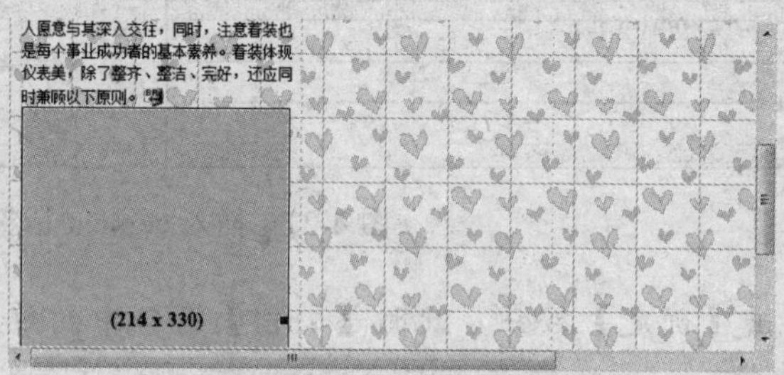

图 4-31　在 left 标签中插入图像占位符

❽ 用同样的方法在 middle 标签中也插入图像占位符，大小为 181×516 像素。在 right 标签中输入图 4-1 右侧的嵌套列表内容，如图 4-32 所示。

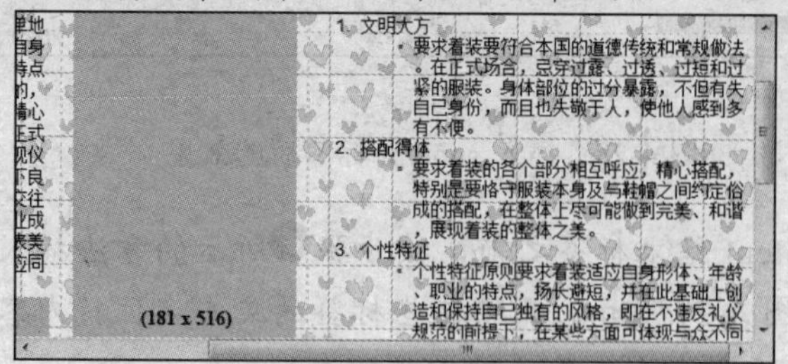

图 4-32　在 right 标签中输入列表内容

❾ 第一级项目列表默认使用的是阿拉伯数字，如果想使用和图 4-1 所示一样的图片作为项目列表符号，可以通过修改 right 标签的样式定义规则来完成。在【CSS 样式】面板中选中“#right”样式规则，然后单击【编辑 CSS 规则】按钮，打开【CSS 规则定义】对话

框。修改【列表】样式，使用图 4-1 中所示的小图片作为项目符号即可，如图 4-33 所示。

图 4-33 修改#right 样式规则

⑩ 在代码编辑器中将光标置于 right 标签的结束标签前，在【插入】面板的【常用】类别中单击【表格】按钮，打开【表格】对话框。将【行数】设置为 1，【列数】设置为 2，【页眉】使用【无】样式，如图 4-34 左图所示。

⑪ 单击【确定】按钮，即可在 right 标签的项目列表段落下插入一个一行两列的表格。拖动表格边缘的控制点，将其调整成图 4-34 右图所示的大小。

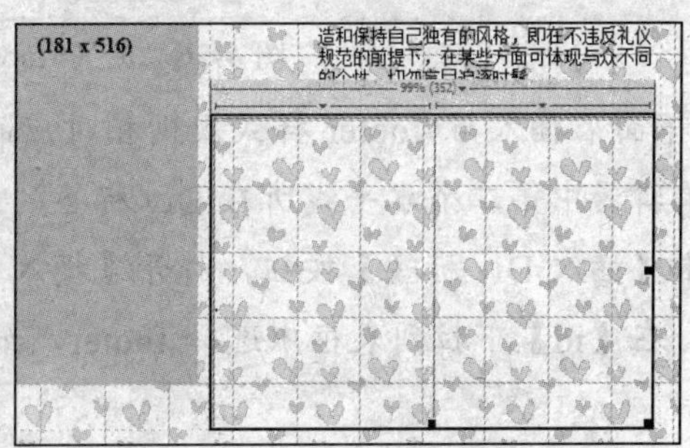

图 4-34 在 right 标签中插入表格

⑫ 分别将光标置于表格的两个单元格中，插入图像占位符，最后完成页面中间布局的设计，如图 4-35 所示。

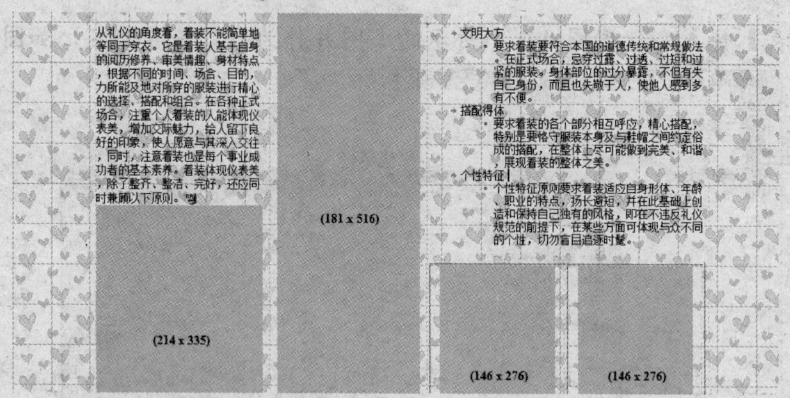

图 4-35　完成页面中间布局的设计

4.1.8　设计底部布局

页面底部通常用于声明版权信息、联系方式等。

例 4-6　设计并布局页面底部区域。

❶ 继续例 4-5。首先来定义#footer 样式规则，如图 4-36 所示。然后在#footer 的属性列表中单击【添加属性】链接，在属性下拉列表中选中【clear】属性，并将其值设置为【both】，这将确保不会有浮动元素侵入#footer。

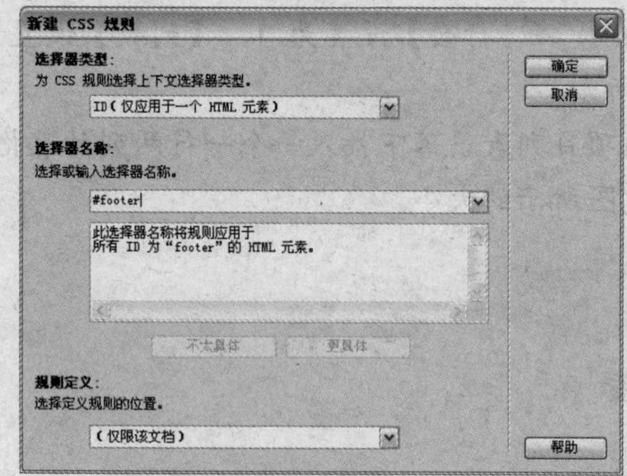

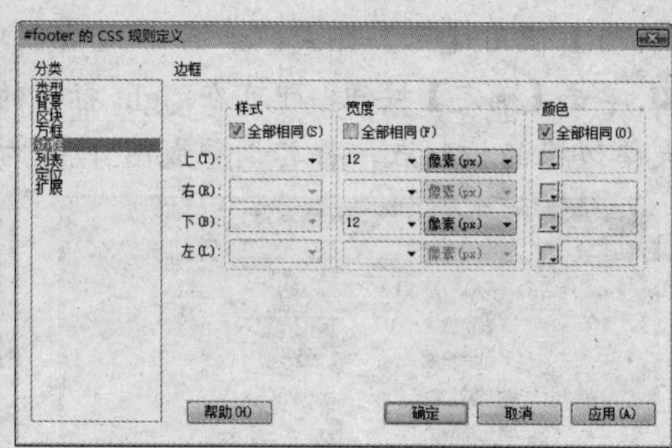

图 4-36　定义#footer 样式规则

❷ 下面来插入与#footer 样式规则相对应的 Div 标签。在【拆分】视图下，将光标置于代码编辑器中第二个水平线所在 Div 标签的结束标签后，在【插入】面板的【布局】类别中单击【插入 Div 标签】按钮，打开【插入 Div 标签】对话框。选择插入位置为【在插入点】，在【id】下拉列表框中选择 footer，如图 4-37 所示。

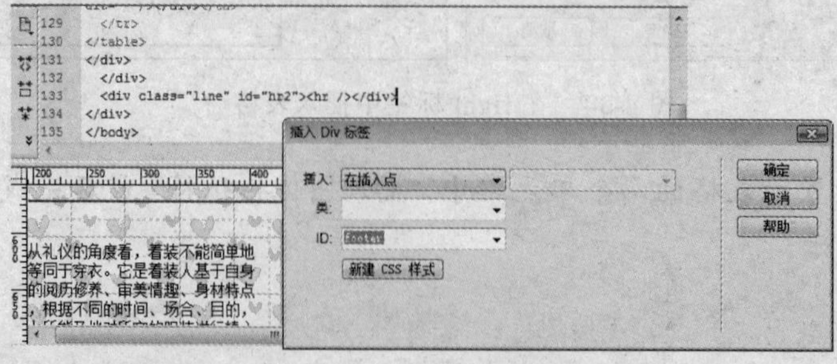

图 4-37　插入 footer 标签

❸ 单击【确定】按钮，即可在页面底部插入 footer Div 容器。清除文本占位符的内容，然后输入版权信息，如“Copyright © 2008 by Choice.Lee All Rights Reserved”。然后在属性检查器中将文本居中对齐，此时页面中的效果如图 4-38 所示。

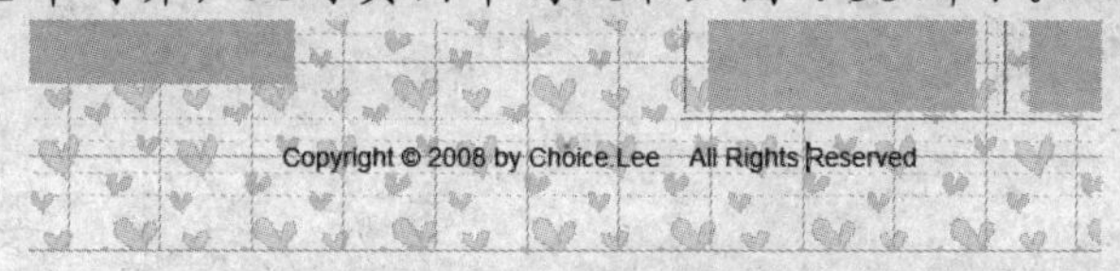

图 4-38　输入页面版权信息

4.2　使用标尺和辅助线调整页面设计

设计很少是静态的，因为有许多不可知的变化，例如客户的设计要求发生改变等。Dreamweaver 提供了标尺和辅助线，用于帮助用户快速而简单地调整页面设计，精确定位网页元素。

4.2.1　关于标尺

标尺显示在页面的左边框和上边框上，以像素、英寸或厘米作为单位来标记。标尺可帮助用户测量、组织和规划布局。

- 若要在标尺的显示和隐藏状态之间切换，请选择【查看】|【标尺】|【显示】或【隐藏】命令。
- 标尺的原点默认位置为页面的左上角。如果需要更改原点位置，只需拖动标尺原点到页面上的指定位置即可。如果要将原点重设到它的默认位置，请选择【查看】|【标尺】|【重设原点】命令。
- 如果要更改标尺的度量单位，选择【查看】|【标尺】下的度量单位即可；或者在标尺上右击，选择要使用的度量单位，如图 4-39 所示。

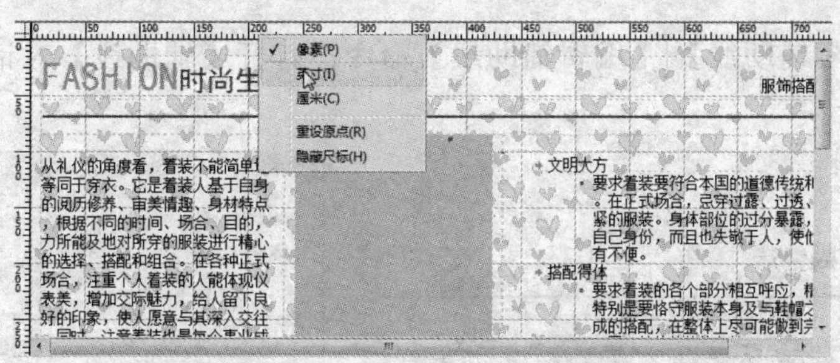

图 4-39　修改标尺的度量单位

4.2.2　关于辅助线

辅助线是从标尺拖动到文档上的线条，如图 4-40 所示。它们有助于更加精确地放置和对齐对象。用户还可以使用辅助线来测量页面元素的大小，或模拟 Web 浏览器的重叠区域。

图 4-40　页面中的辅助线

1. 创建辅助线

要创建水平或垂直辅助线，只需从相应的水平或垂直标尺上拖动，然后在【文档】窗口中对辅助线进行定位，并松开鼠标按钮即可。默认情况下，Dreamweaver 以绝对像素作为度量值来记录辅助线与文档顶部或左侧的距离，并相对于标尺原点来显示辅助线。如果希望以百分比形式记录辅助线，可以在创建或移动辅助线时按住 Shift 键。

2. 查看和移动辅助线

将光标移到辅助线上，可查看其位置信息。按下 Ctrl 键，并将光标保持在两条辅助线之间的任何位置，可查看这两条辅助线之间的距离。双击某条辅助线，可打开【移动辅助线】对话框，输入新的位置，单击【确定】按钮，如图 4-41 所示。

3. 锁定和解锁辅助线

为了防止因不小心而移动辅助线的位置，您可以将辅助线锁定，这时选择【查看】|【辅助线】|【锁定辅助线】命令即可。要解除辅助线的锁定状态，选择【查看】|【辅助线】|【解锁辅助线】命令即可。

4. 将元素靠齐辅助线

要将元素靠齐到辅助线，可选择【查看】|【辅助线】|【靠齐辅助线】命令。这样，当用户调整诸如表格、图像等绝对定位的元素时，这些元素将自动靠齐到辅助线。

5. 设置辅助线

选择【查看】|【辅助线】|【编辑辅助线】命令，打开【辅助线】对话框，如图 4-42 所示。

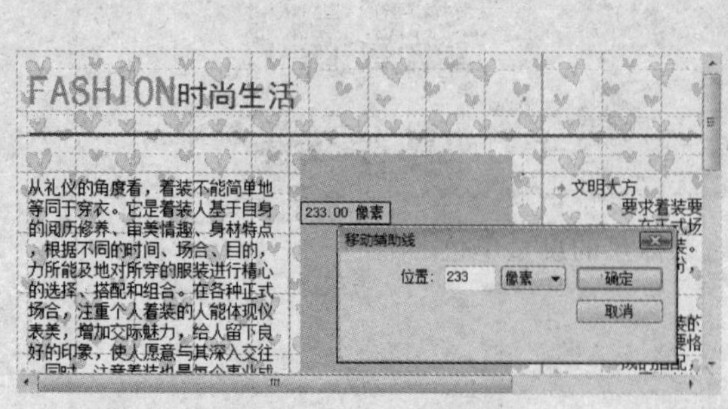

图 4-41　移动辅助线

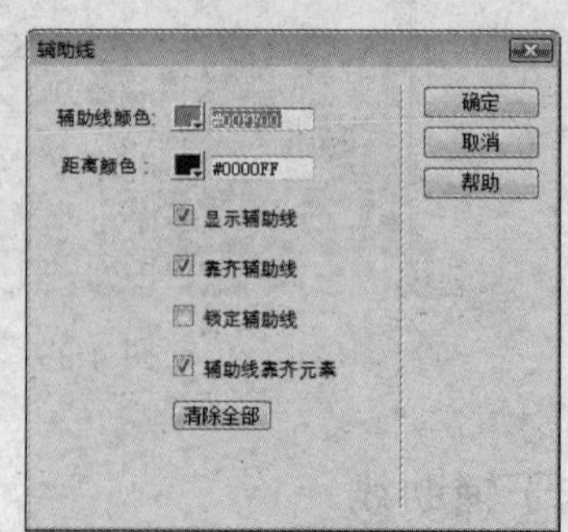

图 4-42　【辅助线】对话框

用户可以设置辅助线、距离的颜色，以及是否显示、靠齐或锁定辅助线，单击【清除全部】按钮，可从页面中清除所有辅助线。单击【确定】按钮，用户的设置即在【文档】窗口中起效。

提示：所谓距离颜色，就是当用户将光标保持在辅助线之间时，作为距离指示器出现的线条的颜色。

4.2.3　调整页面设计

继续例 4-6，分别双击页面上的各个图像占位符，使用准备好的图像替换图像占位符，然后调整图像的大小，结果如图 4-43 所示。

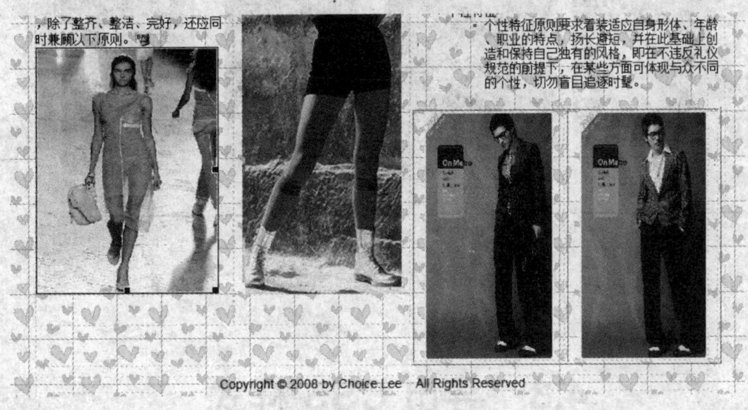

图 4-43　使用图像替换图像占位符

我们希望图像能够在页面底部对齐，此时可借助辅助线来设置和调整页面的布局。首先在标签选择器部分选中 content 标签，将标尺原点移动到 content 容器的左上角位置，如图 4-44 所示。然后从水平标尺上拖出一条水平辅助线，到【文档】窗口中距离原点 516 像素的地方定位，如图 4-45 所示。

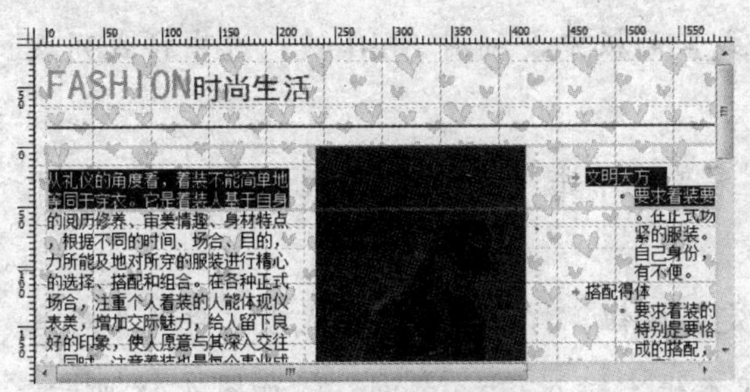

图 4-44　修改标尺的原点位置

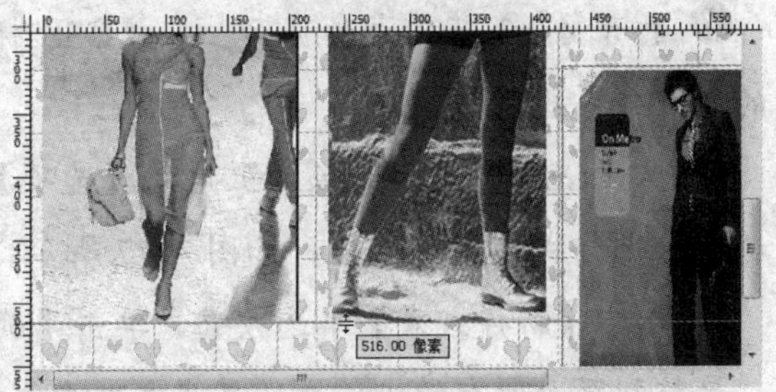

图 4-45　创建水平辅助线

打开【CSS 样式】面板，在样式列表中选中【#left】样式规则，在属性列表中将【height】属性设置为 516。用同样的方法将【#middle】和【#right】样式规则的【height】属性也设置为 516。但需要注意的是：right Div 标签中的内容很可能会超出 Div 容器大小，为了使内容不至于溢出，在属性列表中，向【#right】样式规则添加属性【overflow】，值设置为【scroll】(滚动)。这样一来，right Div 标签将出现垂直滚动条，用于显示溢出的内容。按

F12 键在浏览器中预览页面，效果如图 4-46 所示。

图 4-46　页面修改后的效果

4.3　导出 CSS 样式

可以将页面的 CSS 样式导出到一个样式表文件中，这样便可以利用该样式表制作网站中与该网页风格相同或相似的其他页面。此外，当需要修改页面风格和设计时，只需要对该样式表文件进行修改，即可快速更新网站中所有使用该样式表的页面。

例 4-7　导出页面中的 CSS 样式规则。

❶ 打开 4.2.3 节完成的页面。在【CSS 样式】面板中，利用 Shift 键，选中样式列表中的所有样式规则。

❷ 从【CSS 样式】面板右上角的【选项】菜单中单击【移动 CSS 规则】命令，打开【移至外部样式表】对话框，如图 4-47 所示。

❸ 选中【新样式表】单选按钮，单击【确定】按钮，打开【保存样式表文件为】对话框。导航到页面所在的文件夹，在【文件名】文本框中输入“main.css”，如图 4-48 所示，单击【保存】按钮。

❹ 按 Ctrl+S 键保存对页面所做的修改。

要基于一个独立的 CSS 样式表来制作网页，需要首先将其导入到页面中，然后再根据样式规则逐一地插入相应的 Div 标签。

图 4-47　【移至外部样式表】对话框

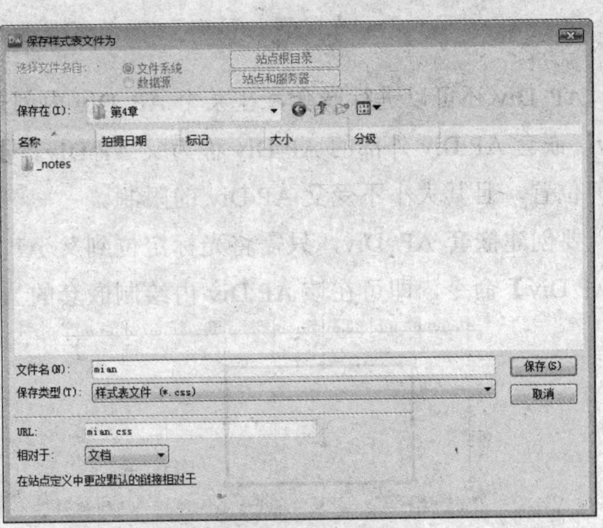

图 4-48　保存样式表文件

4.4　关于 AP 元素和 AP Div

AP 元素是指分配有绝对位置的 HTML 页面元素，可以包含文本、图像或其他任何可放置到 HTML 文档正文中的内容。AP 元素通常是具有绝对定位的 Div 标签。AP Div 具有可移动性，可以在页面内任意移动，而且可以重叠，设置是否显示等。因此，AP Div 通常用于在网页中实现诸如弹出菜单、漂浮图像等特殊效果。

4.4.1　创建 AP Div

Dreamweaver 使用 Div 标签来创建 AP 元素。单击【插入】面板的【布局】类别下的【绘制 AP Div】按钮，光标即变成十字形状。在【文档】窗口的任意位置拖动鼠标即可创建 AP Div，如图 4-49 所示。在绘制过程中，编辑窗口右下角将动态显示正在绘制的 AP Div 的大小，用户可以边绘制边查看其大小。

当用户绘制 AP Div 时，按住 Ctrl 键可以连续绘制新的 AP Div。Dreamweaver 会自动在文档中插入 Div 标签，并为 Div 标签指定 ID 值。默认情况下将绘制的第一个指定为 apDiv1，将第二个指定为 apDiv2，依此类推。您可以在属性检查器或【AP 元素】面板中重命名 AP Div，也可以通过修改文档头中定义的 AP Div CSS 代码来实现。以下是 AP Div 的示例 HTML 代码：

```
#apDiv1 {
    position:absolute;
    left:34px;
    top:36px;
    width:166px;
    height:90px;
    z-index:1;
```

```
}
```

AP Div 还可以进行嵌套，在某个 AP Div 内创建的 AP Div 称为嵌套 AP Div 或子 AP Div，嵌套 AP Div 外部的 AP Div 称为父 AP Div。子 AP Div 可以浮动于父 AP Div 之外的任何位置，且其大小不受父 AP Div 的限制。

要创建嵌套 AP Div，只需将光标定位到父 AP Div 内，选择【插入】|【布局对象】|【AP Div】命令，即可在该 AP Div 内绘制嵌套的 AP Div，如图 4-50 所示。

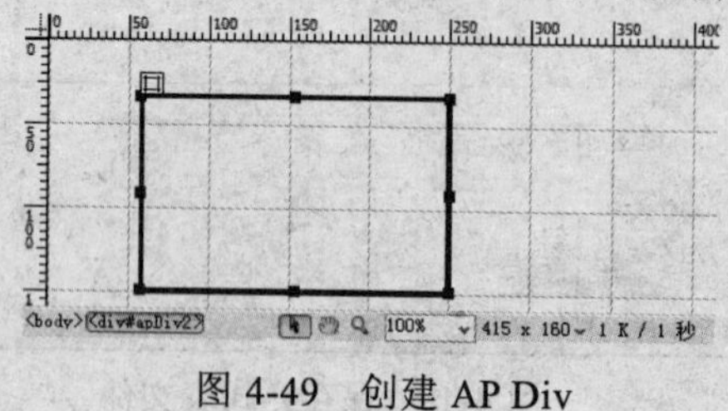

图 4-49 创建 AP Div

图 4-50 创建嵌套的 AP Div

以下代码显示了两个未嵌套的 AP Div 和两个嵌套的 AP Div：

```
<div id="apDiv1"></div>
<div id="apDiv2"></div>
<div id="apDiv3">
<div id="apDiv4"></div>
</div>
```

4.4.2 选择并编辑 AP Div

对于单个 AP Div，在【文档】窗口中单击其边框即可将其选中，AP Div 的属性检查器如图 4-51 所示。

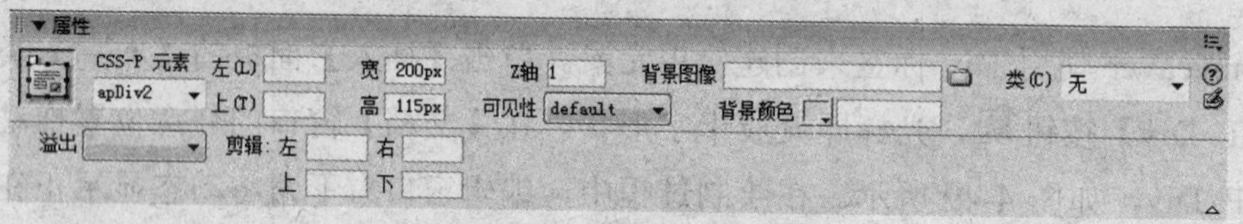

图 4-51 AP Div 的属性检查器

在属性检查器中，用户可以对 AP Div 重新命名，修改其大小，设置其相对于页面左边(顶端)或父 AP Div 左边(顶端)的距离。还可以设置 AP Div 的 Z 轴顺序、可见性、背景图像、样式、溢出等。

- 【可见性】下拉列表框中有 4 个选项，default 是默认值，表示可见性由浏览器决定；inherit 表示继承其父 AP Div 的可见性；visible 表示显示 AP Div 及其内容，而与父 AP Div 的可见性无关；hidden 表示隐藏 AP Div 及其内容。
- 【Z 轴】文本框则用于设置 AP Div 的 Z 轴顺序，也就是嵌套 AP Div 在页面中的重叠顺序，较高值的 AP Div 显示在较低值的 AP Div 之上。

如果要移动 AP Div，将光标移到 AP Div 的边框上，当鼠标变成十字箭头时进行拖动，到目标位置后释放鼠标即可。

对于多个 AP Div，在选择时只需借助 Shift 键，在每个 AP Div 的边框上单击即可将它们选中。对于选中的多个 AP Div，用户可以对它们进行对齐，可以左对齐、右对齐、对齐上缘、对齐下缘等。

4.4.3　关于 AP Div 的堆叠顺序

由于 AP Div 可以重叠，因而就存在一个排列顺序的问题。合理地设置 AP Div 的堆叠顺序，可以有效地控制哪些内容可以被显示出来、哪些内容需要隐藏。可以有多种方法来设置 AP Div 的堆叠顺序，最简单的是在【AP 元素】面板中进行，如图 4-52 所示。

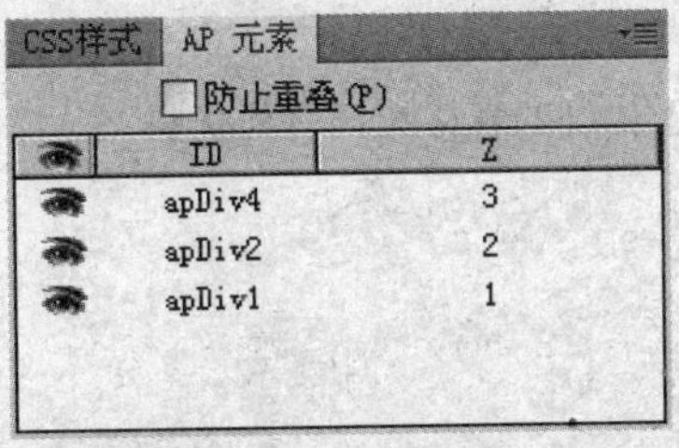

图 4-52　【AP 元素】面板

【AP 元素】面板中列出了页面中所有的 AP Div，对于嵌套的 AP Div，它们则以树型结构显示。要更改 AP Div 的堆叠顺序，实际上也就是修改它们的 Z 轴数值。如果两个或多个 AP Div 发生重叠，那么 Z 轴数值大的将显示在上方。用户可以通过拖动列表中的 AP Div 的排列顺序来更改堆叠顺序(Z 轴数值会相应自动更改)，也可以直接在 AP Div 右侧修改其 Z 轴数值。

提示：AP Div 左侧的眼睛图标表示该 AP Div 在页面中的显示状态。表示该 AP Div 处于显示状态，则表示处于隐藏状态。

本 章 小 结

使用 CSS+Div 对网页进行布局是网页设计的潮流，也符合 Web 标准的需要。本章从一个空白的页面开始，到最终整个页面布局的完成，详细介绍了使用 CSS+Div 对网页进行布局的方法、过程和技巧，以及设计思路。为了使设计更加完美，还需借助标尺和辅助线等工具。AP Div 是一种特殊的 Div，它们具有绝对定位，可以嵌套、重叠等特点，章末对此也作了简要介绍。

习　题

填空题

1. 一个以 CSS 为基础的页面布局包括两大部分：一系列________和与其对应的一系列________。

2. HTML 标签都是________出现的。

3. 可以通过________来唯一标识页面中的网页元素。

4. Dreamweaver 提供了________和________，用于帮助用户快速而简单地调整页面设计，精确定位网页元素。

5. AP 元素通常是具有________的 Div 标签。

6. AP Div 还可以进行嵌套，在某个 AP Div 内创建的 AP Div 称为________或________，嵌套 AP Div 外部的 AP Div 称为________。

7. 更改 AP Div 的堆叠顺序，实际上也就是修改它们的________轴数值。

简答题

8. 使用 CSS+Div 进行网页布局相对于传统的表格布局有何优势？

9. AP Div 和 Div 标签有何区别？

上机操作题

10. 设计图 4-53 所示的网页布局。

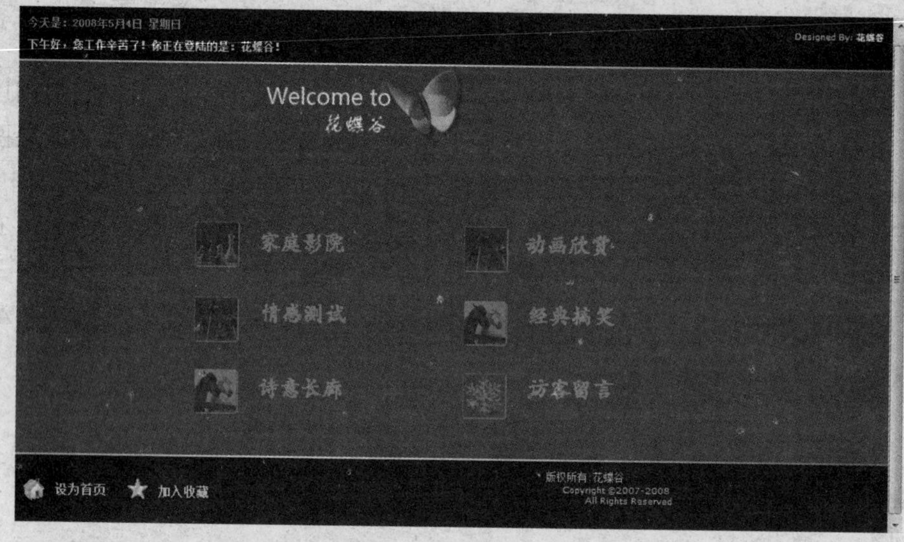

图 4-53 要完成的页面布局

第 5 章

使用超级链接

本章介绍使用超级链接实现页面与页面之间跳转的方法。通过本章的学习，应该完成以下学习目标：

- ☑ 了解超级链接的类型和链接路径
- ☑ 学会创建文本和图像链接
- ☑ 学会创建命名锚记链接
- ☑ 学会创建电子邮件链接
- ☑ 学会创建下载链接和脚本链接

5.1　初识超级链接

超级链接在本质上属于网页的一部分，通过它实现了站点内页面之间以及不同站点页面间的跳转。正是有了超级链接，实现了 Internet 上各种信息的互联，大家才得以浏览不同站点的内容和信息。

5.1.1　超级链接的类型

超级链接由源端点和目标端点组成。页面中有链接的一端(如文本、图片等)称为源端点，要跳转到的页面则称为目标端点。这个目标端点可以是一个网页，也可以是同一页面上的不同位置，还可以是一个图片、一个电子邮件地址、一个文件，甚至是一个应用程序。

根据创建链接对象的不同，可以将超级链接分为文本链接、图像链接、表单链接等。

- **文本链接**：就是在文本对象上创建的超级链接，如图 5-1 所示。文本链接是最常用的超级链接，文本链接通常在文本下方会带有下划线。
- **图像链接**：就是在图像、Flash 对象上创建的超级链接，如图 5-1 所示。图像链接美观、实用，是一种比较常用的链接方式。
- **表单链接**：这是一种比较特殊的超级链接，当用户填写完表单，单击页面上的【提交】按钮或其他按钮提交内容时，会自动跳转到目标页面，如图 5-2 所示。

图 5-1　文本链接和图像链接

图 5-2　表单链接

根据目标端点的位置及方式的不同，可以将超级链接分为外部链接、内部链接、局部链接和电子邮件链接 4 种。

- **外部链接**：跳转到的页面是站点外的页面。外部链接可实现网站与网站之间页面的跳转，从而将访客的浏览范围扩大到整个网络。例如网站首页常用的友情链接就是外部链接，如图 5-3 所示。
- **内部链接**：内部链接的目标端点为站点内的其他页面，如站点导航就是内部链接，如图 5-4 所示。

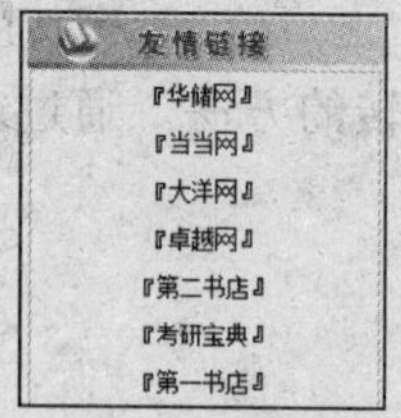

图 5-3　外部链接

图 5-4　内部链接

- **局部链接**：指跳转到页面本身或其他页面某一指定位置的链接。局部链接通过文档中的命名锚点来实现，例如单击图 5-5 左图中的【返回顶部】链接，可跳转到页面的顶部，如图 5-5 右图所示。

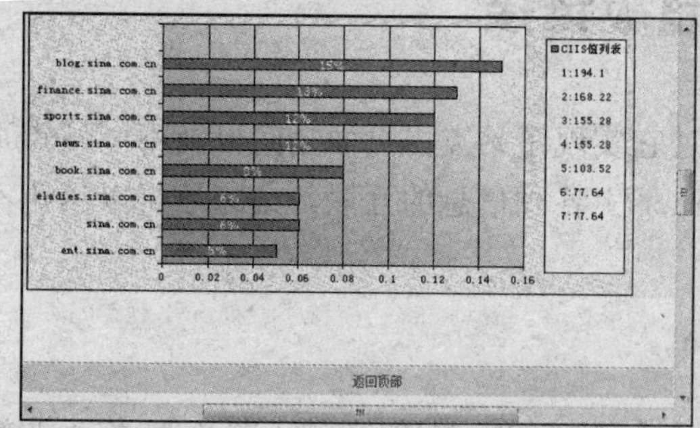

图 5-5　局部链接

- **电子邮件链接**：当需要进行电子邮件操作时可创建电子邮件链接。访客单击电子邮件链接后，系统会自动启动电子邮件程序，在其中编写好邮件可将邮件发送到所链接的邮箱中，如图 5-6 所示。

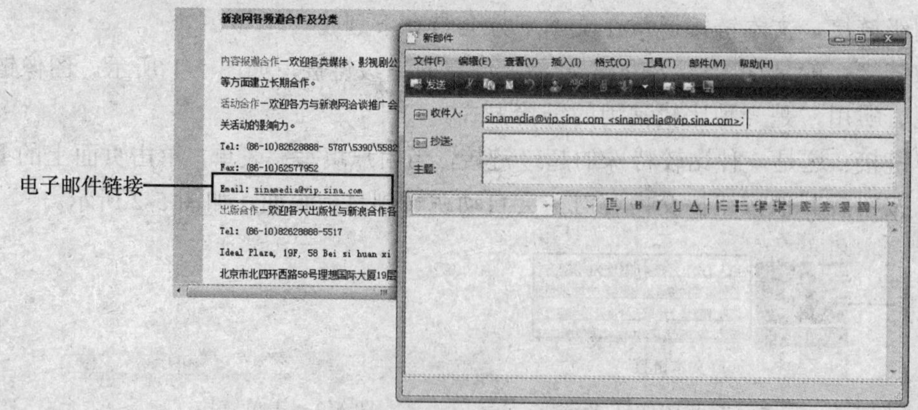

图 5-6　电子邮件链接

5.1.2　超级链接路径

在创建超级链接时，路径的设置是十分重要的。如果设置不正确，则可能导致无法跳转或跳转到不正确的页面上。超级链接的路径主要有绝对路径、文档相对路径、站点根目录相对路径 3 种。

- **绝对路径链接：**主要用于创建具有固定网址的外部链接，如友情链接等。创建绝对路径链接时，需要给出目标端点完整的 URL 地址，如 http://www.baidu.com。
- **文档相对路径链接：**主要用于创建站点的内部链接，它使用目标端点页面相对于当前页面所在的位置来创建链接路径。
- **站点根目录相对路径链接：**和文档相对路径链接相似，但使用的参照是站点的根目录。

5.2　创建超级链接

下面分别介绍文本链接、图像链接、命名锚点链接、电子邮件链接、空链接和脚本链接的创建方法。

5.2.1　创建文本链接

要创建文本链接，首先应在页面上选中文本对象，然后在其属性检查器的【链接】下拉列表框中设置目标端点，如图 5-7 所示。如果链接的目标端点位于站点内，用户可以单击右侧的【文件】按钮，打开【选择文件】对话框，从中指定要跳转到的页面。设置好了目标端点后，用户还需要从【目标】下拉列表框中选择以何种方式跳转到目标页面。

图 5-7　创建文本链接

- **_blank：**单击文本链接后，目标端点页面会在一个新窗口中打开。
- **_parent：**单击文本链接后，在上一级浏览器窗口中显示目标端点页面，这种情况在框架页面中比较常见。
- **_self：**Dreamweaver 的默认设置，单击文本链接后，在当前浏览器窗口中显示目标端点页面。
- **_top：**单击文本链接后，在最顶层的浏览器窗口中显示目标端点页面。

保存并预览页面，可以发现被设置了链接的文本会显示一条下划线，将光标移到链接文本上，光标变成手形状，如图 5-8 所示，单击即可打开目标页面。

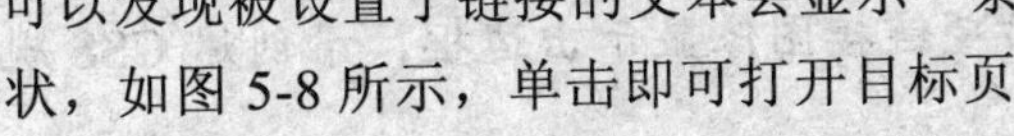

新浪　　搜狐　　网易

图 5-8　文本链接效果

如果用户不想要文本链接中的下划线，或想自定义链接文本在单击前、单击时以及单击后的状态，则可以为页面定义文本链接的 CSS 样式。例如将如下代码放到页面的<style>和</style>标签之间，可消除链接文本的下划线，同时定义链接文本针对鼠标操作的不同状态：

```
a:link{color:#c00;text-decoration:none}
a:visited{color:#c30;text-decoration:none}
a:hover{color:#f60;text-decoration:none}
a:active{color:#f90;text-decoration:none}
```

重新预览网页，效果如图 5-9 所示。

图 5-9　定义链接文本的样式

注意：在上述代码中，link、visited、hover、active 的意义请参阅附录 A。另外，它们的先后定义顺序不能改变，否则得到的效果可能与预期不一致。

5.2.2　创建图像链接

用户可以为整个图像创建链接，方法与创建文本链接相似。首先在页面中选中要创建链接的图像，然后在其属性检查器的【链接】文本框中设置目标端点位置即可，如图 5-10 所示。

用户也可以为同一张图像创建多个热点区域，然后分别为这些热点区域创建链接。但创建图像热点之前，用户需要先在图像上创建热点区域。通过属性检查器的矩形、椭圆形和多边形热点工具□、○、▽，用户可根据需要在图像上绘制热点区域，然后在【地图】文本框中对热点命名，如图 5-11 所示。利用指针热点工具，用户可以对热点进行选择、移动、调整区域范围等。

图 5-10　为整个图像创建链接

图 5-11　图像热点工具

由于目前除 AltaVista、Google 明确支持图像热点链接外，其他搜索引擎都不支持，所以建议用户在页面中不用或少用图像热点链接。

提示：在创建图像链接时，Dreamweaver CS4 已不再将属性"a border="0""自动插入到<img>标签中。如果不希望链接图像显示出边框，请创建 CSS 规则"img{border:0}"。

5.2.3　创建锚记链接

锚记链接又称为页内链接，它通过对文档中指定的位置命名，实现单击锚记链接而直接跳转到该命名位置的效果。锚记链接一般用在网页篇幅较大，浏览者需要翻屏浏览的情况。因此，使用锚记链接有助于访客阅读页面。

创建锚记链接需要分两个步骤：首先定义命名锚记，然后创建到这个命名锚记的链接。

例 5-1　利用命名锚记创建页内链接。

❶ 按 Ctrl+N 新建一个空白的 HTML 文档，在页面中输入文档内容，如图 5-12 所示。

图 5-12　输入文档内容

❷ 将光标置于页首需要插入命名锚点的位置，在本例中位置为文章标题的最左边。选择【插入】|【命名锚记】命令，打开【命名锚记】对话框。输入锚记的名称 text_top，单击【确定】按钮。此时，页面中光标所在位置将出现一个锚记标记，如图 5-13 所示。

❸ 在网页文档的右下角输入“【返回顶部】”，然后将文本“【返回顶部】”选中。在属性检查器的【链接】文本框中输入“#text_top”，如图 5-14 所示。

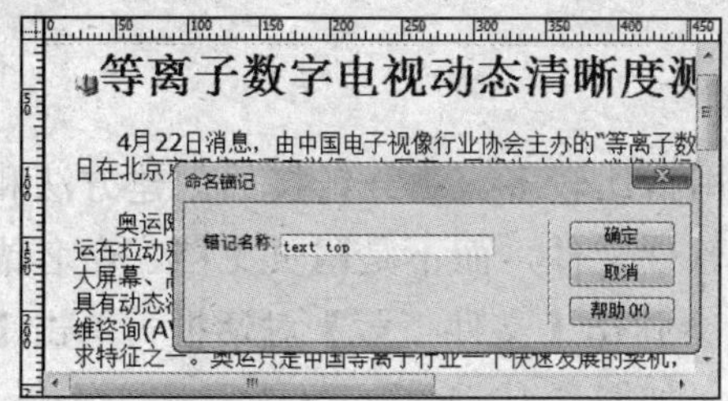

图 5-13　创建命名锚记

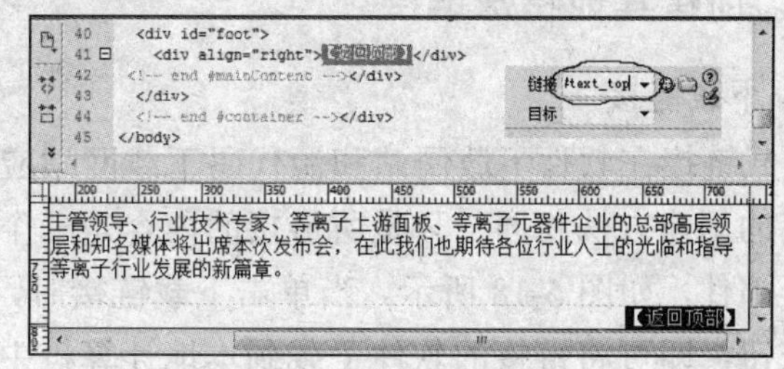

图 5-14　链接命名锚记

❹ 再次选中文本“【返回顶部】”，选择【窗口】|【标签检查器】命令，打开【标签检查器】面板。打开【属性】选项卡，将【title】属性设置为“top”，如图 5-15 所示。

❺ 保存并预览网页，单击页面底部的【返回顶部】链接，页面将直接跳转到页首，如图 5-16 所示。

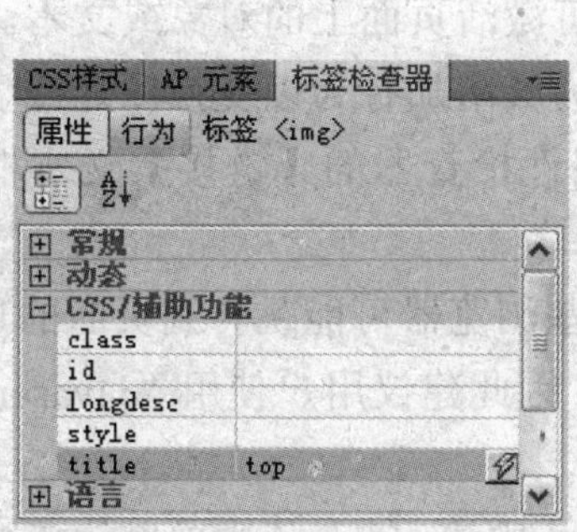

图 5-15　设置提示信息

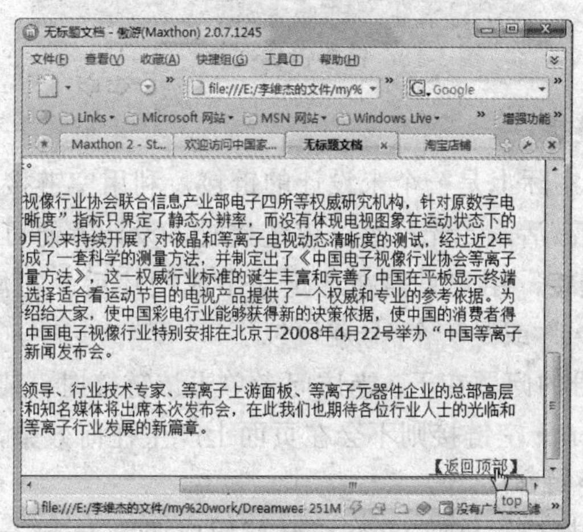

图 5-16　页面预览效果

使用命名锚记，除了可以跳转到文档的指定位置外，还可以跳转到其他文档中的指定位置，但需要在链接命名锚记时加上文档的路径。

5.2.4 创建电子邮件链接

单击页面上的电子邮件链接后，通常会启动机器上安装的电子邮件客户端程序。访客可以编辑邮件，并将邮件发送到指定的地址。创建电子邮件链接的方法和创建文本链接相似，首先选择要创建电子邮件链接的网页元素(文本、图像等)，然后在该对象的属性检查器中的【链接】文本框中输入“mailto:”和电子邮件地址即可，如图 5-17 所示。

图 5-17　创建电子邮件链接

为了使用户明白该链接的作用，可以为邮件链接设置提示信息。选中文字“联系我们”，然后打开【标签选择器】面板，在属性列表中修改【title】属性的值，例如“发邮件给我们”等。

5.2.5 创建其他特殊链接

1. 下载链接

下载链接在软件下载网站和源代码下载网站应用得比较多。下载链接的创建方法和一般链接的创建方法相同，只是所链接的内容是一个软件文件，而不是网页文档、命名锚记或电子邮件，如图 5-18 所示。当单击下载链接时，会弹出【文件下载】对话框，单击【保存】按钮，即可将链接的软件下载到本地计算机中，如图 5-19 所示。

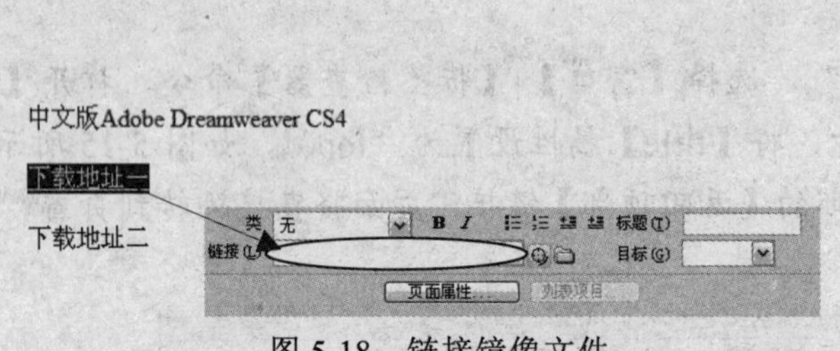

图 5-18　链接镜像文件

图 5-19　【文件下载】对话框

2. 空链接

空链接实际上是一个未设计的链接，利用空链接可激活页面上的对象或文本。一旦对象或文本被激活，当光标经过该链接时，设计者便可为其附加行为以交换图片或显示层。要创建空链接，用户只需在选定文字或图片后，在属性检查器的【链接】文本框中输入“javascript:;”或是一个#号就可以了。

使用#号的问题在于，当访问者单击该链接时，某些浏览器可能跳转到页面的顶部。而单击 JavaScript 空链接则不会在页面上产生任何效果，因此建议用户使用“javascript:;”。

3. 脚本链接

脚本链接是指执行 JavaScript 代码或调用 JavaScript 函数。脚本链接可以让访客不用离开当前页面就可以得到关于某个项目的一些附加信息。此外，脚本链接还可用于执行计算、表单确认和其他处理任务。

要创建脚本链接，只需在选定文字或图片后，在属性检查器的【链接】文本框中输入“javascript:”，然后跟上一些 JavaScript 代码或函数调用就可以了。例如，“javascript:alert('hello!')”，当用户单击该链接时，系统将弹出一个提示框，并提示文字信息：hello！。

本章小结

通过本章的学习，读者应首先了解超级链接的作用、类型和超级链接路径的概念，这是学习在网页中设置超级链接的基础。同时，读者还要掌握文本链接、图像链接、锚记链接、电子邮件链接、下载链接这些常用链接的创建方法，这在网页制作中十分重要。

习　题

填空题

1. 超级链接在本质上属于网页的一部分，通过它实现了站点内页面之间以及不同站点页面间的跳转。它由________和________组成。
2. 根据创建链接对象的不同，可以将超级链接分为文本链接、________、________等。根据目标端点的位置及方式的不同，可以将超级链接分为________、________、局部链接和电子邮件链接 4 种。
3. 锚记链接又称为________，它通过对文档中指定的位置命名，实现单击锚记链接而直接跳转到该命名位置的效果。
4. ________可以让访客不用离开当前页面就可以得到关于某个项目的一些附加信息。此外，它还可用于执行计算、表单确认和其他处理任务。

选择题

5. 要在页面的指定位置上创建链接，应选用(　　)。

   A. 外部链接　　B. 内部链接　　C. 局部链接　　D. 脚本链接

6. 下列路径中，(　　)是站点根目录路径。

   A. /products/catalog.html　　B. ../../catalog.asp

   C. fuwu/content.html　　D. http://www.linkyoume.com/index.html

简答题

7. 简述超级链接的几种路径以及它们的不同之处。
8. 如何创建电子邮件链接？

上机操作题

9. 参照 5.2.1 和 5.2.2 节内容，为图 5-7 中的文本“搜狐”、“网易”创建链接，分别链接到相应的网址，并为 Google 的 Logo 图片创建图像链接。

第 6 章

添加多媒体元素

本章介绍在网页中添加音频、Flash 对象、动画等媒体元素的方法和技巧。通过本章的学习，应该完成以下**学习目标**：

- ☑ 学会在页面中使用音频文件
- ☑ 学会在页面中使用 Flash 动画、Flash 文本、Flash 按钮等 Flash 媒体元素
- ☑ 学会在页面中使用 Shockwave 影片、Java Applet 等其他媒体元素
- ☑ 学会利用时间轴制作简单的动画

6.1 添加音频对象

随着计算机硬件水平的提升和网络带宽的不断拓展，网页中越来越多地出现了音频、Flash 动画、Shockwave 影片等多媒体元素，它们在丰富页面内容的同时，也使网页具备了更好的可观赏性和交互性，极大提升了访客的浏览体验。

音频文件有多种格式，Dreamweaver 支持在页面中插入如下几种格式的音频文件：

- **.midi 或.mid(乐器数字接口)**：这是一种使用特殊硬件和软件在计算机上合成的音频格式，能够被大多数浏览器所支持，并且播放时不需要插件。MIDI 音频的音质非常好，但效果受声卡的影响较大。
- **.wav**：具备较好的音质，为大多数浏览器所支持，播放时不需要插件。但 WAV 音频的文件大小通常较大，因而在网页中的应用受到一定限制。
- **.aif(音频交换文件格式)**：和 WAV 音频相似，也具有很好的音质，为大多数浏览器所支持，播放时不需要插件，但文件大小较大。
- **.mp3(运动图像专家组音频)**：MP3 音频是一种压缩格式，文件大小较小，但音质却可以达到 CD 水平。MP3 音频还支持流式处理，即可以边听边下载，因而是网页中最常用的音频格式。要播放 MP3 音频，用户机器上必须安装有播放 MP3 音频的应用程序或插件，如 QuickTime、Windows Media Player 或 RealPlayer。
- **.ra、.ram、.rpm 或 Real Audio**：这些都是经过高度压缩后的音频格式，文件大小比 MP3 格式还小，但音质较差，因而需要使用新的播放器或解码器来提高音质。这些音频格式都支持流式处理，用户需要安装诸如 RealPlayer 等辅助应用程序或插件才可以播放它们。

例 6-1 为页面设置背景音乐。

❶ 新建一个空白的 HTML 页面。选择【插入】|【标签】命令，打开【标签选择器】

对话框。在左侧树中展开【HTML 标签】|【浏览器特定】节点，在右侧的列表框中选中【bgsound】选项，如图 6-1 所示。

❷ 单击【插入】按钮，打开【标签选择器-bgsound】对话框。单击【源】文本框右侧的【浏览】按钮，选择要插入的音频文件。在【循环】下拉列表框中选择【无限】，以便音乐可以循环播放，如图 6-2 所示。

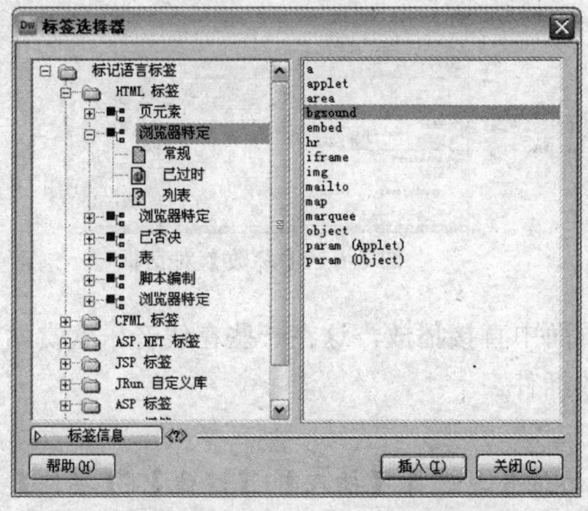

图 6-1　【标签选择器】对话框

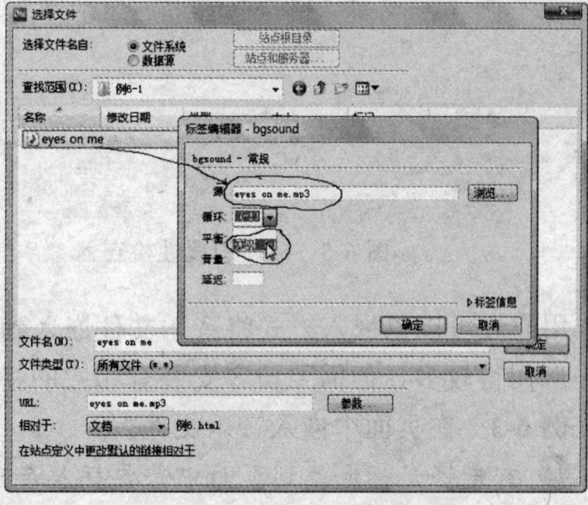

图 6-2　选择背景音乐

❸ 返回【标签选择器】对话框，单击【插入】按钮将音频文件插入页面中。保存并预览页面，在打开网页的同时即可听到背景音乐了。由于背景音乐是在网页的后台进行播放，因而完全不会影响浏览者的其他操作。

提示：使用<bgsound>标签添加的背景音乐在页面最小化时会自动停止播放。

除了可以为网页添加背景音乐外，用户还可以为网页对象创建音乐。这通过为对象创建行为来实现。

例 6-2　为页面对象添加音乐。

❶ 首先在页面中选中要设置音乐的页面元素，可以是文本、图像等。

❷ 选择【窗口】|【行为】命令，打开【行为】面板。单击【添加行为】按钮 +，从下拉菜单中选择【建议不再使用】|【播放声音】命令，打开【播放声音】对话框，如图 6-3 所示。单击【浏览】按钮，选择要添加的声音文件。

❸ 设置【播放声音】行为对应的鼠标动作，在左侧的下拉列表中选择【OnClick】选项，如图 6-4 所示。

图 6-3　【播放声音】对话框

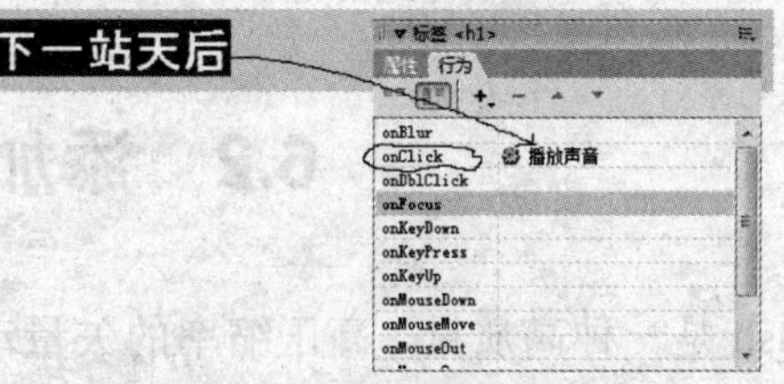

图 6-4　为文本设置行为

❹ 保存并预览网页。单击文本“下一站天后”，网页中将开始播放该音乐。

以行为方式为页面对象设置的音乐，实际上是以插件的形式在页面中存在的。用户可以注意到，【文档】窗口中页面底部出现了一个插件标记，选中该标记，可通过属性检查器设置插件的宽、高、对齐方式、边框等，如图 6-5 所示。

单击【参数】按钮，将打开一个【参数】对话框，如图 6-6 所示。用户可以单击加号和减号按钮来增加或删除附加参数。其中的一些参数是通用的，例如 LOOP 参数表示插件中的媒体是否循环播放；AUTOSTART 参数表示是否自动播放；HIDDEN 参数表示是否隐藏插件。

图 6-5　插件的属性检查器

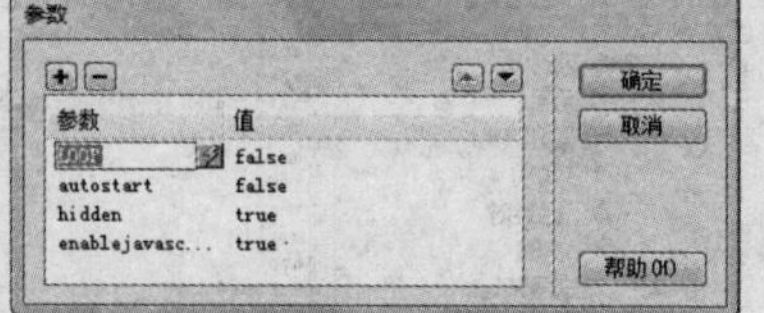

图 6-6　【参数】对话框

用户还可以以嵌入方式将音乐文件嵌入到页面中直接播放，这在一些在线音乐欣赏站点中应用得较多，但需要访客安装有相应的播放插件。

例 6-3　在页面中嵌入音乐文件。

❶ 首先将光标定位到页面中需要插入音乐的位置，选择【插入】|【媒体】|【插件】命令，打开【选择文件】对话框。

❷ 双击需要插入到页面中的音乐文件，完成音乐的嵌入，如图 6-7 左图所示。调整插入的音乐图标的大小。

❸ 保存并预览网页，效果如图 6-7 右图所示。

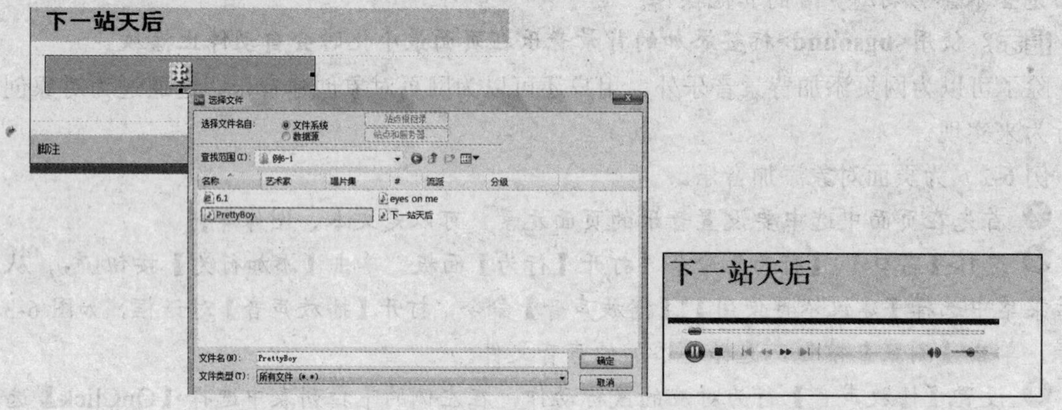

图 6-7　在页面中嵌入音乐文件

6.2　添加 Flash 对象

Flash 是一种高质量、高压缩率的矢量动画，具有超强的交互能力，是网页中应用最为广泛的动态元素之一。要在浏览器中播放 Flash 动画，浏览器中必须集成有 Flash 播放器。最新的 Netscape Navigator 和 Microsoft Internet Explorer 中，都已集成了 Flash 播放器。其中，Navigator 通过相应的插件来实现；Internet Explorer 则是通过 ActiveX 控件来实现的。

6.2.1　Flash 的文件类型

在将 Flash 对象添加到页面文档之前，首先来了解一下在 Flash 中可以创建的几种文件类型。

- **Flash 源文件(.fla)：** Flash 源文件是指使用 Flash 应用程序创建的任何项目的原始文件。这种类型的文件只能在 Flash 软件中打开，而不能在 Dreamweaver 或浏览器中打开。但是用户可以用 Flash 软件打开这种文件，然后将其导出为可用于浏览器的 SWF 或 SWT 文件。
- **Flash 电影文件(.swf)：** 这是一种压缩过的 Flash 源文件。这种文件能够在浏览器中播放并能在 Dreamweaver 中预览，但不能被 Flash 软件编辑。当要在网页中使用 Flash 按钮和文本对象时，可以创建这种文件类型。
- **Flash 库文件(.swt)：** Flash 库文件用于修改和替换 Flash 电影文件中的信息。这种文件可用于 Flash 按钮对象，它允许用户使用文本或链接来修改模板，创建自定义 SWF 文件并插入到网页文档中。Dreamweaver 中提供的 Flash 按钮、文本就是 swt 格式的文件，用户可在 Adobe Dreamweaver CS4/Configuration/Flash Objects/Flash Buttons 和 Flash Text 文件夹中找到这些库文件。
- **Flash 视频(.flv)：** 这是一种视频文件，包含经过编码的音频和视频数据，可通过 Flash 播放器传送。目前，许多视频门户网站提供的在线视频服务使用的都是 FLV 视频格式，如土豆网、56 网、Mofile 等。

6.2.2　插入 Flash 动画

网页中最常见的、具有动画效果的 Banner 或导航条，都是 Dreamweaver 插入的 Flash 动画，即 SWF 格式的 Flash 文件。常见的 Flash 动画有两种：一种是普通动画，另一种是透明动画。

1. 插入普通的 Flash 动画

普通 Flash 动画的插入方法非常简单，将光标置于页面中要插入动画的位置，单击【插入】面板的【常用】类别下的【媒体】按钮组，在下拉选项中单击【SWF】，在打开的对话框中选择要插入的 Flash 文件即可。插入到页面中的 Flash 动画会显示为一个灰色的方框，上面有 Flash 标记，如图 6-8 所示。

图 6-8　页面中插入的 Flash 动画

选中插入的 Flash 动画，可在属性检查器中对 Flash 动画的大小、名称、播放参数进行设置，如图 6-9 所示。选中【循环】复选框，Flash 对象将在浏览页面时连续播放，否则播放一次后就停止播放。选中【自动播放】选项框，在浏览页面时将自动播放 Flash 动画。通过【品质】下拉列表框，用户可设置 Flash 动画的播放品质。在【比例】下拉列表框中可设置 Flash 动画的显示比例：【默认】表示显示整个动画；【无边框】表示使动画适合设定的尺寸，维持原始的纵横比；【严格匹配】表示对动画以设定的尺寸进行缩放，而不管纵横比如何。

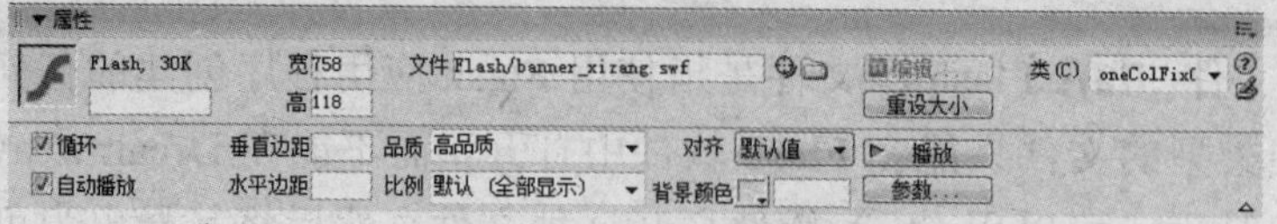

图 6-9 Flash 动画的属性检查器

用户可以在 Dreamweaver 中预览 Flash 动画的效果，单击【播放】按钮，如图 6-10 所示，但播放状态下不能对动画进行编辑。单击【停止】按钮，可停止播放 Flash 动画。

图 6-10 播放 Flash 动画

2. 插入透明的 Flash 动画

当要插入的 Flash 动画没有背景图像时，可以将其设置为透明动画，叠加显示在页面内容之上。

例 6-4 在页面上使用透明 Flash 动画。

❶ 启动 Dreamweaver CS4，新建一个基于【列固定，居中】CSS 样式的 HTML 文档。在属性检查器中单击【页面属性】按钮，打开【页面属性】对话框，为页面设置背景图片，如图 6-11 所示。

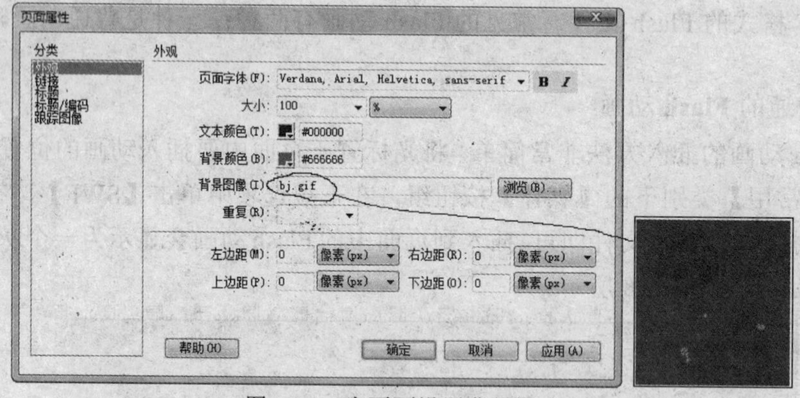

图 6-11 为页面设置背景图片

❷ 切换到【代码】视图，在 CSS 样式定义区域，将【.oneColFixCtr #container】的【width】属性设置为 730 像素。同理，修改【.oneColFixCtr #mainContent】的【width】属性为 730 像素，并添加【background-image】属性，如下所示：

```
background-image: url(banner.JPG);
```

提示：在【代码】视图中，可以通过使用代码直接修改 CSS 规则，这与在【CSS 样式】面板中通过【CSS 规则定义】对话框来修改是一致的。上面的样式代码为 mainContent Div

标签设置了背景图像。

此时 HTML 中的效果如图 6-12 所示。

图 6-12　页面文档的效果

❸ 将光标置于 mainContent 标签中，单击【插入】面板的【常用】类别下的【媒体】按钮组，在下拉选项中单击【SWF】，在打开的对话框中选择要插入的 Flash 透明动画文件。在页面中调整 Flash 动画的大小，使之与 mainContent 标签定义的容器大小一致。

❹ 单击 Flash 动画的属性检查器中的【播放】按钮，查看 Flash 动画播放效果。单击【参数】按钮，在【参数】对话框中添加【wmode】参数，并将值设置为 transparent，如图 6-13 所示。

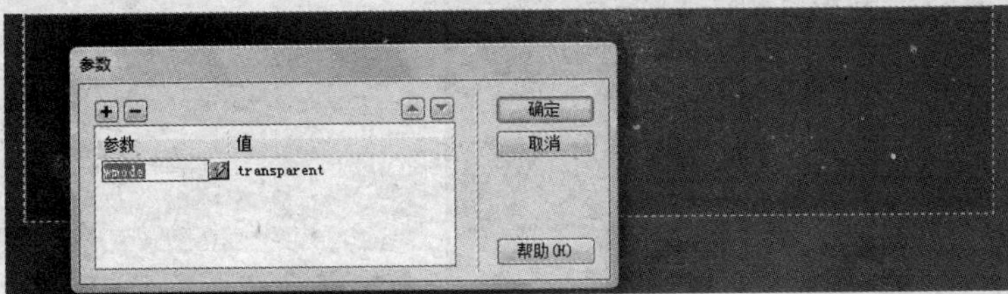

图 6-13　插入并设置 Flash 透明动画

❺ 单击【停止】按钮，使 Flash 动画进入编辑状态。单击【插入】面板的【布局】类别下的【绘制 AP Div】按钮，在 Flash 动画上绘制 AP Div。

❻ 绘制完成后，将光标置于 AP Div 内，用同步骤❸的方法向 AP Div 内添加 Flash 动画，并调整 AP Div 的大小，使之与插入的 Flash 动画大小一致，播放该 Flash 动画，效果如图 6-14 所示。

图 6-14　使用 AP Div 并在其中插入 Flash 动画

❼ 保存并预览页面，效果如图 6-15 所示。

图 6-15　页面预览效果

6.2.3 插入 Flash 视频

Flash 视频即扩展名为.flv 的 Flash 文件，要在页面中插入 Flash 视频，可单击【插入】面板的【常用】类别下的【媒体】按钮组，在下拉选项中单击【FLV】，打开【插入 FLV】对话框，如图 6-16 左图所示。

在【视频类型】下拉列表框中选择视频的类型，如【累进式下载视频】或【流媒体】。然后在下方的【URL】文本框中设置视频的路径和名称，在【外观】下拉列表框中选择视频播放器的外观界面。单击【检测大小】按钮，可自动获取选择的视频文件的宽度和高度。但建议用户手动输入，因为可能有时无法自动检测 Flash 视频的大小。单击【确定】按钮，即可在页面中插入 Flash 视频，在浏览器中预览，效果如图 6-16 右图所示。

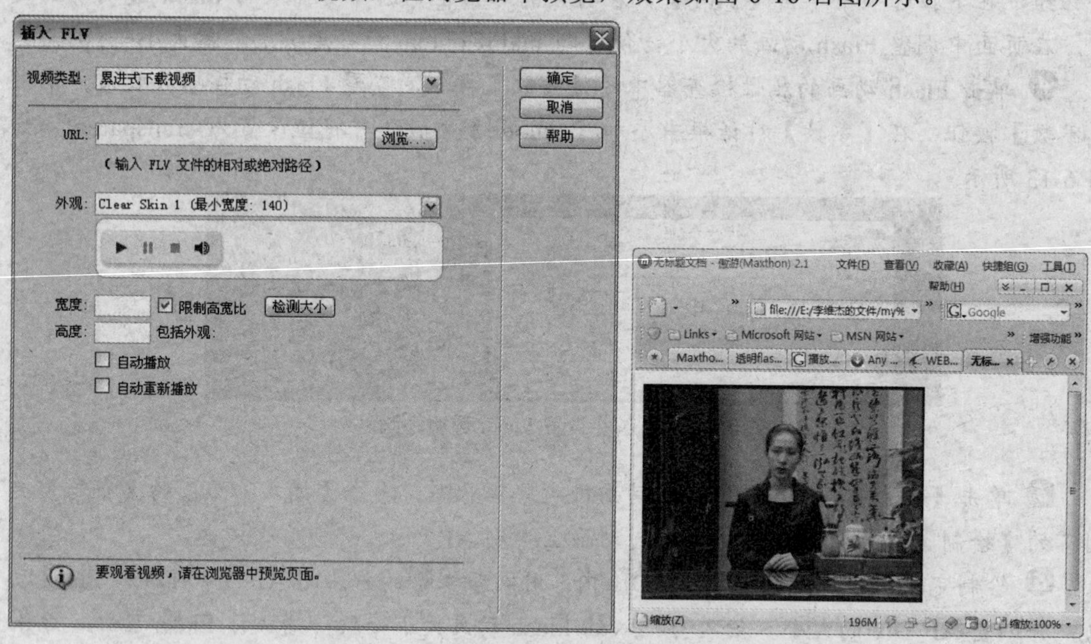

图 6-16　在网页中使用 Flash 视频

6.2.4 插入 FlashPaper

FlashPaper 是一种特殊的 Flash 对象，是一种类似于 Word 的动画文件，可通过 Macromedia FlashPaper 软件来制作。

很多情况下，用户希望将 Word 文档、PowerPoint 文档或是 Excel 文档放到网页中发布，但希望禁止他人编辑、修改。此时，便可以将这些文档制作成 FlashPaper。FlashPaper 与普通的 Flash 动画有所不同，普通的 Flash 动画只能观看或添加超级链接，而 FlashPaper 不仅能够观看，还可以在其中翻页、缩放、搜索，复制其中的文本或者打印。

要在页面中使用 FlashPaper，可首先将光标置于要插入 FlashPaper 的位置，然后单击【插入】面板的【常用】类别下的【媒体】按钮组，在下拉选项中单击【FlashPaper】，打开【插入 FlashPaper】对话框，如图 6-17 左图所示。

单击【源】文本框右侧的【浏览】按钮，选择要插入的 FlashPaper 文件，然后设置 FlashPaper 文档在网页中显示范围的宽度和高度。单击【确定】按钮，保存并预览网页，效果如图 6-17 右图所示。

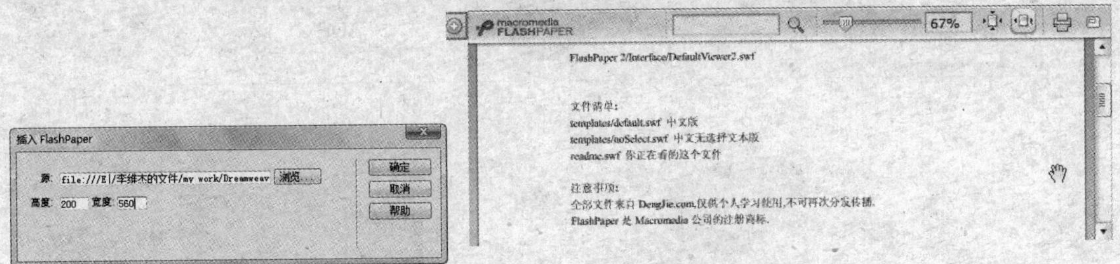

图 6-17 在页面中使用 FlashPaper

如何将 Word、PowerPoint 或是 Excel 文档转换成 FlashPaper？

用户需要安装专门用来制作 FlashPaper 的软件，如 Macromedia FlashPaper。安装了该软件后，系统会自动增加一个名为 Macromedia FlashPaper 的打印机。在 Word、PowerPoint 或是 Excel 等应用程序中，使用该打印机对文档进行打印，即可制作成 FlashPaper 文档。

6.3 添加其他媒体对象

在 Dreamweaver 网页文档中，除了可以插入 Flash 媒体元素外，还可以插入 Shockwave 影片、Java Applet、ActiveX 控件。

6.3.1 插入 Shockwave 电影

Shockwave 多媒体格式是 Macromedia 公司制订的一种用于在 Web 上进行媒体交互的标准。Shockwave 影片的压缩格式文件比较小，可以使用 Macromedia Director 来制作，能够在大多数浏览器中播放，并且可以被快速下载。

播放 Shockwave 电影必须使用相应的播放器，在 Netscape Navigator 中，通过插件来实现。在 Internet Explorer 中，则通过 ActiveX 控件来实现。当在页面中插入 Shockwave 电影时，Dreamweaver 使用<object>和<embed>标记来实现它们在浏览器中的正确播放。

要插入 Shockwave 电影，可单击【插入】面板的【常用】类别下的【媒体】按钮组，从下拉选项中单击【Shockwave】按钮，在打开的【选择文件】对话框中选择要插入的 Shockwave 电影文件，单击【确定】按钮即可将其插入到光标所在位置。在 Shockwave 的属性检查器中，可设置 Shockwave 对象的大小、边距等。保存并预览页面，效果如图 6-18 所示。

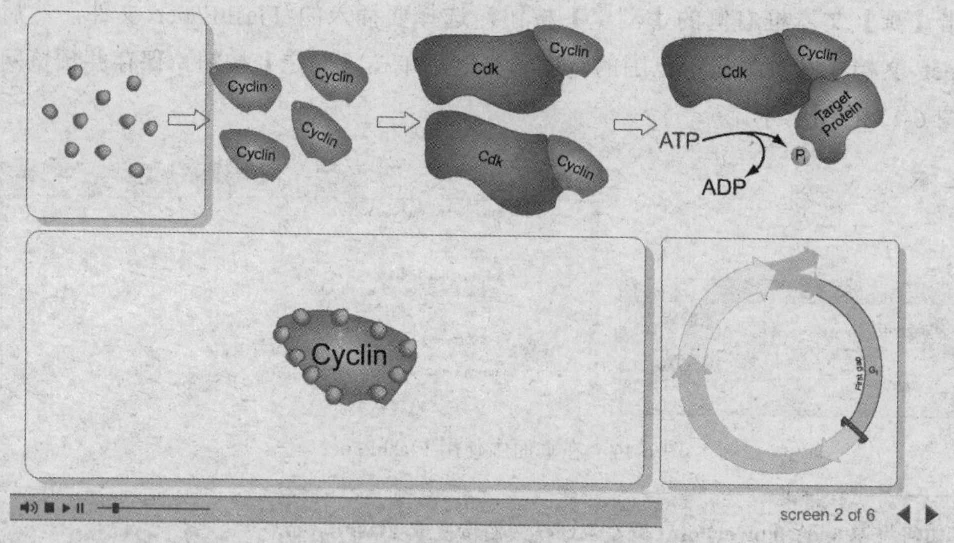

图 6-18　预览 Shockwave 影片播放效果

6.3.2　插入 Java Applet

Java Applet 是一种动态、安全、跨平台的网络应用程序，扩展名通常为.class，经常被嵌入到 HTML 语言中，用于实现诸如飘动的文本、下雪等动态效果。

例 6-5　利用 Java Applet 显示彩虹文字。

❶ 将光标置于要插入 Java Applet 的位置，单击【插入】面板的【常用】类别下的【媒体】按钮组，从下拉选项中单击【APPLET】，打开【选择文件】对话框，选择要插入的 Java Applet，如图 6-19 所示。

❷ 单击【确定】按钮，在打开的【Applet 标签辅助功能属性】对话框中将【替换文本】设置为“彩虹文字”，如图 6-20 所示。

❸ 单击【确定】按钮，完成 Java Applet 的插入。保持 Java Applet 的选中状态，在属性检查器中设置 Java Applet 的宽度和高度为 297、48。

❹ 在属性检查器中单击【参数】按钮，在打开的【参数】对话框中设置参数，如图 6-21 所示。

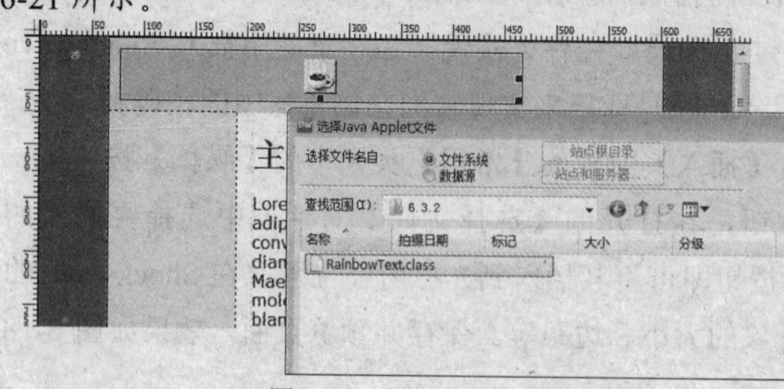

图 6-19　插入 Java Applet

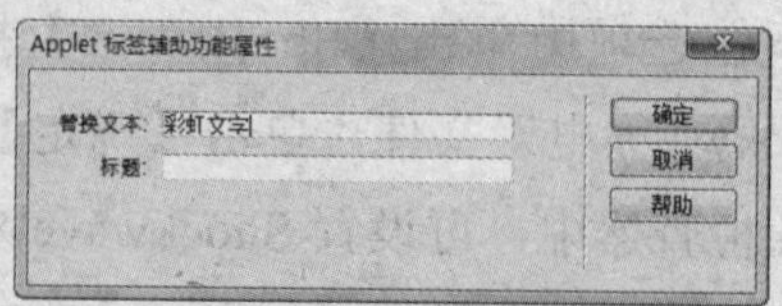

图 6-20　设置替换文本

❺ 保存并预览页面，效果如图 6-22 所示。

图 6-21　设置 Java Applet 的参数　　　　图 6-22　预览彩虹文字效果

由例 6-6 可以看出，在页面中使用 Java Applet 分两个步骤：首先设置 Java Applet 的属性，如 width、height、code 等；然后设置 Java Applet 的参数，即在【参数】对话框中设置的值。另外，每个 Java Applet 的参数是不同的，设置参数时需要参照使用说明。

为什么我的浏览器无法显示 Java Applet?

首先，用户需要下载 Java 虚拟机。然后，降低 IE 浏览器的安全级别。具体方法如下：在 IE 主界面选择【工具】|【管理加载项】|【启用或禁用加载项】命令，在打开对话框的下拉列表中选择【Internet Explorer 中当前加载的加载项】，此时就可以在列表中看到【Sun Java 控制台】，启用该加载项，重启 IE 浏览器即可。

对于使用 Maxthon(遨游)的用户而言，默认情况下，Maxthon 使用 Microsoft 的 JVM，因此一些 Applet 也可能无法正常显示。在 Maxthon 主界面选择【工具】|【遨游设置中心】命令，在【高级选项】中找到【Java 虚拟机】，并启用【系统安装的其他 Java 虚拟机】，重启 Maxthon 即可。

6.3.3　插入 ActiveX 控件

ActiveX 控件即 OLE 控件，是一种可以重复使用的组件，能够在 Internet Explorer 浏览器中运行，但不能运行在 Netscape Navigator 浏览器中。

要插入 ActiveX 控件，可单击【插入】面板的【常用】类别下的【媒体】按钮组，从下拉选项中单击【ActiveX】，即可在页面中插入一个 ActiveX 控件。ActiveX 控件的编写、安装、调用等比较复杂，需要读者具备一定的编程知识。关于 ActiveX 控件的更详细内容，请读者参阅相关高级书籍。

本章小结

本章介绍了如何在页面中添加音频、Flash 动画、Shockwave 电影、Java Applet 等多媒体元素，以丰富网页的内容，给访客更好的视听享受。Flash 动画是网页中最常用到的动态元素，读者应重点把握。Java Applet、ActiveX 等对象，建议读者不要在页面中过多使用，因为它们需要客户端额外安装一些插件或应用程序，另外还可能存在兼容问题。下一章向读者介绍如何在网页中使用行为。

习　题

填空题

1. 以行为方式为页面对象设置的音乐，实际上是以________的形式在页面中存在的。

2. Flash 是一种高质量、高压缩率的________动画，具有超强的交互能力，是网页中应用最为广泛的动态元素之一。

3. 常见的 Flash 动画有两种：一种是普通动画，一种是________。

4. Flash 视频即扩展名为________的 Flash 文件。

5. 很多情况下，用户希望将 Word 文档、PowerPoint 文档或是 Excel 文档放到网页中发布，但希望禁止他人编辑、修改。此时，便可以将这些文档制作成________。

6. Shockwave 影片的压缩格式文件比较小，可以使用________来制作，能够在大多数浏览器中播放，并且可以被快速下载。

7. ________是一种动态、安全、跨平台的网络应用程序，扩展名通常为.class。

选择题

8. 网页中常用的 Flash 动画，其扩展名为(　　)。

　A. .fla　　B. .swf　　C. .swt　　D. .flv

简答题

9. 简述网页中支持的音频格式，以及它们的区别。

10. 使用 Flash 文本可以达到什么效果？

11. 使用 Java Applet 的步骤是什么？参数可以随便设置吗？

上机操作题

12. 练习在网页中插入 Flash 动画、Flash 影片的方法，效果如图 6-23 所示。

图 6-23　页面效果

第 7 章

使 用 行 为

本章介绍在网页中使用行为的方法和技巧。通过本章的学习，应该完成以下学习目标：

- ☑ 了解行为、事件、动作的概念
- ☑ 熟悉【行为】面板
- ☑ 学会在页面中添加和编辑行为
- ☑ 学会使用 Dreamweaver 常用的内置行为

7.1 了 解 行 为

Dreamweaver 行为是当被一个特定事件(如单击鼠标)触发时，执行一个动作(如打开一个浏览器窗口)的 JavaScript 代码。通过在页面中添加行为，可以实现许多网页特效，增强页面的交互性。

7.1.1 事件和动作

在网页中，事件是浏览器生成的消息，表明该页面的访问者执行了某种操作。例如，当访问者将光标移动到某个超链接上时，浏览器为该链接生成了一个 onMouseOver 事件。不同的网页元素定义了不同的事件。在大多数浏览器中，onMouseOver 和 onClick 是与链接关联的事件，而 onLoad 是与图像和文档的 body 部分关联的事件。

事件由浏览器定义、产生和执行。表 7-1 列出了 Dreamweaver 中的一些主要事件。其中，NS 代表 Netscape 浏览器，IE 代表 Internet Explorer 浏览器，后面的数值表示支持该事件的最低版本。

表 7-1 Dreamweaver 常见的一些事件

事 件		说 明
鼠标事件	onClick(NS3、IE3)	单击选定页面元素(如超链接、图片、图片影像、按钮等)将触发该事件
	onDblClick(NS4、IE4)	双击选定的元素将触发该事件
	onMouseDown(NS4、IE4)	当用户按下鼠标时触发该事件
	onMouseMove(NS3、IE4)	当光标停留在对象边界内时触发该事件
	onMouseQut(NS3、IE4)	当光标离开对象边界时触发该事件
	onMouseOver(NS、IE3)	当移动光标首次指向特定对象时触发该事件，该事件常用于超链接
	onMouseUp(NS4、IE4)	当按下的鼠标按键被释放时触发该事件

(续表)

事件		说明
键盘事件	onKeyPress(NS4、IE4)	当用户按下并释放任意键时触发该事件
	onKeyDown(NS4、IE4)	当用户按下任意键时触发该事件
	onKeyUp(NS4、IE5)	当用户释放按键时触发该事件
表单事件	onChange(NS3、IE3)	改变表单中数值时将触发该事件。例如，当用户在表单中修改了某个文本框中的值，然后在页面的任何位置单击可触发该事件
	onFocus(NS3、IE3)	当指定元素成为焦点时触发该事件。例如，单击表单中的文本框将触发该事件
	onBlur(NS3、IE3)	当特定元素停止作为用户交互的焦点时触发该事件。例如，当用户在单击文本框后，单击文本框以外的区域，则触发该事件
	onSelect(NS3、IE3)	在文本区域选中文本时触发该事件
	onSubmit(NS3、IE3)	确认表单时触发该事件
	onReset(NS3、IE3)	当表单被复位到其默认值时触发该事件
页面事件	onLoad(NS3、IE3)	当图片或页面完成装载后触发该事件
	onUnload(NS3、IE3)	离开页面时触发该事件
	onError(NS3、IE4)	在页面或图片发生装载错误时，触发该事件
	onMove(NS4、IE5)	移动窗口或框架时触发该事件
	onResize(NS4、IE5)	当用户调整浏览器窗口或框架尺寸时触发该事件
	onScroll(NS4、IE5)	当用户上、下滚动时触发该事件

动作是预先编写的 JavaScript 代码，这些代码执行特殊的任务，例如打开浏览器窗口、显示或隐藏层、播放声音或停止 Macromedia Shockwave 影片。当事件发生后，浏览器就查看是否存在与该事件对应的动作，如果存在，就执行它，这就是整个行为的过程。

7.1.2 Dreamweaver 内置行为

Dreamweaver CS4 提供了 20 多个内置行为，基本上满足了网页设计的需要，如表 7-2 所示。用户也可以在 Macromedia Exchange Web 站点以及第三方开发人员站点上找到更多的行为。如果精通 JavaScript，用户还可以编写自己的行为。

表 7-2 Dreamweaver 内置行为

行为		说明
图像操作类	预先载入图像	可以使浏览器下载那些尚未在网页中显示但是可能显示的图像，并将之存储到本地缓存中，以便脱机浏览
	交换图像	用于动态改变图像对应<img>标记的 scr 属性，利用该行为，不仅可以创建普通的翻转图像，还可以创建图像按钮的翻转效果，甚至可以设置在同一时刻改变页面上的多幅图像
	恢复交换图像	将所有被替换显示的图像恢复为原始图像，一般来说，在设置交换图像行为时，会自动添加该行为

(续表)

行　为		说　明
菜单导航类	显示弹出式菜单	可以创建或编辑弹出式菜单，或者打开并修改已经插入到页面文档中的弹出式菜单
	隐藏弹出式菜单	可以将显示的弹出式菜单隐藏，一般来说，在设置显示弹出式菜单行为时，会自动添加该行为
	跳转菜单	用来创建和编辑跳转菜单
	跳转菜单开始	创建了跳转菜单后，需要使用该行为使跳转菜单中的按钮具有跳转功能
	设置导航栏图像	用于对导航栏中的图像进行编辑，或是对图像状态进行更多的控制
检查类	检查浏览器	可以获取访客浏览网页时所使用的浏览器类型
	检查表单	为表单中的文本框设置有效性规则，检查文本框中的内容是否有效，以确保用户输入了正确的数据
	检查插件	可以检查访客在浏览网页时，其浏览器中是否安装有指定的插件，以便为安装插件和未安装插件的用户分别显示不同的页面
设置文本类	设置框架文本	可以动态地设置框架中的文本，或是替换框架内容。这些新设置的内容可以是任意的 HTML 内容，因此可以利用该行为动态地显示各种信息
	设置文本域文本	用于动态地设置文本编辑区中的内容
	设置状态栏文本	在浏览器窗口的左下端状态行上，通常会显示当前状态的提示信息。使用该行为可以重新设置状态行上的提示信息
	设置容器的文本	可以动态地设置网页中 Div 容器中的文本，或替换容器中的内容
控制类	拖动 AP 元素	实现在页面上对 AP Div 及其中的内容进行移动，以实现一些特殊的页面效果
	控制 Shockwave 或 SWF	用于对 Shockwave 或 Flash 动画进行控制，如播放、停止、返回等
	显示-隐藏元素	在页面上显示、隐藏 Div 元素，或恢复默认的 Div 可见状态
其他行为	调用 JavaScript	使用户可以设置当某些事件被触发时调用相应的 JavaScript 代码，以实现相应的动作
	改变属性	用于动态地改变对象的属性值，例如改变 Div 的背景颜色，改变图像的大小
	转到 URL	可以设置在当前浏览器窗口或指定的框架窗口中载入指定的页面，该行为在同时改变两个或多个框架内容时特别有用
	打开浏览器窗口	可以动态地设置网页中 Div 容器中的文本，或替换容器中的内容
	播放声音	用于在网页中播放声音
	弹出信息	在网页中显示信息对话框，起到提示信息的作用

7.1.3 添加与编辑行为

在页面中应用一个行为需要 3 步：

❶ 选择想要触发行为的页面元素。

❷ 选择要应用的行为。

❸ 指定行为的设置或参数。

触发行为的页面元素可以是一个被链接元素、一系列文本或一个图像，设置是整个页面文档，而能否附加该行为则由浏览器决定。所有的行为都通过【行为】面板来插入到页面中，选择【窗口】|【行为】命令，可打开【行为】面板，如图 7-1 所示。

要添加行为，需要首先选中要使用行为的页面元素，然后单击【行为】面板上的【添加行为】按钮，在弹出的菜单中单击要添加的行为，如图 7-2 所示。不同的行为会打开不同的对话框，设置好参数后，单击【确定】按钮即可完成行为的添加。

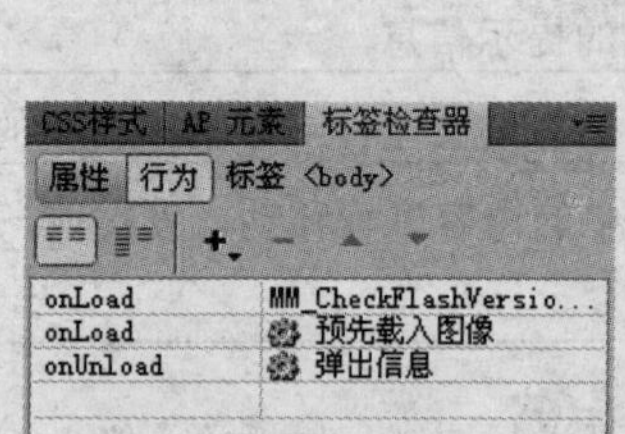

图 7-1 【行为】面板

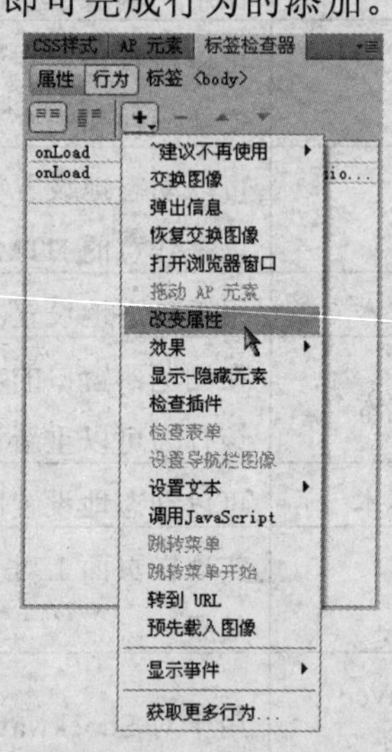

图 7-2 添加行为

提示：【行为】面板中默认显示了所有事件，单击按钮，可只显示已设置的事件。

在【行为】面板中，用户可以发现，并不是所有的行为都一直是可用的。例如在使用交换图像行为之前，用户需要首先选择页面中的一个图片。添加好的行为将显示在【行为】面板中，例如图 7-1 中显示了【预先载入图像】行为。左栏显示默认的触发事件，右栏显示行为的名称。从列表中选择不同的事件，就会出现不同的行为。例如，默认情况下显示-隐藏行为会应用 onClick 事件。

如果用户对添加的行为不满意，可以对其进行修改，包括对事件的修改和对行为本身的修改。修改事件的方法是在事件列表中重新选择所需的事件，如图 7-3 所示。修改行为的方法是首先选中该行为，然后双击动作名称，打开行为对话框，对参数进行重新设置即可，如图 7-4 所示。

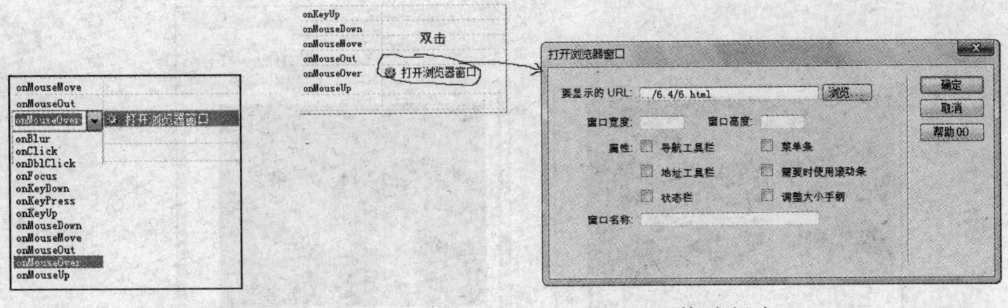

图 7-3　修改事件　　　　图 7-4　修改行为

行为是极其灵活的，多种行为能应用到同一触发事件中。例如，可以将一个图像交换为另一个，然后改变伴随图像的标题文本，这些只需要一个鼠标单击事件。尽管事件发生得很快，似乎是同时发生的，但事实上，行为是按先后顺序被触发的。当应用具体到同一触发事件的多种行为时，行为的发生顺序将按照【行为】面板中列出的先后顺序来执行。用户可以通过按钮▲和▼来调节行为在【行为】面板中的顺序。

7.2　在页面中应用行为

本节指导读者在页面中如何应用行为。首先预览已完成的页面，移动光标经过右侧的每个小图像时，左侧将显示与之对应的大图像，以给访客增强的视觉效果，如图 7-5 所示。

图 7-5　交换图像效果

移动光标经过右侧每个小图像下方的问题标记，可看到出现的内嵌在图片中的标题，如图 7-6 所示，移走光标标题文字即被隐藏。单击每个图片下面的放大标记，可打开新的浏览器窗口，出现与之相对应的放大图像，如图 7-7 所示。

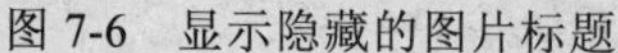

图 7-6　显示隐藏的图片标题

图 7-7　在新窗口中放大图片

提示：在使用 IE 浏览器预览网页内容时，浏览器顶部会出现一条表示 JavaScript 被限制运行的信息，用户可单击信息栏，选择【允许阻止的内容】命令，以正常显示页面。

7.2.1　应用交换图像行为

网页上最常用的效果之一就是鼠标经过图像。在鼠标经过图像效果中，当访客的光标移动并经过一个特定的图像时，相应的就会出现一个不同的图形。在覆盖状态下，鼠标经过图像基本上就是将一种图像源交换为另一种图像源的行为。Dreamweaver 的交换图像行为能处理比鼠标经过图像更多的动作。

例 7-1　在网页中使用交换图像行为。

❶ 打开本书提供的素材文件，在 Dreamweaver 中打开 start 网页文档，如图 7-8 所示。交换图像行为要求使用一个独特的名称来识别目标图像，现在首先来添加这些名称。

图 7-8　打开 start 页面文档

❷ 选择页面左侧的图像，在属性检查器中，将图像标识为 mediumImage，如图 7-9 所示。用同样的方法分别将右侧 3 个图像标识为 topImage、middleImage 和 bottomImage。

❸ 选择图像 topImage，在属性检查器的【链接】文本框中输入“javascript:;”，然后按 Tab 键。“javascript:;”的作用是调用没有功能的 Javascript 函数，要确保输入了尾随的冒号和分号。

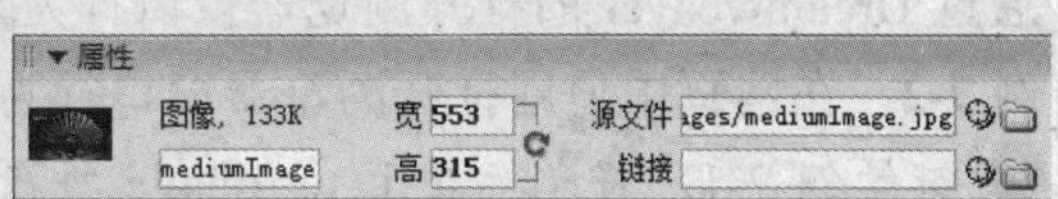

图 7-9　标识图像

❹ 下面来选择触发元素。从标签选择器中选择 topImage 旁的标记<a>，如图 7-10 所示。选择【窗口】|【行为】命令，打开【行为】面板。单击【添加行为】按钮，从下拉菜单中单击【交换图像】命令。

❺ 在打开的【交换图像】对话框中，滚动【图像】列表，选中【图像 “mediumImage”】，如图 7-11 所示。

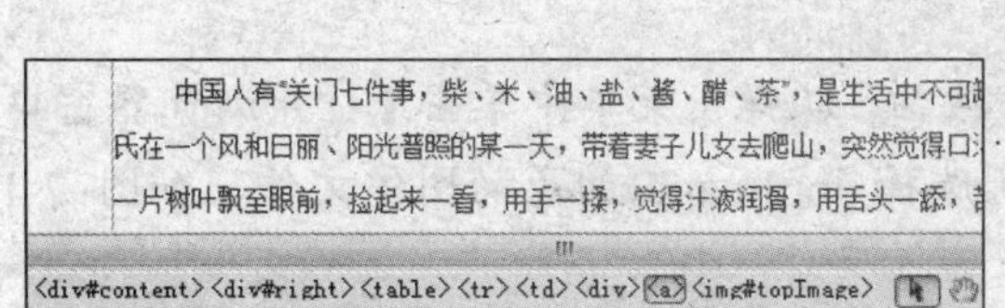

图 7-10　选择触发元素

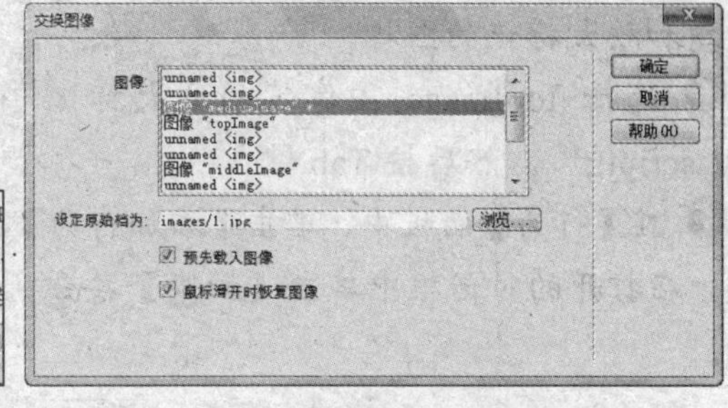

图 7-11　【交换图像】对话框

❻ 单击【浏览】按钮，在打开的【选择图像源文件】对话框中导航到图像 1.jpg，即图像 topImage 的原始图片，如图 7-12 所示。

❼ 单击【确定】按钮，确保选中【预先载入图像】和【鼠标滑开时恢复图像】复选框，关闭【交换图像】对话框。交换图像和恢复交换图像行为将出现在【行为】面板中，如图 7-13 所示。

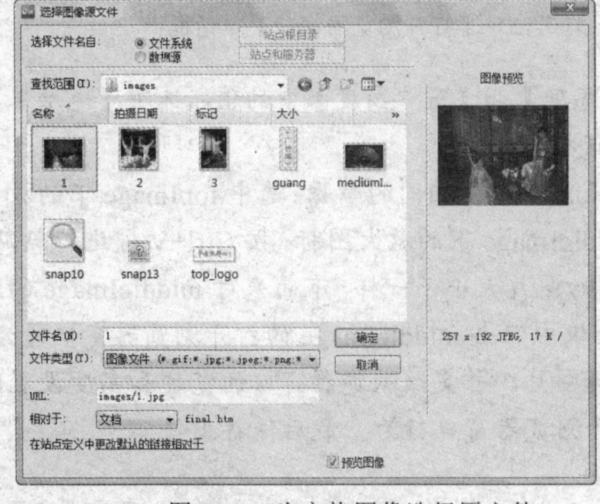

图 7-12　为交换图像选择原文件

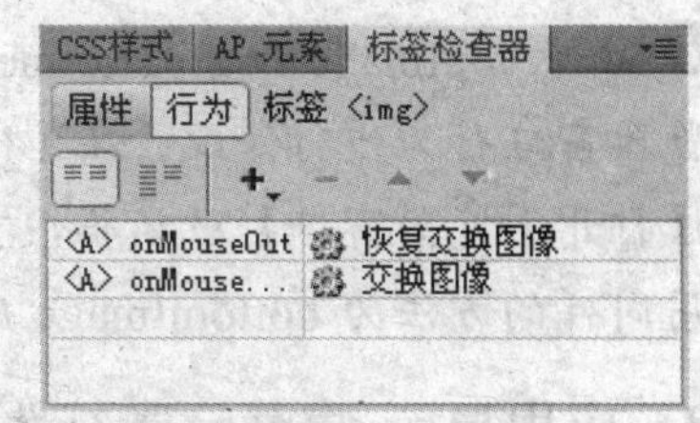

图 7-13　应用的交换图像和恢复交换图像行为

❽ 用同样的方法为 middleImage 和 bottomImage 应用图像交换行为，最后保存页面。

7.2.2　应用打开浏览器窗口行为

弹出窗口(从主浏览器页面打开的较小的浏览器窗口)是网页中应用比较广泛的一个效果，通过 Dreamweaver 的打开浏览器窗口行为，可以对弹出窗口的外观进行精确控制。

例 7-2　在网页中使用打开浏览器窗口行为。

❶ 继续例 7-1。将光标置于 topImage 所在的单元格中(右侧的 3 个图片是放置在一个表格中的)，在属性检查器中单击【拆分单元格为行或列】按钮，将单元格拆分成两行。此时，图片 topImage 将自动位于第一行中，光标停留在第二行中。

❷ 单击【插入】面板的【常用】类别下的【图像】按钮组，在下拉按钮中单击【图像】选项，在第二行中插入表示问题和放大标记的图标。将光标置于这两个图标之间，按 Ctrl+Shift+空格键，在图标之间插入空格，效果如图 7-14 所示。

❸ 用同样的方法拆分 middleImage 和 bottomImage 图片所在的单元格，并分别插入表示问题和放大标记的图标。

❹ 选择 topImage 图像下的放大标记，在属性检查器的【链接】文本框中输入“javascript:;”，然后按 Tab 键。

❺ 在【行为】面板中，单击【添加行为】按钮，从弹出菜单中单击【打开浏览器窗口】行为。在打开的对话框中单击【浏览】按钮，选择 topImage 的原始图像文件，如图 7-15 所示。

图 7-14　拆分单元格并插入图标

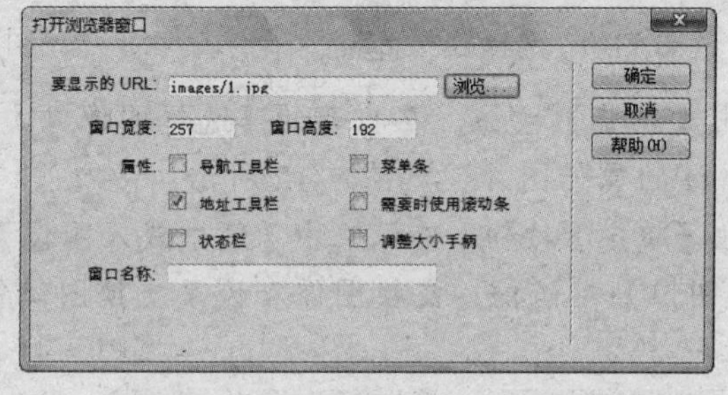

图 7-15　【打开浏览器窗口】对话框

❻ 根据原始图片的大小，调整【窗口宽度】和【窗口高度】中的值，选中【地址工具栏】复选框，关闭【打开浏览器窗口】对话框。

❼ 用户不必为 middleImage 和 bottomImage 重复相同的步骤。选中 topImage 下的放大图标，按 Ctrl+C 键对其复制。然后选中 middleImage 下的放大图标，按 Ctrl+V 键进行粘贴。

❽ 由于 topImage 和 middleImage 的原始图片大小不一样，下面来对 middleImage 的打开浏览器窗口行为进行修改。在【行为】面板中双击 middleImage 的打开浏览器窗口行为，打开【打开浏览器窗口】对话框，重新选择图片，并更改浏览器窗口的宽度和高度设置即可。用同样的方法为 bottomImage 应用打开浏览器窗口行为。最后保存文件。

7.2.3　应用显示-隐藏元素行为

利用显示-隐藏元素行为，设计人员可以根据实际情况有选择地在页面上显示一些页面元素，当情况发生改变时，便可以隐藏这些元素。例如，如果访客属于VIP用户，则向其提供一些高级服务，否则不在页面上显示这些服务内容，访客也就无从访问。

例 7-3 在网页中使用显示-隐藏元素行为。

❶ 继续例7-2。单击【插入】面板的【布局】类别下的【绘制AP Div】按钮，在图像topImage上绘制一个AP Div，在属性检查器将其命名为topapDiv，然后在该容器内输入文字“茶艺表演之一”，设置字体和颜色，如图7-16所示。

❷ 将【文档】窗口切换到拆分视图，选择topImage下的问题标记，利用代码视图确保同时选中了问题标记后面的两个连续空格。

注意：之所以要同时选中问题标记后面的两个连续空格，是由于显示-隐藏行为由onMouseOver和onMouseOut事件触发，扩大的目标区域可以使行为更容易使用。在代码视图中，空格的代码标记是“ ”。

❸ 在属性检查器的【链接】文本框中输入“javascript:;”，然后按Tab键。在【行为】面板中单击【添加行为】按钮，从弹出菜单中单击【显示-隐藏元素】行为，打开【显示-隐藏元素】对话框，如图7-17所示。

图 7-16 创建图片的标题文本

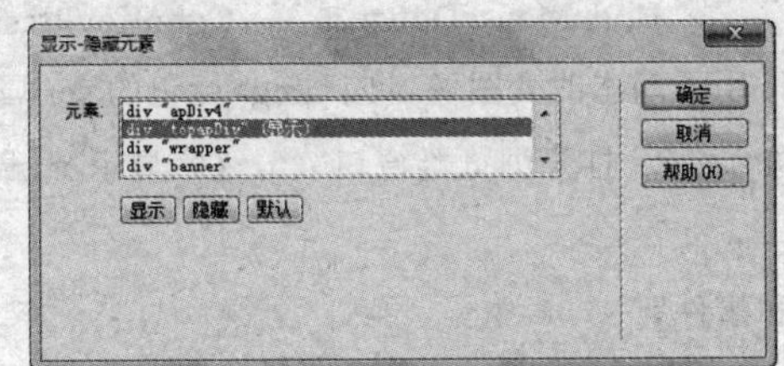

图 7-17 【显示-隐藏元素】对话框

❹ 从【元素】列表中选中【div"topapDiv"】选项，然后单击【显示】按钮。最后单击【确定】按钮，关闭【显示-隐藏元素】对话框。

❺ 默认情况下，显示-隐藏元素行为将插入一个onClick事件，而本例要实现的是一个交互的鼠标经过效果。在【行为】面板中，单击显示-隐藏元素行为左侧的onClick，然后从下拉列表中选择【onMouseOver】。

❻ 和交换图像行为不同，显示-隐藏元素行为不包含将元素恢复到先前状态的选项，解决方法是用一个不同的动作和事件再次应用行为。单击【添加行为】按钮，从弹出菜单中单击【显示-隐藏元素】行为，再次打开【显示-隐藏元素】对话框。从【元素】列表中选中【div"topapDiv"】选项，然后单击【隐藏】按钮。最后单击【确定】按钮，关闭【显示-隐藏元素】对话框。

❼ 单击刚刚添加的行为旁边的【onClick】，将触发事件更改为【onMouseOut】，保存页面文档。

本 章 小 结

通过对本章的学习，用户可以了解事件和动作的概念，并掌握【行为】面板的使用方法，能够熟练运用Dreamweaver的内置行为创建诸如交互图像、弹出窗口、动态显示隐藏页面元素等网页特效。网页中使用的行为一般都是在客户端直接实现的，在 Dreamweaver 网页文档中插入客户端行为，实际上就是自动给网页添加 JavaScript 代码，只是这些操作将由 Dreamweaver 编辑器自动完成。下一章向读者介绍如何在页面中使用表单来提交数据。

习　题

填空题

1. Dreamweaver 行为是当被一个特定________触发时，执行一个________的 JavaScript 代码。
2. 事件由________定义、产生和执行。
3. 默认情况下显示-隐藏行为会应用________事件。
4. 通过 Dreamweaver 的________行为，可以对弹出窗口的外观进行精确控制。

选择题

5. 下列事件中，当用户按下鼠标时触发的是(　　)。

   A. onClick　　B. onMouseDown　　C. onKeyPress　　D. onKeyDown

6. 下列行为中，用于动态改变图像对应<img>标记的 scr 属性的是(　　)。

   A. 交换图像　　B. 打开浏览器窗口　　C. 显示-隐藏元素　　D. 检查插件

简答题

7. 什么是行为和事件？
8. 简述为页面元素应用行为的过程。

上机操作题

9. 继续例 7-3。创建 middleImage 和 bottomImage 的标题文本，分别置于 middleapDiv 和 bottomapDiv 中，然后分别为它们的问题标记应用显示-隐藏元素行为。
10. 制作一个网页文档，当访客关闭或离开页面时弹出窗口“有空常来哦！”，如图 7-18 所示。

图 7-18　离开页面时的弹出信息

第 8 章

使 用 表 单

本章介绍在网页中制作和编辑表单及表单对象的方法与技巧。通过本章的学习，应该完成以下学习目标：

- ☑ 了解表单和表单对象
- ☑ 学会在页面中创建并设置表单
- ☑ 学会在表单中添加文本、单选按钮、复选框、列表、提交按钮等表单对象
- ☑ 学会使用 CSS 规则来设计表单样式

8.1 使 用 表 单

Internet 上存在着大量的表单，表单是网页与访客的一种交互界面，主要用于数据采集(例如收集访客的名称、Email 地址、调查表、留言簿等)，也可以用于实现搜索。通过表单，实现了用户同 Web 站点服务器的信息交流。

8.1.1 表单的交互过程

表单通常包括两部分：一是描述表单的 HTML 源代码，一是处理表单中数据的服务器端或客户端应用程序，可以是 ASP、PHP、JSP 应用程序等。因而一个完整的表单交互分为以下两个阶段：访客在表单中填写数据，并提交到服务器，这个阶段可以由 HTML 文档来完成，也可以由 ASP、PHP 或 JSP 文档来完成；接下来服务器的应用程序对这些信息进行处理，例如验证用户是否为站点注册用户或写入数据库等，如图 8-1 所示。

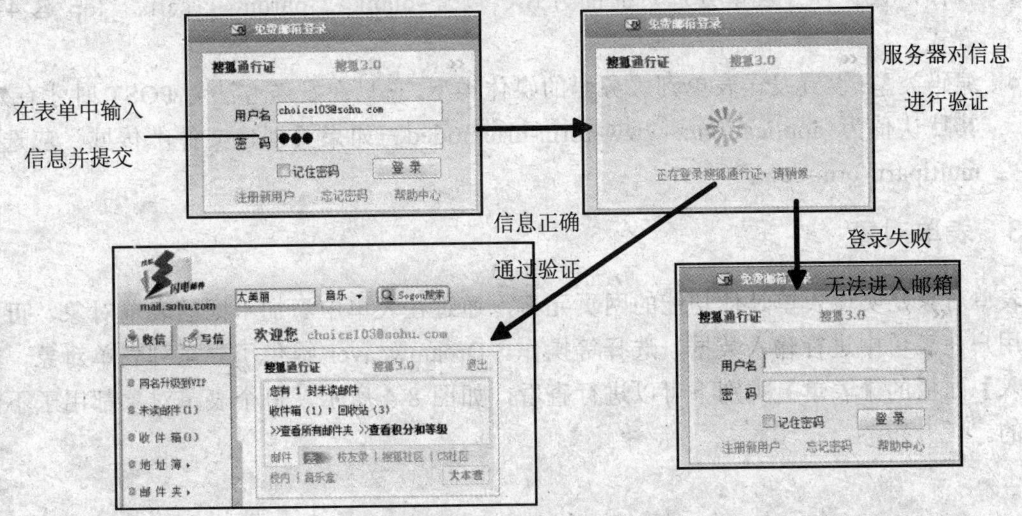

图 8-1 表单的交互过程

表单在 HTML 代码中使用<form>标签来标记，<form>标签包含一个动作属性，该属性的值在提交表单时被触发。通常情况下，动作是另一个页面的地址，或表单处理程序的服务器脚本。

注意：本书实际上只介绍如何建立表单以供处理，而实际的数据处理涉及编写应用程序、数据库及其访问等。想深入了解该部分内容的读者可参阅相关的高级书籍。

8.1.2 在页面中添加表单

在 Dreamweaver 中，可以将整个页面创建成一个表单网页，也可以在页面的部分区域中添加表单，方法基本相同。将光标定位到要创建表单的位置，单击【插入】面板的【表单】类别下的【表单】按钮，即可在页面中插入一个表单，如图 8-2 所示。

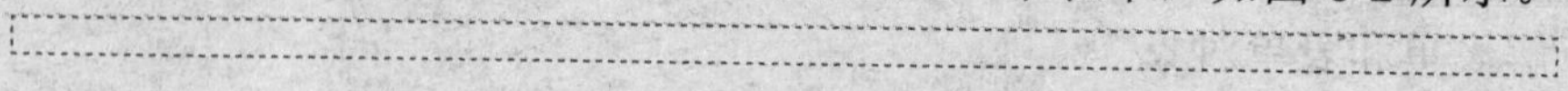

图 8-2 页面中插入的表单

插入表单后，页面中会显示一个红色虚线框，用户可通过属性检查器对表单的一些参数进行设置，如图 8-3 所示。

图 8-3 表单的属性检查器

- 表单 ID：为表单命名，以便引用表单。
- 方法：设置将表单中的数据传递给服务器的方式，包含 GET 和 POST 两种方式。通常使用的是 POST 方式，POST 方式将所有信息封装在 HTTP 请求中，是一种可以传送大量数据的较安全的传送方式。而 GET 方式则直接将数据追加到请求该页的 URL 中，不安全而且传输的数据有限。
- 动作：指定处理表单的动态页面或脚本的路径，可以是 URL 地址、HTTP 地址，或 Mailto 地址。
- 目标：设置打开表单处理页面的方式，包含_blank、_parent、_self、_top 这 4 种方式。
- 编码类型：设置发送表单到服务器的媒体类型，它只在发送方法为 POST 时才有效，其默认值为 application/x-www-form-urlemoded。如果要创建文件上传域，应选择 multipart/form-data。

8.1.3 表单对象

表单对象是实现表单具体功能的网页元素，通过在表单中添加不同的表单对象，可以允许用户在表单中进行输入数据、选择等操作。Dreamweaver 提供了一系列表单对象，在【插入】面板的【表单】类别下可以进行查看，如图 8-4 所示，每个表单对象都用于不同的目的。

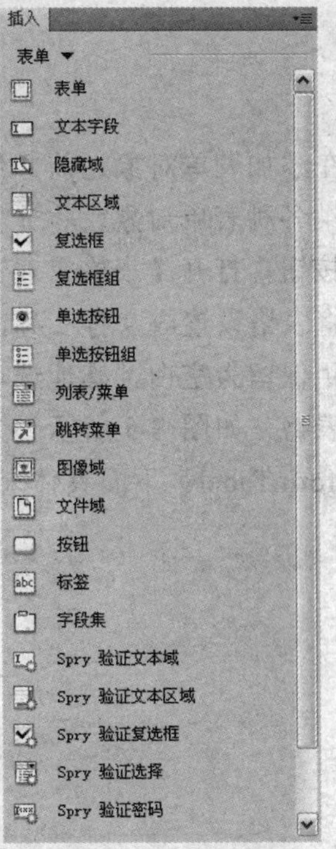

- 文本字段：可以接受任何类型文本内容的输入，可以是单行或多行，也可以是密码域(此时文本字段中的字符会被*号或其他指定符号遮罩)。
- 隐藏域：该表单元素相对于访客不可见，它主要用于在网页间传递一些隐藏的信息，方便网页对数据进行处理。例如在表单中添加一个隐藏域，用于保存 session 对象的值，从而得知用户的浏览状态：在线或离线。离线的话就要求重新登录。
- 文本区域：与标准文本域相似，但可用于更多文本的输入，如多行的句子或段落。
- 复选框：用于判断是或不是，复选框可以被组合在一起(但不互斥)，共用一个名称，也可以共用一个 Name 属性值，以实现多项选择的功能。
- 单选按钮：代表相互排斥的选择，选中一个单选按钮，就会取消组中的所有其他单选按钮。

图 8-4　Dreamweaver 提供的表单对象

- 单选按钮组：共享同一名称的单选按钮的集合。
- 列表/菜单：列表用于在滚动列表中显示选项值，并允许用户在列表中选择多个选项；菜单用于在弹出式菜单中显示选项值，而且只允许用户选择一个选项。
- 跳转菜单：用于在表单中插入一个导航条或弹出式菜单。跳转菜单可以使用户为链接文档插入一个菜单。
- 图像域：用于在表单中插入一幅图像，可以使用图像域来替换表单中的提交按钮，以生成图形化按钮。
- 文件域：用于在文档中插入空白文本域或【浏览】按钮，通过使用文件域，访客可以浏览硬盘上的文件，并将这些文件作为表单数据上传到服务器。
- 按钮：用于在表单中插入文本按钮。按钮在单击时执行任务，如提交或重置表单。用户也可以为按钮设置自定义名称或标签。
- 标签：用于在表单中插入注释标签，由于许多表单元素都自带有标签功能，所以不是很常用。
- 字段集：使用字段集可以在网页中显示圆角矩形方框，并在方框的左上角显示一个标题文字，这样就可以将一些相关的表单元素放置在一个字段集内，以和其他元素进行区分。

注意：细心的读者可能发现，和以往 Dreamweaver 提供的表单对象相比，Dreamweaver CS4 中新增了 7 个 Spry 表单对象，它们位于图 8-4 的最下端，用于验证用户在对象域中所输入的内容是否为有效的数据。关于它们的详细用法，请读者参阅本书第 12 章内容。

8.2 添加表单对象

在添加表单对象之前，为了给表单一个总体的结构外观，设计者通常是插入一个表格来容纳各种表单对象。将光标定位在表单内，单击【插入】面板的【常用】类别下的【表格】按钮，打开【表格】对话框。

将表格设置成 9 行 2 列，宽度设置为 100，单位为百分比，边框设置为 0，单元格边距和间距保留为空白，其他选项保留默认设置，然后单击【确定】按钮，即可在表单中插入一个表格，如图 8-5 所示。为了以后设计表单元素时方便，在属性检查器中将表格名称设置为 formTabel。下面具体来介绍各种表单对象的用法。

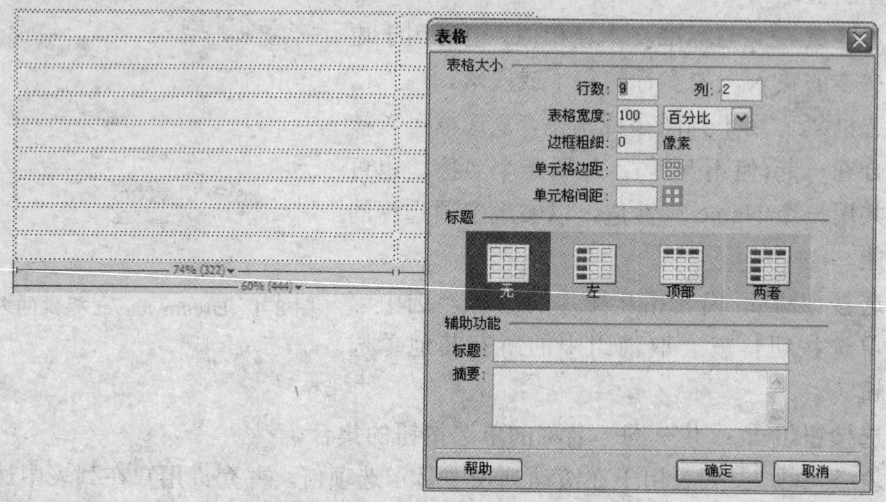

图 8-5　在表单中插入表格

提示：网页设计者通常为表单元素使用一个两列的表格，左列包含表单标签，如名称、地址等，而右列则包含表单元素本身，如文本框、复选框等。

8.2.1 插入文本字段

文本字段是最常用的表单对象之一，几乎在所有的表单中出现，用于收集短小文本短语中的无结构数据。但文本字段只能接受有限的字符数，通常是 255 个。

例 8-1　在表单中使用文本字段接受访客输入数据。

❶ 将光标定位到图 8-5 所创建表格的右侧单元格的第一行中。单击【插入】面板的【表单】类别下的【文本字段】按钮，打开【输入标签辅助功能属性】对话框，如图 8-6 所示。

❷ 在【ID】文本框中输入“name”，在【标签文本】文本框中输入“姓名”。

❸ 选中【使用“for”属性附加标签标记】样式。当使用两列的表格时，表单元素通常使用这种方式，使用“for”属性附加标签标记后，Dreamweaver 会插入如下代码，以允许<label>标签完全从表单元素<input>标签中分离出来，显示两个单独的表格单元格。

```
<label for="name">姓名</label><input type="text" name="name" id="name"/>
```

❹ 选中【在表单项前】单选按钮，将【访问键】设置为 N，将【Tab 索引】设置为 10，单击【确定】按钮，即可在光标所在位置插入一个文本框，并带有标签。

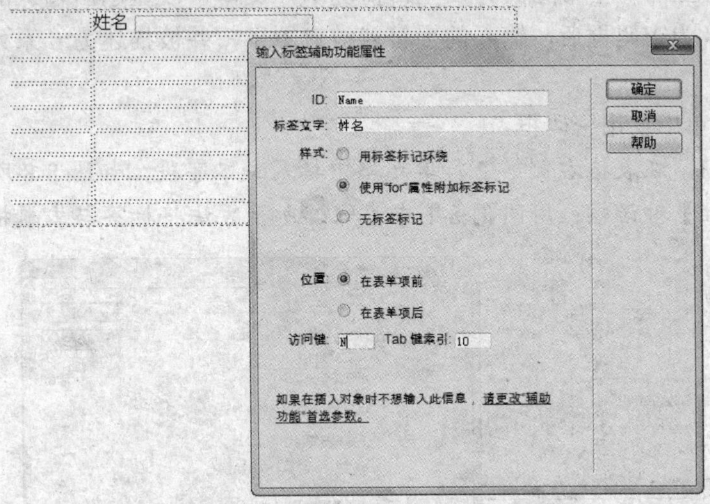

图 8-6 在表单中插入文本字段

提示：访问键是指与在浏览器中选择该表单对象等效的键盘键。例如在本例中，按下 Alt+N 键(如果使用的是 IE 浏览器，Firefox 浏览器则是 Shift+Alt+N 键)，【姓名】文本框将被选中并且准备输入数据。

❺ 将光标定位在文本“姓名”中，在标签选择器中单击标记<label>，将它拖到同一行的第一个单元格中。将光标移到表格列的分隔线上，当光标变形时拖动改变单元格列的大小，如图 8-7 所示。

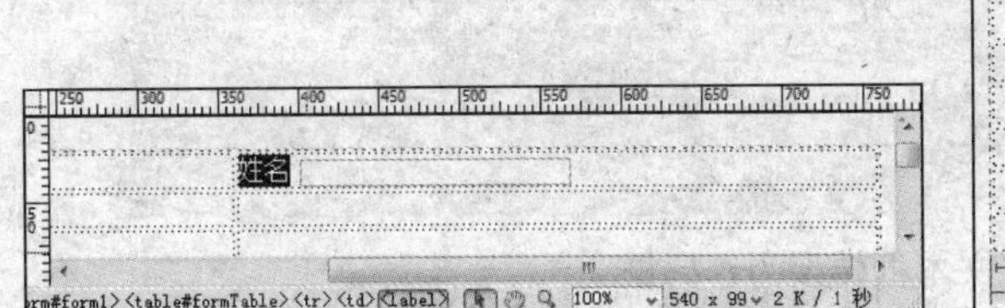

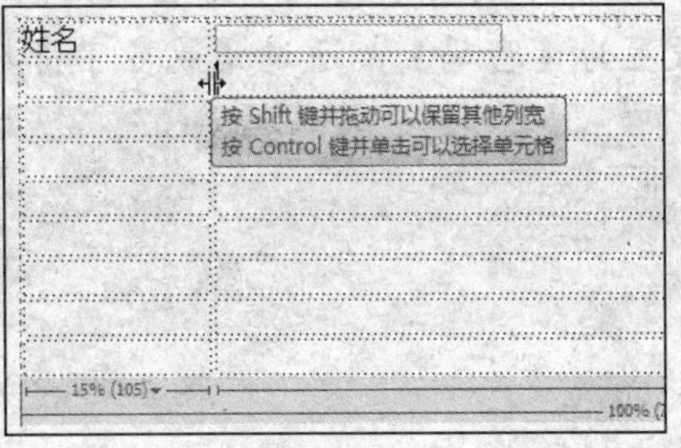

图 8-7 将<label>标签从<input>标签中分离

❻ 保存页面。

> 为什么我在添加表单对象时没有显示【输入标签辅助功能属性】对话框？
>
> Dreamweaver 默认启用了表单的辅助功能，如果用户在添加表单对象时没有显示【输入标签辅助功能属性】对话框，可选择【编辑】|【首选参数】命令，打开【首选参数】对话框。在【分类】列表中单击【辅助功能】选项，然后在右侧选中【表单对象】复选框，最后单击【确定】按钮使设置生效即可。

8.2.2 插入密码输入框

密码框是网页上的一个常见部分，正常情况下，文本字段显示出输入的字符。但是，当文本字段被转换为密码框后，输入的字符就被遮罩了，并被描述为一系列的星号或粗体圆点。

例 8-2 在表单中使用密码框。

❶ 继续例 8-1。在表格右侧第 2 行单元格中插入文本字段，如图 8-8 所示设置【输入标签辅助功能属性】对话框。用同例 8-1 中步骤❺所示方法将标签与文本框分离。

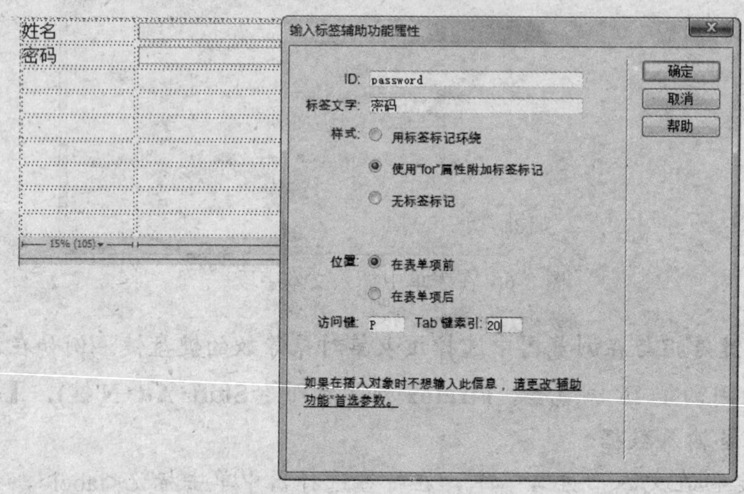

图 8-8 插入"密码"输入框

❷ 现在来将标准的文本框转换为密码框。选中刚插入的文本框，在属性检查器中将【类型】设置为【密码】，通过【最多字符数】参数可设置密码的最大长度，如图 8-9 所示。

图 8-9 将文本框转换为密码框

❸ 保存页面。

8.2.3 插入文本输入区域

文本区域允许输入比文本字段更多的文本字符。如果输入的文本超出了文本区域的自然空间，就会自动出现滚动条，以允许显示溢出的文本。文本区域通常用于访客留言、个人介绍等需要输入较多字符的情况。

例 8-3 使用文本区域获取访客留言。

❶ 继续例 8-2。将光标定位在表格右侧第 8 行单元格中，单击【插入】面板的【表单】类别下的【文本字段】按钮，如图 8-10 所示设置【输入标签辅助功能属性】对话框。

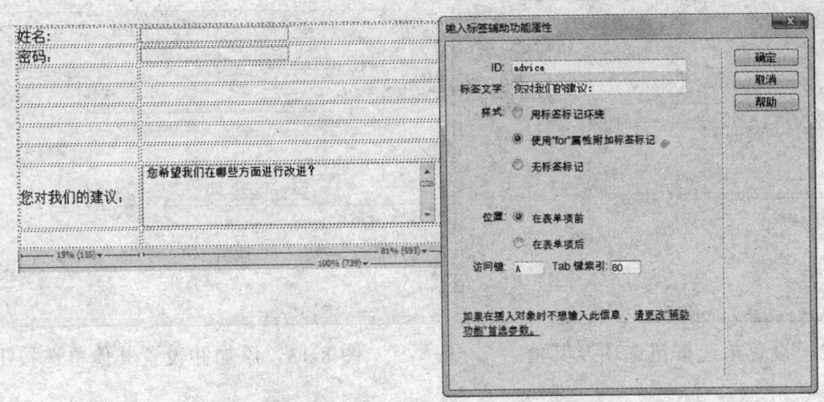

图 8-10 插入文本区域

❷ 用同例 8-1 中步骤❺所示方法将标签与文本框分离。选中插入的文本区域，在属性检查器中可以设置文本区域的宽度(通过每行显示的字符数来控制)、行数，以及要显示在文本区域中的初始值，如图 8-11 所示。

图 8-11 设置文本区域

❸ 保存页面。

8.2.4 插入单选按钮

当需要访客从大量选项中互斥地选择一个时，可以使用单选按钮来实现。和其他表单对象不同，每个单选按钮并没有一个独特的名称，而是同一组中的所有单选按钮使用同一个名称，通过值的不同来加以区分。

Dreamweaver 提供了两种方式来在表单中创建单选按钮：或是单个插入每个单选按钮，或是同时插入整个单选按钮组。每种方法都各有利弊：如果单个插入单选按钮，将需要为每个按钮重命名，以确保它们都用同一名称；如果将它们作为一个按钮组来添加，它们会有同一个名称，但需要对每个按钮添加辅助功能属性。本节介绍后者。

例 8-4 在表单中使用单选按钮。

❶ 继续例 8-3。将光标定位在表格右侧第 3 行单元格中，单击【插入】面板的【表单】类别下的【单选按钮组】按钮，打开【单选按钮组】对话框。

❷ 在【名称】文本框中输入“satisfaction”，该单选按钮组用于测定访客对本书的满意度。选择【标签】栏中的第一个选项，输入“很满意”，按 Tab 键，在【值】栏中输入 100。用同样的方法将第二个选项设置为“比较满意”，值为 80，如图 8-12 所示。

❸ 单击【添加】按钮，【标签】栏将出现新的选项，输入“一般”，值为 60。用同样的方法添加其他两个选项，如图 8-13 所示。

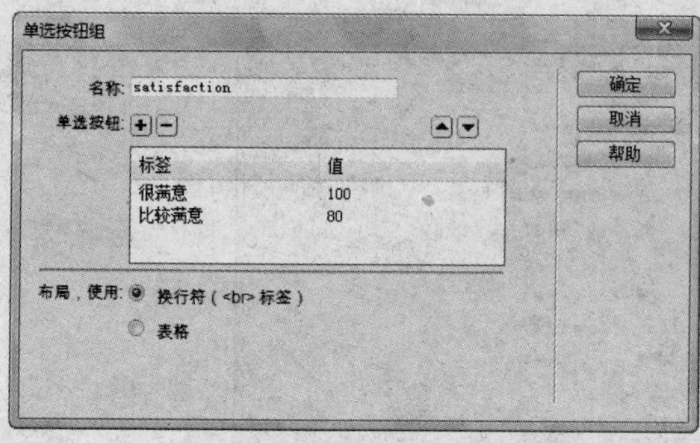

图 8-12　设置单选按钮选项及其值

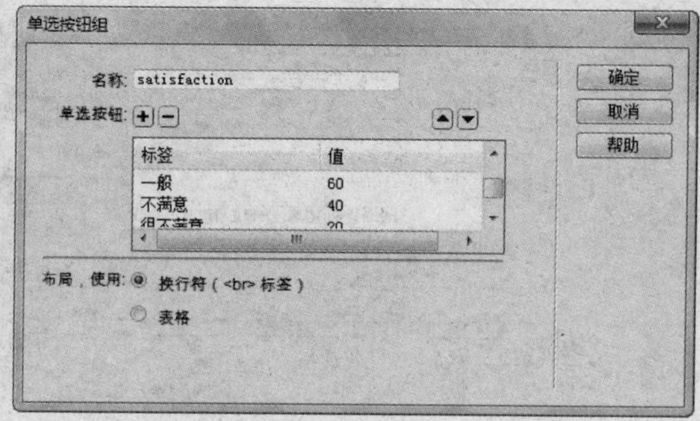

图 8-13　添加并设置其他单选按钮

❹ 由于同时添加了多个单选按钮，所以为了避免单元格发生嵌套，可以使用换行符来分离每个单选按钮，选中【换行符】单选按钮，单击【确定】按钮。当插入了单选按钮组后，可以发现，并不像其他的表单元素一样，左侧并没有设定标签。将光标定位到左侧的单元格中，输入“您对本书的满意度”，如图 8-14 所示。

❺ 下面来为每个单选按钮添加辅助功能属性。选择第一个单选按钮，按 Ctrl+T 键打开快速标签编辑器。将光标定位在闭字符“/>”之前，输入“accesskey="S" tabindex="30"”，如图 8-15 所示。按 Enter 键保存并关闭快速标签编辑器。

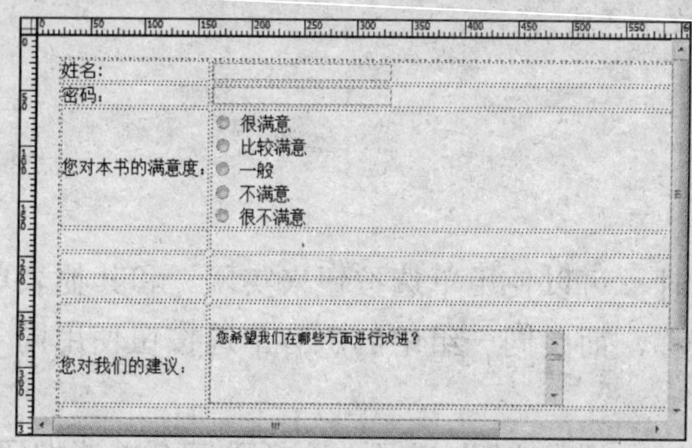

图 8-14　在表单中插入单选按钮组

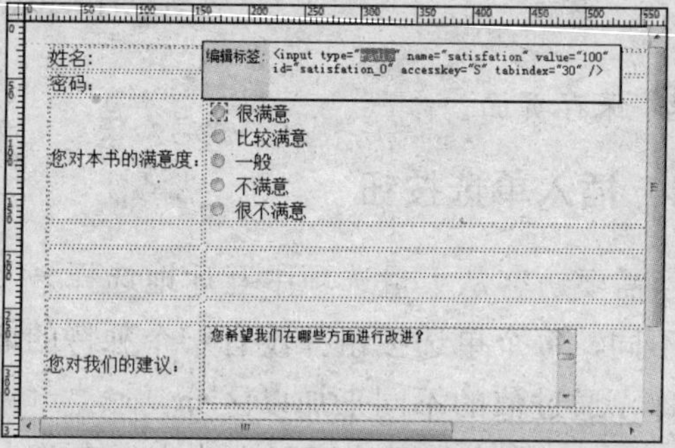

图 8-15　为单选按钮添加辅助功能属性

注意：经过设置后，第一个单选按钮的快速访问键是 Alt+S。

❻ 用同样的方法为剩下的 4 个单选按钮输入以下代码，最后保存页面。

```
accesskey=“2” tabindex=“40”
accesskey=“3” tabindex=“50”
accesskey=“4” tabindex=“60”
accesskey=“5” tabindex=“70”
```

8.2.5　插入复选框

当需要访客从一组选项中选择多个选项时，可以使用复选框。每个复选框都有它自己的名称和值，和单选按钮不同，用户在表单中一次只能插入一个复选框。

例 8-5　在表单中使用复选框。

❶ 继续例 8-4。将光标定位在表格右侧第 4 行单元格中，单击【插入】面板的【表单】类别下的【复选框】按钮，如图 8-16 所示设置【输入标签辅助功能属性】对话框。

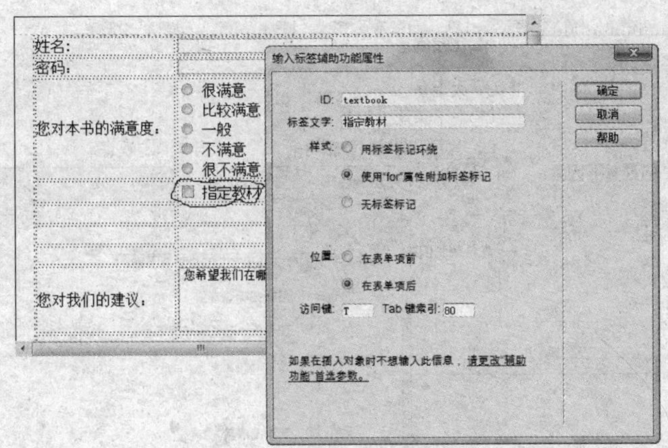

图 8-16　在表单中添加复选框

❷ 将光标定位到标签“指定教材”后，按空格键。重复步骤❶，向表单中添加另外 3 个复选框，设置如下：

- ID tutorbook；标签文字 教辅用书；Tab 索引值 90。
- ID selfbook；标签文字 个人自学；Tab 索引值 100。
- ID attenstation；标签文字 认证考试；Tab 索引值 110。

❸ 将光标定位到同一行第 1 列的单元格中，输入“您使用本书是作为：”，最后的效果如图 8-17 所示。保存页面。

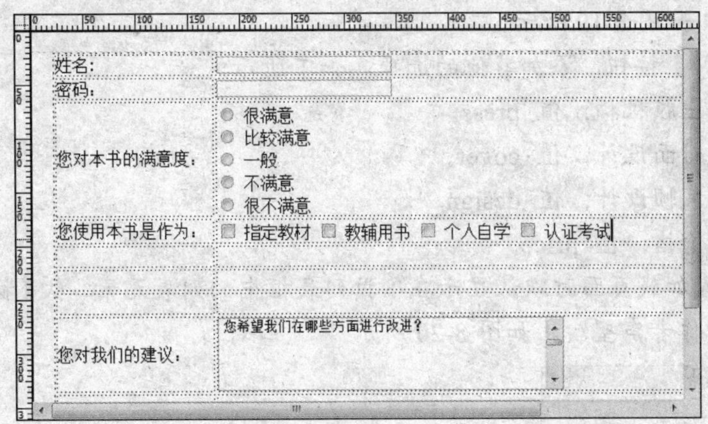

图 8-17　添加所有复选框后的效果

8.2.6　插入列表

通过列表，用户可以在表单中显示一个下拉列表框，以供访客从不同选项中进行选择。列表中的选项是相互排斥的，如单选按钮组。也可以启用多个选择选项，就好比一组复选框。下面的例子将帮助用户设计一个标准的下拉列表框。

例 8-6　在表单中使用下拉列表框。

❶ 继续例 8-5。将光标定位在表格右侧第 5 行单元格中，单击【插入】面板的【表单】类别下的【列表/菜单】按钮，打开【输入标签辅助功能属性】对话框，如图 8-18 所示进行设置。用例 8-1 介绍的方法将列表的标签文本拖动到列表左侧的单元格中。

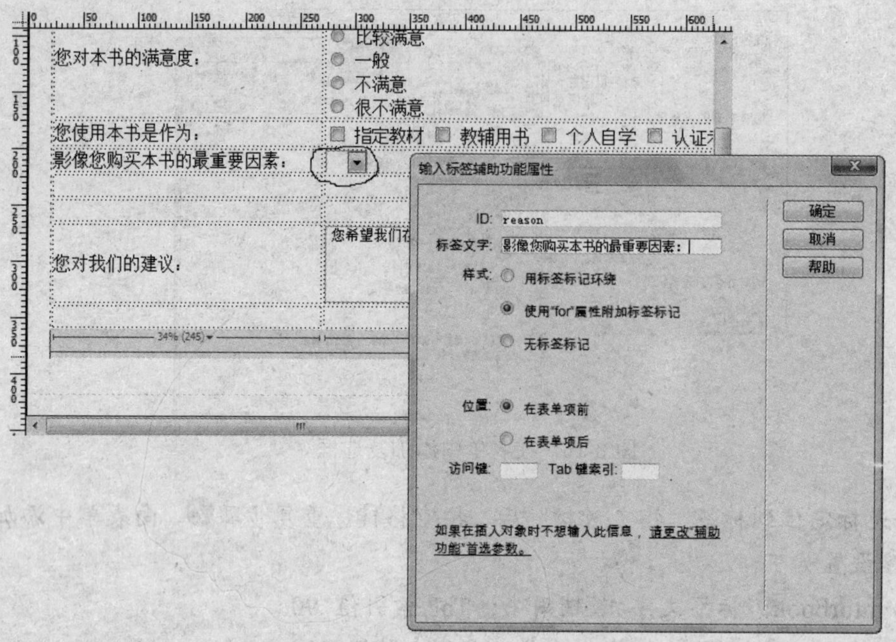

图 8-18　在表单中插入列表

❷ 下面来为下拉列表框添加以供选择的选项。选中插入的列表，在属性检查器中单击【列表值】按钮，打开【列表值】对话框。在【项目标签】中输入“作者名声”，在【值】中输入“famor”，如图 8-19 所示。

❸ 单击【添加】按钮，添加其他的选项，如下所示：

- 项目标签 出版机构；值 press。
- 项目标签 封面设计；值 cover。
- 项目标签 装帧设计；值 design。
- 项目标签 价格；值 price。

❹ 下面来设置加载页面时默认显示在下拉列表框中的列表元素，从【初始化选定】下拉列表框中选中“作者声望”，如图 8-20 所示。

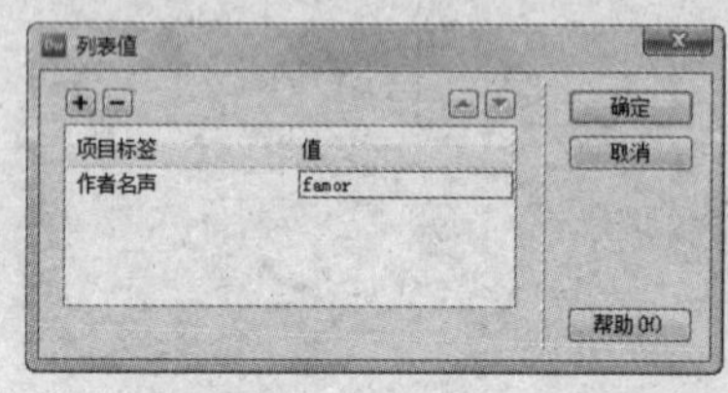

图 8-19　设置列表中的选项

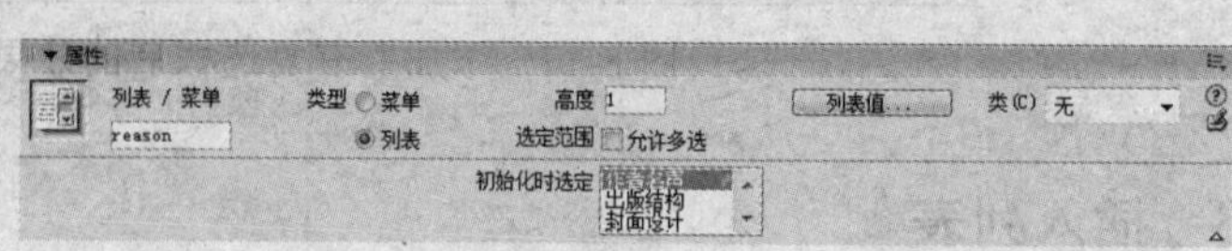

图 8-20　设置下拉列表框中默认显示的选项

❺ 如果选中属性检查器中的【允许多项】复选框，则允许访客在下拉列表框中同时选择多个选项。保存并预览页面，如图 8-21 所示。

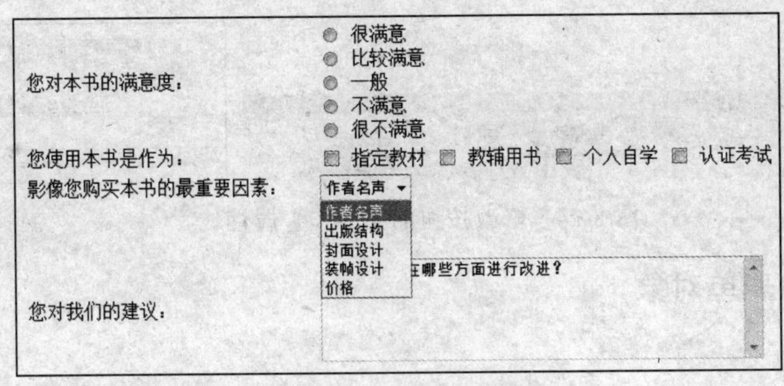

图 8-21　预览下拉列表框

8.2.7　插入按钮

表单中的按钮担负着重要角色，用于提交或重置表单，并且只有在被鼠标单击时才会执行。下面介绍如何在表单中插入提交和重置按钮，分别用于提交表单和将表单恢复到访客输入数据前的状态。

例 8-7　在表单中插入提交和重置按钮。

❶ 继续例 8-6。将光标置于表格最后一行的右侧单元格中。单击【插入】面板的【表单】类别下的【按钮】按钮，如图 8-22 所示进行设置。

❷ 单击【确定】按钮，可以发现，Dreamweaver 像对待其他表单元素一样，将标签文本添加到了按钮的左边。选中标签文本，按 Del 键将其删除，如图 8-23 所示。

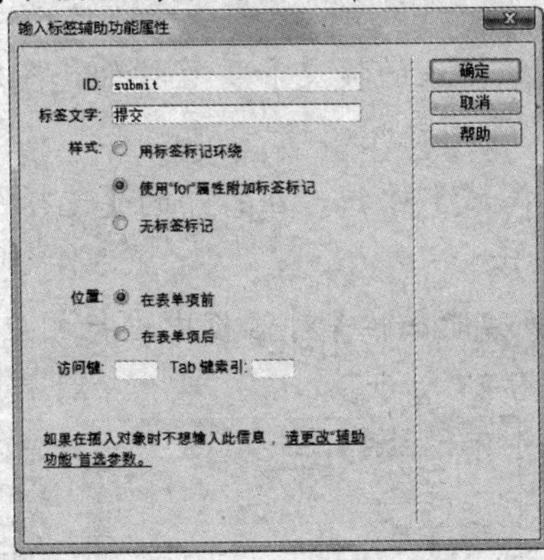

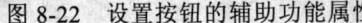

图 8-22　设置按钮的辅助功能属性

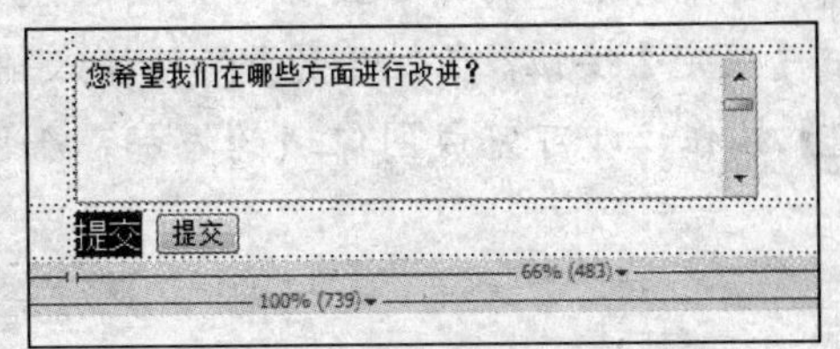

图 8-23　删除按钮的标签文本

❸ 将光标置于“提交”按钮后，连续按 Ctrl+Shift+空格键，在按钮后面插入适当数量的空格，以便插入“重置”按钮。

❹ 单击【插入】面板的【表单】类别下的【按钮】按钮，打开【输入标签辅助功能属性】对话框。将【ID】设置为 reset，将【标签文字】设置为“重置”，单击【确定】按钮。

❺ 发现除了标签文本显示的是“重置”外，按钮上显示的文本仍然为“提交”。删除标签文本，然后选中新插入的按钮，在属性检查器中将动作设置为【重设表单】，页面中的结果如图 8-24 所示。

❻ 保存页面。

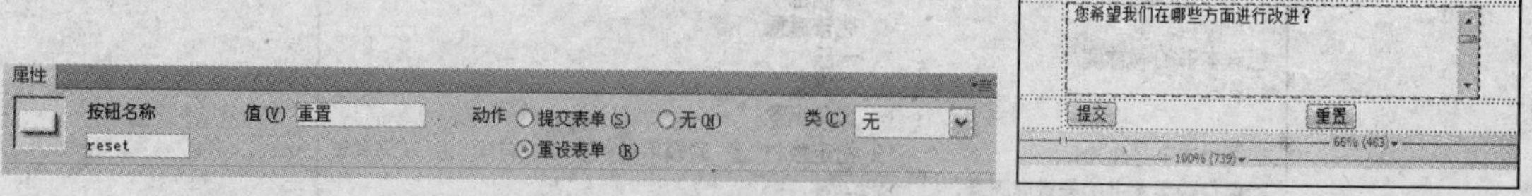

图 8-24　修改按钮的【动作】属性

8.2.8　关于其他表单对象

1. 文件域

利用文件域，访客可以将本地的文件上传到服务器上。将光标定位到表单中要添加文件域的位置，单击【插入】面板的【表单】类别下的【文件域】按钮，可打开【标签输入辅助功能属性】对话框。进行设置后，单击【确定】按钮即可添加文件域。利用属性检查器，用户可对文件域的名称、字符宽度等进行设置，如图 8-25 所示。

图 8-25　使用文件域上传文件

2. 图像域

使用图像域可以将自制的图像作为提交或重置按钮使用。下面的例子将修改例 8-7 中的表单按钮。

例 8-8　使用自制的按钮作为表单按钮。

❶ 打开例 8-7 保存的页面文档。删除表单中已经插入的提交和重置按钮，将光标置于原来的“提交”按钮所在位置。

❷ 单击【插入】面板的【表单】类别下的【图像域】按钮，在打开的【选择图像源文件】对话框中选择要添加的按钮图像，如图 8-26 所示。

❸ 单击【确定】按钮，在打开的【标签输入辅助功能属性】对话框中进行相应的设置，单击【确定】按钮，即可完成图像域的添加，如图 8-27 所示。

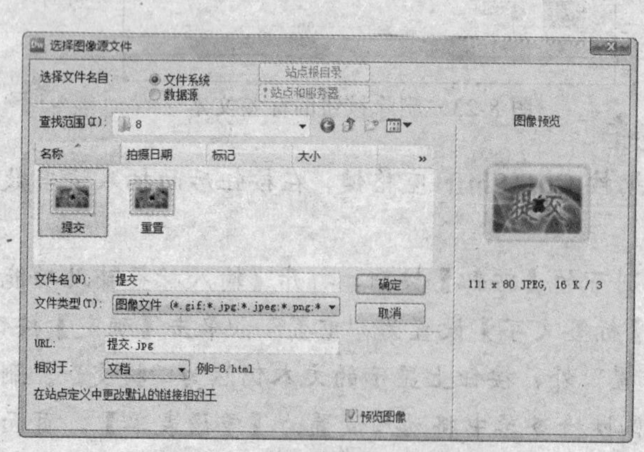

图 8-26　选择要作为图像域的图片

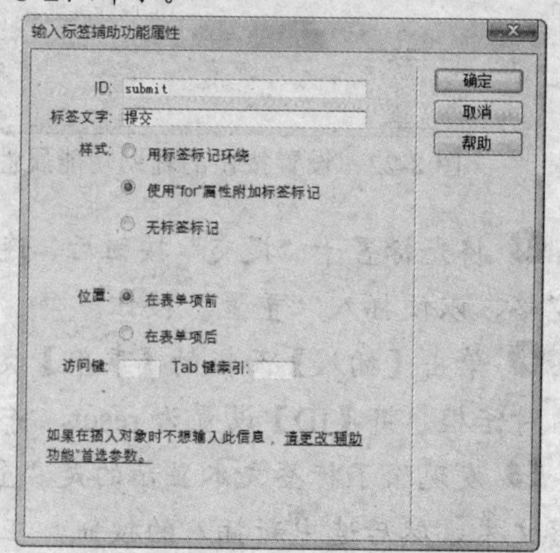

图 8-27　设置【标签输入辅助功能属性】对话框

❹ 在表单中删除图像域旁边的文字标签，然后在属性检查器中输入图像域的名称，在

【替换】文本框中输入当图像域不能正常显示时，当光标移到该图像上所显示的提示文本，如图 8-28 所示。

图 8-28 设置图像域的属性

❺ 用同样的方法插入并设置要作为重置表单按钮的图像域，得到的最后效果如图 8-29 所示。保存页面。

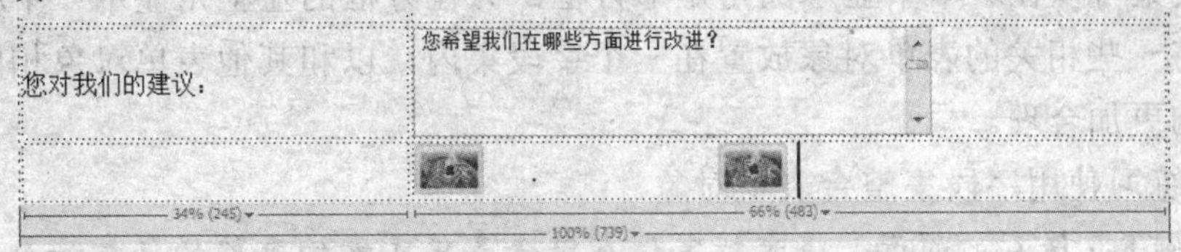

图 8-29 使用图像域作为表单按钮

3. 跳转菜单

使用跳转菜单可以创建到 Web 站点内文档的链接、其他 Web 站点上文档的链接，以及电子邮件链接、图形链接等。选择跳转菜单中的任意一项，就可跳转到相应的页面。跳转菜单可以位于表单中，也可以位于页面中的其他位置。

将光标定位到要添加跳转菜单的位置，单击【插入】面板的【表单】类别下的【跳转菜单】按钮，打开【插入跳转菜单】对话框。在【文本】文本框中输入要显示在菜单中的菜单项的名称，如“搜狐”，在【选择时，转到 URL】文本框中输入选择该菜单项后要跳转到的页面，如 http://www.sohu.com。单击【添加】按钮 ，可增加一个菜单项，用同样的方法完成菜单项的设置，如图 8-30 左图所示。

选中【更改 URL 后选择第一个项目】复选框，表示选择跳转菜单中的菜单项后，执行跳转，同时将跳转菜单中的显示恢复为选中第一个菜单项的状态。选中【菜单之后插入前往按钮】复选框，将在跳转菜单后添加【前往】按钮。当用户添加【前往】按钮后，即可按菜单项的设置进行跳转。设置完成后，单击【确定】按钮，页面中插入的跳转菜单如图 8-30 右图所示。

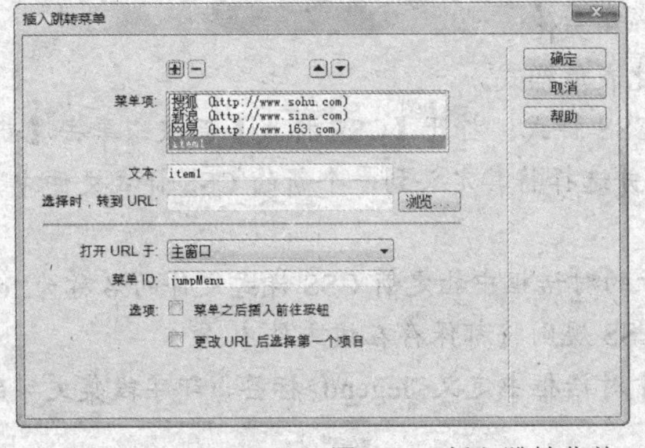

图 8-30 插入跳转菜单

8.3 设 计 表 单

通过 8.2 节的学习，用户已经可以制作一个较为完整的表单了。但这样的表单却是完全没有样式的。下面介绍如何通过使用字段集和 CSS 规则使表单具备更好的可读性和可理解性。

8.3.1 使用字段集整合表单对象

使用字段集可以在表单中显示圆角矩形方框，并在方框的左上角显示一个标题文件。这样就可以将一些相关的表单对象放置在一个字段集内，以和其他表单对象相区别，从而使表单的结构更加合理。

例 8-9 练习使用字段集整合表单对象。

❶ 打开例 8-7 保存的页面。将光标定位在包含表单元素的表格的任意一个位置，在标签选择器中选中标签<table#formTable>。

❷ 在【插入】面板的【表单】类别下单击【字段集】按钮，当出现【字段集】对话框后，在【标签】文本框中输入“读者反馈卡”，单击【确定】按钮。Dreamweaver 会在表格左上角用一个带标签的细边框来嵌套整个表格，如图 8-31 所示。

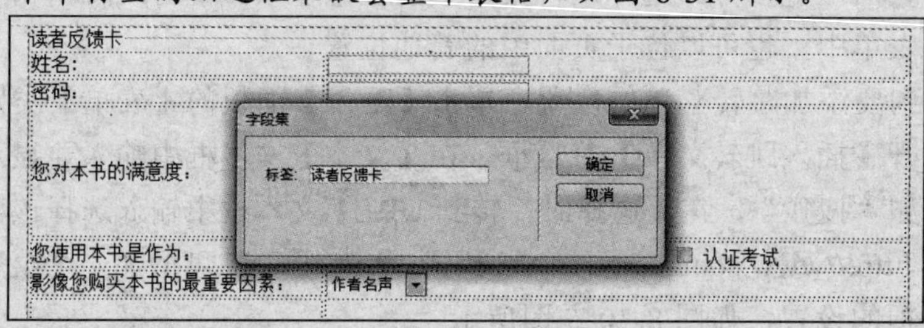

图 8-31 为整个表格使用字段集

❸ 保存页面。

8.3.2 使用 CSS 规则美化表单

虽然表单中的表单对象有不同的类型，但由于它们的一些共同特性，使得用户可以通过定义 CSS 规则来对它们进行统一和美化。

例 8-10 使用 CSS 规则来美化表单样式。

❶ 继续例 8-9。首先来定义 CSS 样式。打开【CSS 样式】面板。单击【新建 CSS 规则】按钮，新建.legend 样式规则，并选择将其定义到一个新的 CSS 样式文件中，如图 8-32 所示。

❷ 单击【确定】按钮，在打开的对话框中指定新 CSS 样式文件的名称为 form.css，并设置其保存路径。此后所定义的 CSS 规则将都保存在该文件中。

❸ 在打开的【CSS 规则定义】对话框中定义<legend>标签，即字段集文字的样式，如图 8-33 所示。

❹ 用同样的方法定义表格样式的 CSS 规则，代码如下，它们分别用于定义表格、表

格的单元格的样式。

图 8-32　将样式规则定义在 form.css 样式文件中

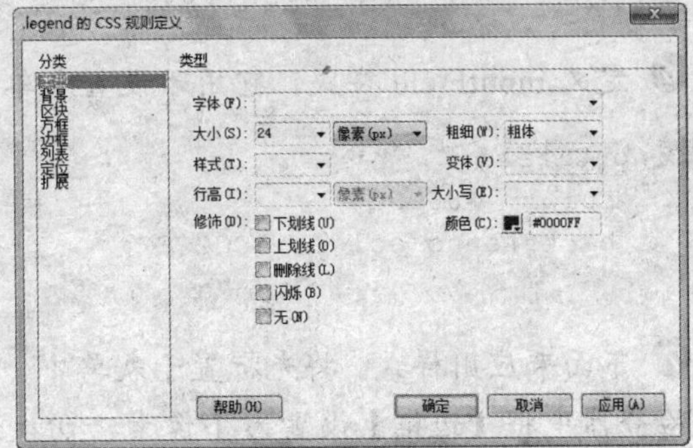

图 8-33　定义.legend 样式规则

```
#formTable{
    font-size: 14px;
    border: 2px solid #000066;
    line-height: 20px;
    width: 700px;
    float: left;
}
#formTable caption {
    font-size: 16px;
    line-height: 22px;
    font-weight: bold;
    color: #FFFFFF;
    text-align: left;
    background-color: #000066;
    text-indent: 10px;
}
#formTable thead {
    font-size: 14px;
    line-height: 22px;
    font-weight: bold;
    color: #000066;
    text-align: left;
    background-color: #CCCCCC;
    text-indent: 10px;
    border-bottom-width: 1px;
    border-bottom-style: solid;
    border-bottom-color: #999999;
}
#formTable td {
    background-color: #FFFFFF;
    text-indent: 10px;
}
```

❺ 定义.formLabel 样式，它用于设置表单对象的标签文本样式。

```
.formLabel {
```

```
    font-weight: bold;
    text-align: right;
}
```

❻ 定义.inputField 样式，它用于设置表单中文本字段的样式。

```
.inputField {
    color: #000000;
    background-color: #CCCCCC;
}
```

❼ 下面来应用样式。将光标置于表单中，在标签选择器中单击<table#formTabel>，在属性检查器中将【边框】设置为 1 像素。切换到【代码】视图中定义 formTabel 的代码部分，添加 ID 属性，如图 8-34 所示。这样前面定义的#formTable、#formTable thead 和#formTable td 便自动应用到表格 formTable 上。

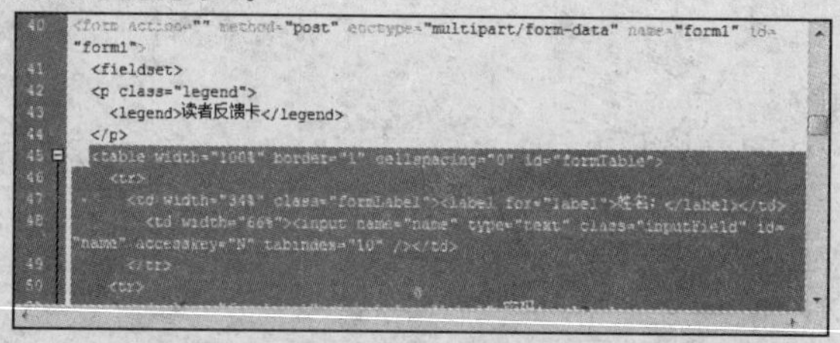

图 8-34　为表格添加 ID 属性以应用样式

❽ 将光标定位到表格的第一个单元格中，然后向下拖动，直到带有“您对我们的建议”标签，然后在属性检查器的【样式】下拉列表框中选择 formLabel，此时所有的标签都用粗体显示，并对齐到了各自表格单元格的右边，如图 8-35 所示。

❾ 选择“姓名”右侧的文本输入框，在属性检查器的【类】下拉列表框中选择 inputField，用同样的方法为“密码”、“您对我们的建议”右侧文本框应用 inputField 样式，效果如图 8-36 所示。

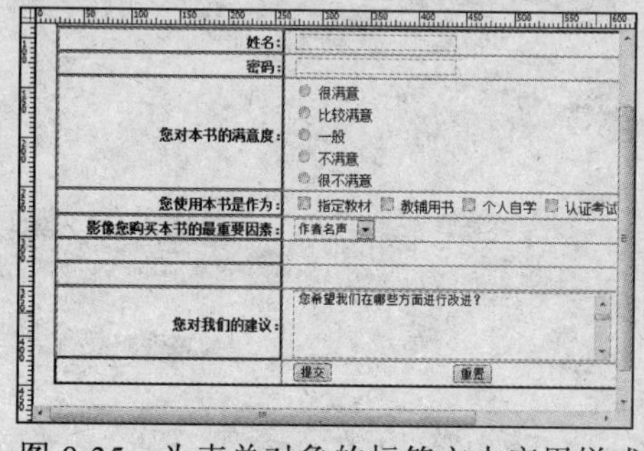

图 8-35　为表单对象的标签文本应用样式

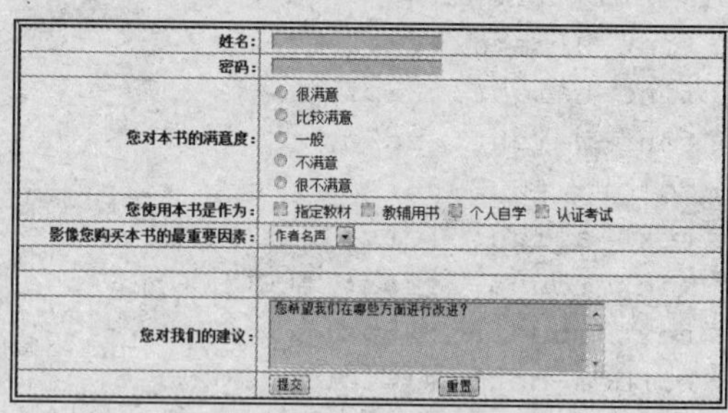

图 8-36　为文本输入框应用样式

❿ 将光标定位到“读者反馈卡”处，在属性检查器的【样式】下拉列表框中选择 legend，按 F12 键预览页面，Dreamweaver 会提示是否保存修改，单击【是】按钮，效果如图 8-37 所示。

读者反馈卡

姓名：	
密码：	
您对本书的满意度：	◎ 很满意 ◎ 比较满意 ◎ 一般 ◎ 不满意 ◎ 很不满意
您使用本书是作为：	☐ 指定教材 ☐ 教辅用书 ☐ 个人自学 ☐ 认证考试
影像您购买本书的最重要因素：	作者名声 ▾
您对我们的建议：	您希望我们在哪些方面进行改进？
	提交 重置

图 8-37 表单最终效果

本 章 小 结

表单是网站与访客进行信息交流和互动的主要方式，Dreamweaver 提供了一个强大的表单解决方案，来保证数据的输入和输出一样简便。本章介绍了表单的交互过程和设计方法，重点介绍表单对象的添加方法。通过本章的学习，读者应掌握表单的制作方法，并学会使用 CSS 设计其样式。关于表单与后台数据库的交互，请读者参阅相关高级书籍。下一章向读者介绍如何组建 Dreamweaver 站点。

习 题

填空题

1. Internet 上存在着大量的表单，它是网页与访客的一种交互界面，主要用于________，也可以用于实现搜索。
2. 表单在 HTML 代码中使用________标签来标记。
3. 将表单中的数据传递给服务器的方式包含 GET 和 POST 两种，通常使用的是________。
4. 在添加表单对象之前，为了给表单一个总体的结构外观，设计者通常是插入一个________来容纳各种表单对象。
5. 利用________，访客可以将本地的文件上传到服务器上。
6. 使用________可以在表单中显示圆角矩形方框，并在方框的左上角显示一个标题文件。

选择题

7. 当需要访客从大量选项中互斥地选择一个时，可以使用(　)来实现。

   A. 文本框　　B. 密码框　　C. 单选按钮　　D. 复选框

8. 关于表单，下列说法正确的是(　)。

   A. 在 Dreamweaver 中，可以在网页的局部使用表单，但不能将整个页面作为表单。

   B. 表单只能通过内置的按钮来进行提交或重置。

C. 表单的具体功能是通过表单对象来实现的。

D. 跳转菜单只能位于表单中。

简答题

9. 在 Dreamweaver 中，如何对表单启用辅助功能属性？

10. 标准文本字段与文本区域之间的区别是什么？

11. 单选按钮与复选框的主要区别是什么？

上机操作题

12. 创建图 8-38 所示的表单。

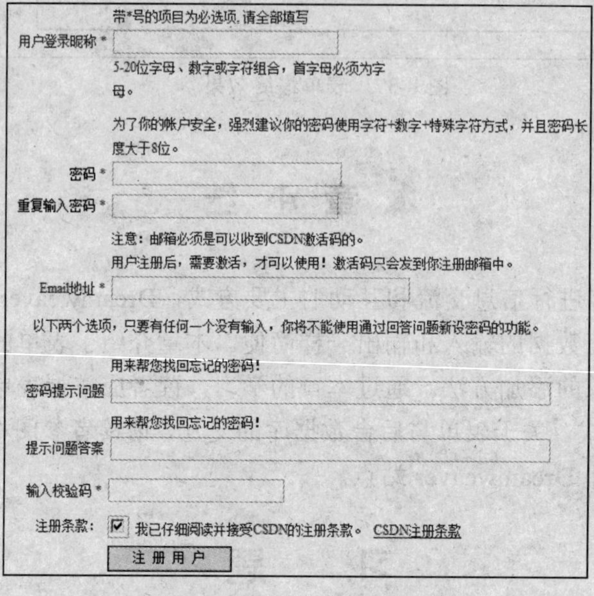

带*号的项目为必选项，请全部填写
用户登录昵称 *
5-20位字母、数字或字符组合，首字母必须为字母。
为了你的帐户安全，强烈建议你的密码使用字符+数字+特殊字符方式，并且密码长度大于8位。
密码 *
重复输入密码 *
注意：邮箱必须是可以收到CSDN激活码的。
用户注册后，需要激活，才可以使用！激活码只会发到你注册邮箱中。
Email地址 *
以下两个选项，只要有任何一个没有输入，你将不能使用通过回答问题新设密码的功能。
用来帮您找回忘记的密码！
密码提示问题
用来帮您找回忘记的密码！
提示问题答案
输入校验码 *
注册条款： ☑ 我已仔细阅读并接受CSDN的注册条款。 CSDN注册条款
注 册 用 户

图 8-38　要设计的表单效果

第 9 章

组建 Dreamweaver 本地站点

本章介绍网站的相关知识，以及如何在 Dreamweaver 中组建 Web 站点。通过本章的学习，应该完成以下学习目标：

- 了解网站的空间和域名
- 了解网站的设计流程
- 了解 Dreamweaver 中的站点类型
- 学会规则和设计站点的结构
- 学会创建和管理 Dreamweaver 本地站点

9.1 建站前的准备知识

一个或多个网页通过链接联系起来就构成了站点。在创建站点之前，用户需要了解一下网站的基础知识，包括网站的空间、域名、设计流程，以及 Dreamweaver 中的站点类型等。

9.1.1 网站的空间和域名

网站要在 Internet 上存在，必须有一个存储网站内容的空间。同时，还要有一个用于访问该网站的域名。

对于空间，现在免费的越来越少了，大部分的空间都是收费的，并且价格也是千差万别。用户可以根据需要选择适合自己的空间服务商。根据不同的要求，空间分为静态网页空间和动态网页空间两种。前者可以存储普通的 HTML 网页，后者则可以存储采用 ASP、JSP 等服务器技术的网页。

通常情况下，空间服务商都提供 FTP 网页上传服务。FTP 是 File Transfer Protocol(文件传输协议)的缩写，顾名思义，就是专门用来传输文件的协议。也就是说，通过 FTP 可以在 Internet 上的任意两台计算机间互传文件。对于 FTP，服务商会提供一个 FTP 的地址、用户名以及密码。通过这些信息，用户就可以登录到自己的空间，进行各种文件操作。

要登录到自己的空间，用户可以使用 CuteFTP、FTPXP 等 FTP 软件，也可以使用 Dreamweaver 的站点管理功能。

域名类似于 Internet 上的门牌号码，是用于识别和定位 Internet 上计算机的层次结构式字符标识，与该计算机的 IP 地址相对应。但相对于 IP 地址，域名更便于理解和记忆。按照所处级别的不同，域名可分为顶级域名(.com)、二级域名(sohu.com)、三级域名(news..sohu.com)和四级域名等。顶级域名又可分为国际域名和国内域名两类。

国际域名也称为机构性域名，其顶级域表示主机所在机构或组织的类型，只有国际性的企业或机构才使用国际域名。国际域名目前有 8 个：

- 商业性公司“.com”
- 网络技术公司“.net”
- 非营利机构“.org”
- 美国教育机构“.edu”
- 美国军事组织“.mil”
- 美国政府机关“.gov”
- 政府间根据国际条约成立的组织“.int”
- 美国军方保留域“.arpa”

除了“.int”和“.arpa”外，其他国际域名都归国际域名地址管理机构统一管理。目前全球共有 121 家国际域名注册商，有 62 家可以运行，亚洲有 9 家。

国内域名也称为地理性域名，其顶级域表示主机所在地区的国家代码。如“.cn”表示中国，“.uk”表示英国，“.it”表示意大利等。在中国注册的域名顶级域为 cn，我国的二级域名又分为类别域名和行政域名两类。类别域名有 6 个，分别是：ac(科研机构)、com(企业)、gov(政府机构)、net(信息中心)、org(非营利性组织)和 edu(教育机构)。行政域名有 34 个，分别对应于我国各省、自治区、直辖市。顶级域 cn 下的域名由中国互联网络信息中心管理。

网站可以注册两种类型的域名，一种是使用国际通用顶级域名，如 www.slsdi.com，由国际域名管理机构负责受理；另一种是使用中国通用域名，如 www.slsdi.com.cn，由中国互联网络信息中心管理。

注意：域名注册遵循的是“先申请先注册”的原则，没有预留服务，因而，一旦确定好合适的域名后，就应马上注册。

9.1.2 网站的设计流程

使用 Dreamweaver CS4 制作网站时，可以将整个网站的设计与开发过程分为站点分析、内容实现、宣传发布、管理与维护这 4 个阶段。

1. 站点分析阶段

在站点分析阶段，网站制作者应根据网站的功能需求确定网站的主题、规划站点地图(Site Map)和设计内容结构页面，并以此为依据收集与整理相关的资料素材。

- 确定网站的主题：确定网站的主题是网站命名与题材选择的基础。这项工作需要进行大量的市场调研和咨询，并通过论证分析确认最终选题的可行性。这一步是整个网站需求分析阶段中最重要的一环，因为网站主题生命力是否强壮，将最终影响网站的受欢迎程度。
- 规划站点地图：所谓规划站点地图就是设计网站的链接结构。比较好的网站链接结构应该与树型网站目录结构相结合，并满足以下条件：
  - ◊ 网站首页中的链接指向站点内所有的栏目频道的主页。

◊ 网站首页一般不直接链接站点内具体的内容页，除非是为了突出显示主题非常想推出的几个特殊页面。
◊ 在网站中所有栏目频道的主页都能链接到其他的栏目频道主页。
◊ 网站中所有的栏目频道主页都有能返回网站首页的链接。
◊ 网站中所有的栏目频道主页都拥有打开属于自己本身频道内容页的链接。
◊ 网站栏目频道主页一般链接向属于其他栏目频道的内容页。
◊ 网站中所有的内容页都有返回网站首页的链接。
◊ 网站所有的内容页都有打开自己的上一级栏目频道主页的链接。
◊ 网站的内容页可以拥有访问与自己处于同一个栏目频道下的其他内容页的链接。
◊ 网站的内容页在某些情况下，可以适当地以关键词的形式链接向其他栏目频道的内容页。

- 设计内容结构页面：内容结构页面能够反映网站需求的结构图，它是实施网站内容实现阶段时制作具体站点内容页面的重要参考。
- 资料收集与整理：在确定了网站的主题和结构后，下面就可以开始着手收集各种相关的资料。在收集网站建设资料素材的过程中，用户可以依据网站的内容结构对所有收集到的资料进行分类整理。

2. 内容实现阶段

在网站的主题、结构被确定后，就可以开始正式实施网站的建设了。根据站点分析阶段完成的各项准备素材制作一个网站，一般包括以下 4 个步骤。

- 创建与规划站点：就是建立本地站点开发环境，并根据站点分析阶段确定的网站链接结构，规划网站目录结构。
- 创建与设计网页框架：就是在网站的目录中分别创建属于各目录的网站栏目页面，并设计具体网页页面的布局与色彩搭配，设置页面的属性。
- 填充和设置网页内容：包括在页面中插入文本、音乐、图像、动画等页面元素，以及设置这些页面元素的页面效果。网站的内容是网站成功的关键，如果网站没有吸引人的内容，那么将影响到网站的浏览量，因此这一步是整个内容实现阶段中最关键的一步。
- 设置页面动态效果：在 Dreamweaver CS4 开发环境中设置页面动态效果包括创建网站的数据库连接、创建数据源、插入动态页面元素、设置服务器行为等具体的操作。这一步主要是制作网站中例如用户注册系统、用户登录系统或留言簿系统的具体页面。

3. 宣传发布阶段

整个站点编辑完成后，需要在服务器上测试发布。在这一阶段中用户可以根据客户端要求，或具体浏览器的需求等对站点进行最终的测试和编辑。在完成网站的发布工作后，可以利用加入搜索引擎或预定板块等方式，在网络中对网站进行宣传，吸引更多的网络用户访问网站。

4. 管理和维护阶段

网站发布以后，只有经常性地对网站内容进行维护和更新，在原有内容基础上不断添加新的内容，如开辟新的栏目、增加新的服务，或者增加更多的互动效果等，才能使网站更加合乎潮流，跟上时代发展的步伐。另外，当前的网页设计技术发展很快，只有不断采用新技术更新和升级网站，才能使网站拥有更好的用户体验，满足浏览者不同的需求。因而，网站的建设是一个长期的过程，而不可能一劳永逸。

9.1.3 了解 Dreamweaver 站点

Dreamweaver 站点由本地文件夹、远程文件夹和测试服务器文件夹 3 部分组成(如图 9-1 所示)，其具体结构取决于开发环境和所开发的 Web 站点类型。

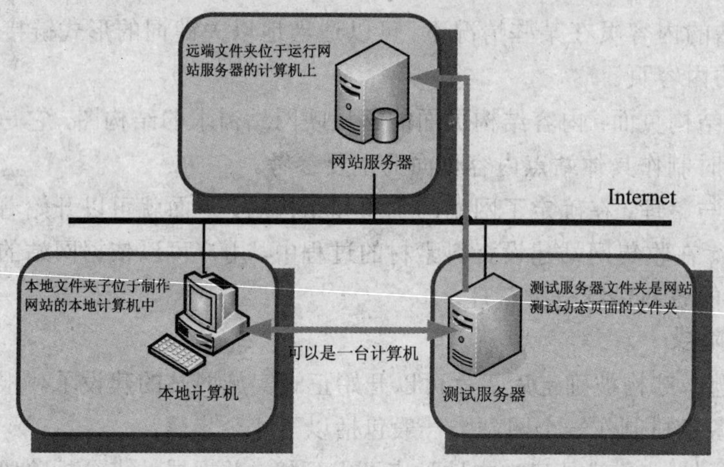

图 9-1 本地文件夹、远程文件夹和测试服务器文件夹

- 本地文件夹：本地文件夹是网站制作者的工作目录，Dreamweaver 将该文件夹称为“本地站点”。该文件夹可以位于本地计算机上，也可以位于网站服务器上。它是 Dreamweaver 站点所处理的文件的存储位置。用户只需建立本地文件夹即可定义一个 Dreamweaver 站点。但若要向网站服务器传输文件或开发网页应用程序，则还需要添加设置远程站点(文件夹)和测试服务器信息。
- 远程文件夹：远程文件夹位于运行网站服务器的计算机上，又称“远程站点”。该文件夹负责存储用于网站测试、生产和协作的网站文件。Dreamweaver 站点的远程文件夹和本地文件夹使站点开发者能够在网站服务器和本地计算机之间传输和管理站点中的文件。
- 测试服务器文件夹：测试服务器文件夹是 Dreamweaver 处理动态页面的文件夹，又称为“测试站点”。在 Dreamweaver 中使用 ASP 或 PHP 等服务器技术开发动态网页时，需要测试服务器的服务以便在工作时生成和显示动态内容。测试服务器可以是本地计算机、网站服务器、中间服务器或生产服务器。只要该测试服务器可以处理用户计划开发的动态页类型，选择哪个就无关紧要。

注意：远程文件夹结构与本地文件夹结构必须完全匹配，否则，Dreamweaver 会将文件上传到错误的位置，站点的访问者将无法看到这些文件，图像和链接路径也可能被破坏。

9.2 创建 Dreamweaver 站点

创建网站的第一步是规划站点的结构，然后在本地计算机上搭建站点，设计网页内容，成功后再上传到服务器上。

9.2.1 规划网站的结构

网站的结构包括目录结构和链接结构，这两种结构之间既有区别又有联系。其中，链接结构建立在目录结构之上，并反映网站的目录结构。

目录结构是指网站的各种文件在服务器上存储的方式，对于访客而言，它是不可见的。初学者在建立站点时往往文件存放得一团糟，虽然网站建立后也能正常运行，但在扩展和维护时非常困难。在规划网站的目录结构时应遵循以下原则：

- 不要用一个目录存放整个站点的文档，而应使用子目录分类保存网站栏目内容文档。将所有网站文件都放在根目录下，容易造成网站文件管理混乱和上传更新站点文件时速度缓慢等问题。因此，在规划网站目录结构时，应尽量减少网站根目录中的文件存放数量。要根据网站的栏目在网站根目录中创建相关的子目录，例如企业站点可以按网站首页中的公司简介、产品介绍、价格查询、在线订单，反馈联系等栏目建立相应站点目录。
- 在站点的每个栏目目录下都建立 Image、Music 和 Flash 目录，以存放图像、音乐、视频和 Flash 文件。这样可以方便用户在管理网站文件时，正确区分具体网站素材文档的确切位置。
- 避免目录层次太深。网站目录的层次最好不要超过 3 层，因为太深的目录层次不利于维护与管理。
- 不要使用中文作为目录名。使用中文作为站点目录名称可能会影响网站网址的正确显示。因此，在规划网站目录结构时用户应尽量避免使用中文作为站点目录名。
- 避免使用太长的站点目录名。长目录名不容易被记住，用户在规划时应尽量使用简短有效的单词作为目录名称，以方便日后查找与管理。
- 使用意义明确的字母作为站点目录名称。例如使用 HTML、Database、Image 或 ASP 等意义明确的字母作为站点目录的名称，既容易识别又容易记忆，能够方便用户的管理操作。

链接结构是网站在运行时所抽象出来的基于目录结构的拓扑结构，访客可通过站点提供的站点地图来获取。通常，网站的链接结构包括树状链接结构和星型链接结构，在规划站点链接时应混合应用这两种链接结构设计站点内各页面的链接，尽量使网站的浏览者既可以方便快捷地打开自己需要访问的网页，又能清晰地知道当前页面处于网站内的确切位置，例如在网站的首页和站点内的一级页面之间使用星型链接结构，一级和二级页面之间使用树状链接结构，如图 9-2 所示。

在图 9-2 所示的网站中的首页、家庭影院、诗意长廊、情感测试、经典搞笑、动画欣赏等页面之间采用星型链接结构，互相之间可以通过链接直接到达。而家庭影院和诗意长廊页面和它们的子页面之间则采用树状链接结构，用户在访问了 Poem1 后，需要返回家庭影院页面才能访问 Poem2 页面或 Poem3 页面。

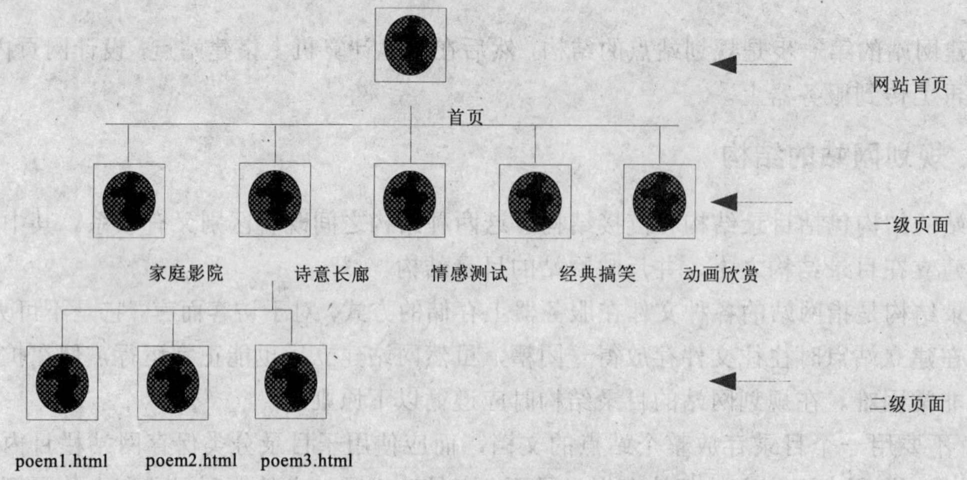

图 9-2　网站的链接结构

9.2.2　创建 Dreamweaver 本地站点

站点规划完成后，即可在 Dreamweaver 中进行本地站点的创建，实际上就是建立 Dreamweaver 站点的工作目录，创建本地文件夹的存储位置。

例 9-1　创建 Dreamweaver 本地站点。

❶ 启动 Dreamweaver CS4 后，选择【站点】|【新建站点】命令，打开站点定义向导，如图 9-3 所示。输入站点的名称，如"花蝶古"。

❷ 单击【下一步】按钮，如果网页要使用诸如 ASP、PHP 等服务器技术，请选中【是，我想使用服务器技术】。这里选中【否，我不想使用服务器技术】，这样一来创建的为静态站点，如图 9-4 所示。

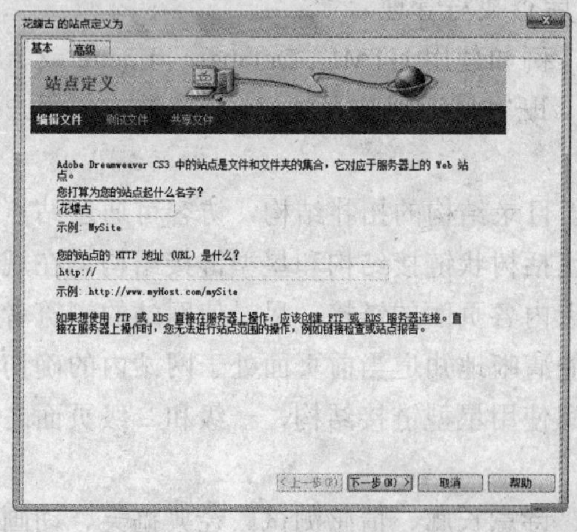

图 9-3　为网站命名

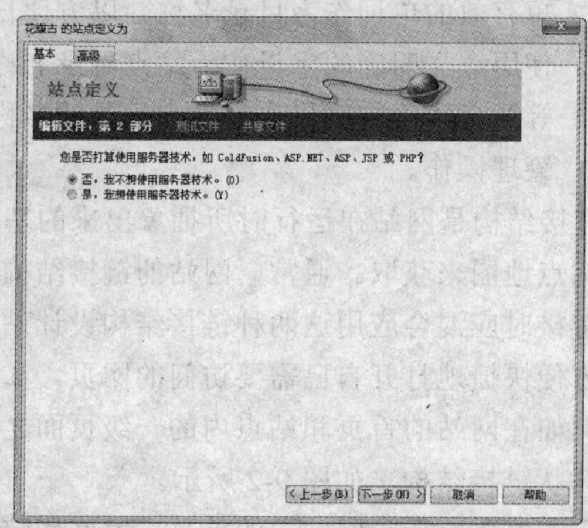

图 9-4　选择是否使用服务器技术

❸ 单击【下一步】按钮，选择如何创建站点，是首先在本地完成后再上传还是直接在服务器上进行编辑。建议先在本地编辑并调试好后，再将站点上传到远程服务器上。这里选择【编辑我的计算机上的远程副本，完成后再上传到服务器】方式。然后设置本地文件夹的存储位置，如图 9-5 所示。

❹ 单击【下一步】按钮，选择如何连接到远程服务器，这里选择【无】方式，如图 9-6 所示。

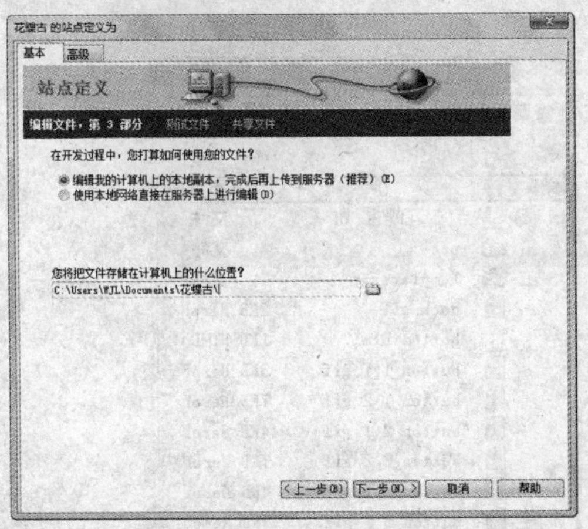

图 9-5 选择如何编辑站点以及站点的存储位置

图 9-6 选择如何连接到服务器

❺ 单击【下一步】按钮，确认本地站点的信息是否有误，可单击【上一步】按钮重新设置。如果无误，单击【完成】按钮，即可完成本地站点的创建，如图 9-7 所示。

提示：用户也可以切换到【高级】选项卡，快速完成对【本地信息】的设置，如图 9-8 所示。

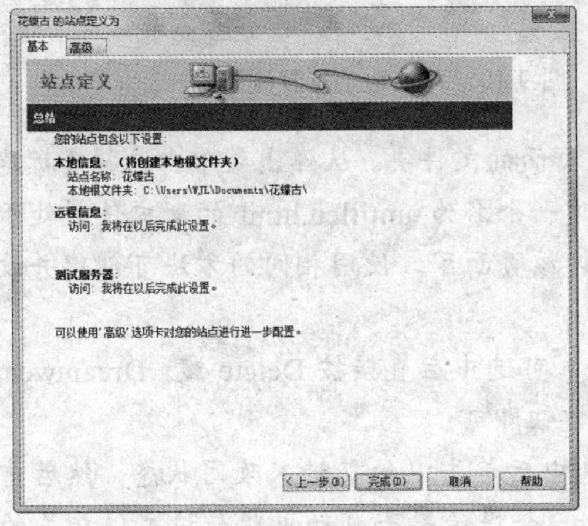

图 9-7 完成本地站点的创建

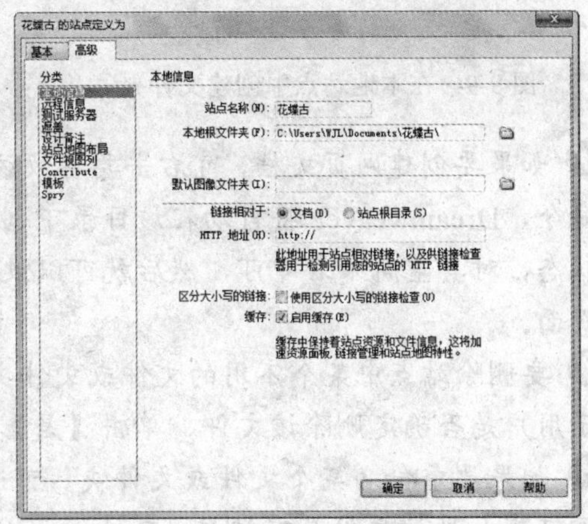

图 9-8 【高级】选项卡

9.2.3 创建和管理本地文件、文件夹

本地站点创建好后，用户即可根据站点规划来创建各个频道或栏目文件夹，以存储相关的文件和资源。

例 9-2 在本地站点中新建和管理文件夹、文件。

❶ 继续例 9-1。选择【窗口】|【文件】命令，打开【文件】面板。在站点根目录上右击鼠标，从弹出的快捷菜单中选择【新建文件夹】命令，如图 9-9 所示。

❷ Dreamweaver 将自动在站点根目录下创建一个名为 untitled 的新文件夹并处于可编辑状态，重命名文件夹后，按 Enter 键确认即可。

❸ 用同样的方法完成其他文件夹的创建，然后将相关的资源(如图片等)复制到相关的文件夹中，如图 9-10 所示。

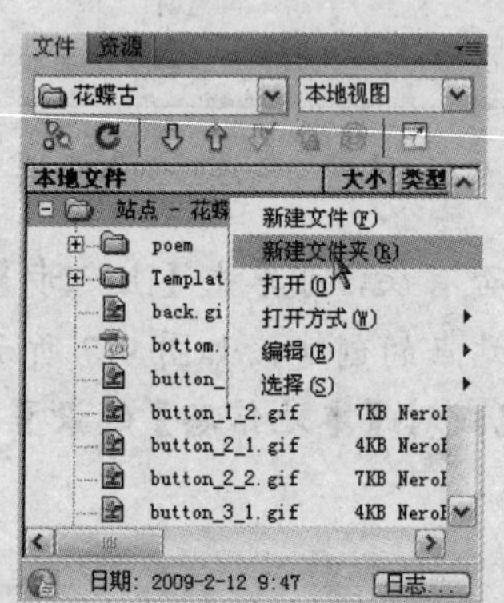

图 9-9 在本地站点中创建文件夹

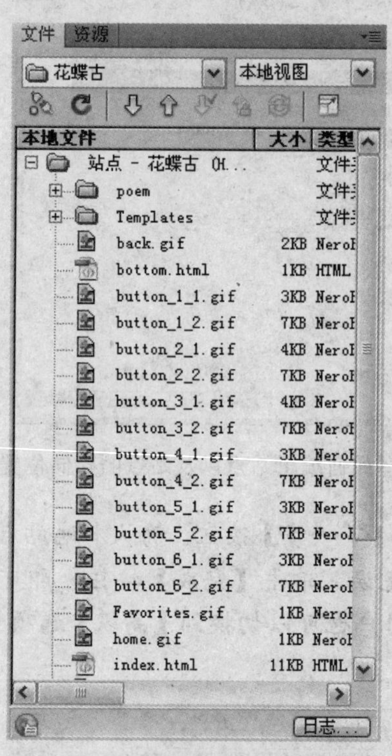

图 9-10 向本地站点复制资源

❹ 如果要创建网页文档，可右击要存放该页面的文件夹，从弹出菜单中选择【新建文件】命令，Dreamweaver 将自动在该目录下创建一个名为 untitled.html 的新文件并处于可改写状态，对其重新命名即可，然后就可以设计该页面了。使用相同的方法可创建并设计其他页面。

❺ 要删除站点中某个不用的文件或文件夹，可选中后直接按 Delete 键。Dreamweaver 会提示用户是否确定删除该文件，单击【是】按钮即可。

❻ 如果要重命名某个文件或文件夹，可选中后单击以使其进入改写状态，然后重新命名即可。如果该文件具有链接，Dreamweaver 会提示是否自动更新与该文件相关的所有链接。

❼ 如果要编辑某个页面文档，直接双击即可在【设计】视图中打开它。

9.2.4 管理 Dreamweaver 本地站点

本地站点创建完成后，如果需要修改站点的设置，例如需要创建测试站点、远程站点等，则可以对站点进行重新设置。

选择【站点】|【管理】站点命令，打开【站点管理】对话框，如图 9-11 所示。选择要编辑的站点，单击【编辑】按钮，即可重新打开【站点定义为】对话框，可对站点的本地信息、远程信息、测试服务器等进行重新设置。

如果站点已经制作并上传成功，可以将其从 Dreamweaver 本地站点列表中删除。在【管理站点】对话框中选择要删除的站点，单击【删除】按钮，在打开的提示框中单击【是】按钮即可，如图 9-12 所示。

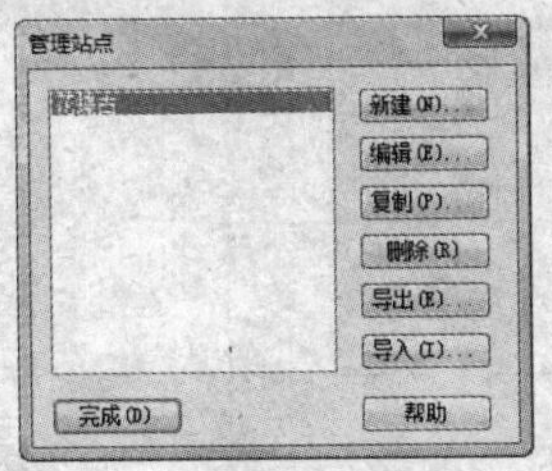

图 9-11　【管理站点】对话框

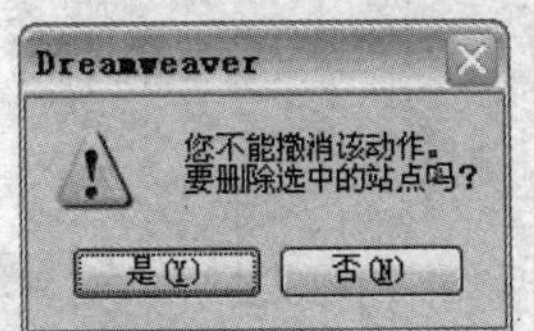

图 9-12　删除 Dreamweaver 本地站点

本 章 小 结

多个网页通过链接并形成了网站，网站是对网页和资源的有效组织。Dreamweaver 提供了强大的建站和站点管理功能。本章重点介绍本地站点的创建和管理方法，因为通常情况下，设计者都是先在本地对网站进行设计和调试，之后才将其上传到网站服务器上。学习完本章之后，用户就可以通过建立网站来对网页文件和资源进行管理了。下一章向读者介绍如何通过 Dreamweaver 的框架和模板功能来实现“花蝶古”站点的具体内容。

习　　题

填空题

1. 网站要在 Internet 上存在，必须有一个存储网站内容的________。同时，还要有一个用于访问该网站的________。
2. 在网站的________和________被确定后，就可以开始正式实施网站的建设了。
3. Dreamweaver 站点由________、________和测试服务器文件夹 3 部分组成，其具体结构取决于开发环境和所开发的 Web 站点类型。
4. 网站的结构包括________和________，这两种结构之间既有区别又有联系。

简答题

5. 什么是网站的域名？
6. 简述 Dreamweaver 的站点类型。

上机操作题

7. 参考图 9-13 所示的一个房企网站，对该站点进行规划。

欢迎页面	片头动画	首页	栏目	子栏目
			公司介绍	绿城集团 新湖中宝 海宁绿城新湖房地产开发有限公司
			新闻中心	
			项目概况	项目概况 项目解析
			规划设计	城南时代 园区规划
			建筑设计	多层公寓 精品公寓 庭院别墅 独栋别墅 小院别墅 公建
			环境景观	地理位置 园区景观
			物业配套	区域配套 园区配套 物业管理
			经典户型	多层公寓户型 精品公寓户型 独栋别墅户型 小院别墅户型
			精英团队	
			平面展示	

图 9-13 站点规划草图

第 10 章

使用框架、模板和库

本章主要介绍如何使用 Dreamweaver 的框架和模板功能，以实现第 9 章创建的“花蝶古”网站的具体内容。通过本章的学习，应该完成以下**学习目标**：

- ☑ 了解框架和框架集
- ☑ 了解 Dreamweaver 预置的框架布局
- ☑ 学会创建和编辑框架页面
- ☑ 掌握模板的创建和编辑方法
- ☑ 学会为网页应用模板
- ☑ 掌握模板的管理方法
- ☑ 了解嵌套模板
- ☑ 了解并学会使用库

10.1 使 用 框 架

通过框架，用户可以十分方便地实现网页的定位。与其他定位方式不同，框架可以将一个页面划分为多个区域，在每个区域显示不同的网页文档。例如，一个框架显示主题列表，而另一个框架则显示单击不同主题时所对应的内容页面，这种情况在聊天室、网上论坛中比较常见，如图 10-1 所示。

图 10-1　框架页面在论坛中的应用

10.1.1 框架和框架集

框架实际上由两部分组成：框架和框架集。框架就是网页中被分割开的各个部分，每部分都是一个完整的页面文档。网页中的各个框架组成框架集。框架集实际也是一个网页文档，用于定义文档中框架的结构、数量、尺寸以及装入框架的页面。因而，框架集并不显示在浏览器中，只是存储了一些框架如何显示的信息。例如，图 10-2 所示的框架页面就包含了框架集和 3 个框架，因此，与之对应的网页文档也就有 4 个。

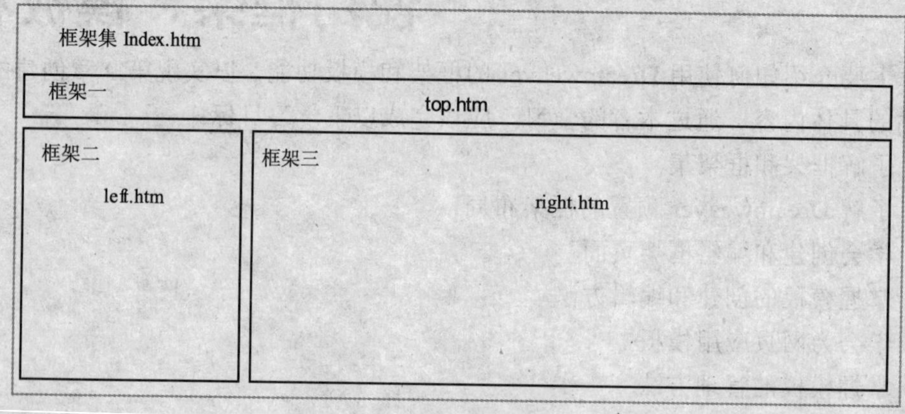

框架集 Index.htm

框架一

top.htm

框架二

left.htm

框架三

right.htm

图 10-2 框架示例

框架集被称为父框架，相应的框架就被称为子框架。当用户将某个页面划分为若干个框架后，既可以独立地操作各个框架，分别创建新文档，也可以为框架指定已经制作好的页面文档。用户可以通过选择【查看】|【可视化助理】|【框架边框】命令来显示或隐藏框架的边框。

框架最常见的用途就是导航，但是设计框架的过程可能比较复杂，并且在许多情况下，通过使用其他技术也可以达到框架页面的效果。

框架技术自从推出以来就成了一个争论不休的话题。一方面，它可以将浏览器显示空间分割成几个部分，每个部分独立显示不同页面，同时对于整个网页设计的整体性的保持也是有利的。但另一方面，对于不支持框架结构的浏览器，页面信息不能正常显示。因而，用户在使用框架页面时，应注意在框架集中提供 noframes 部分，以方便那些不能正常显示框架页面的访客。

10.1.2 创建和编辑框架页面

Dreamweaver CS4 提供了 15 种预置的框架集，以方便用户快速地创建框架页面。用户可通过以下两种方法来使用这些框架集：

- 选择【文件】|【新建】命令，打开【新建文档】对话框。在【示例的页】类别下选中【框架页】选项，在【示例页】列表中单击预置的框架布局，可在右侧预览该框架的布局效果，如图 10-3 所示。单击【创建】按钮，即可基于选择的框架布局创建框架页面。
- 用户也可以在建立网页文档后，单击【插入】面板的【布局】类别下的【框架】按钮组，从弹出的选项中选择要使用的框架布局，如图 10-4 所示。

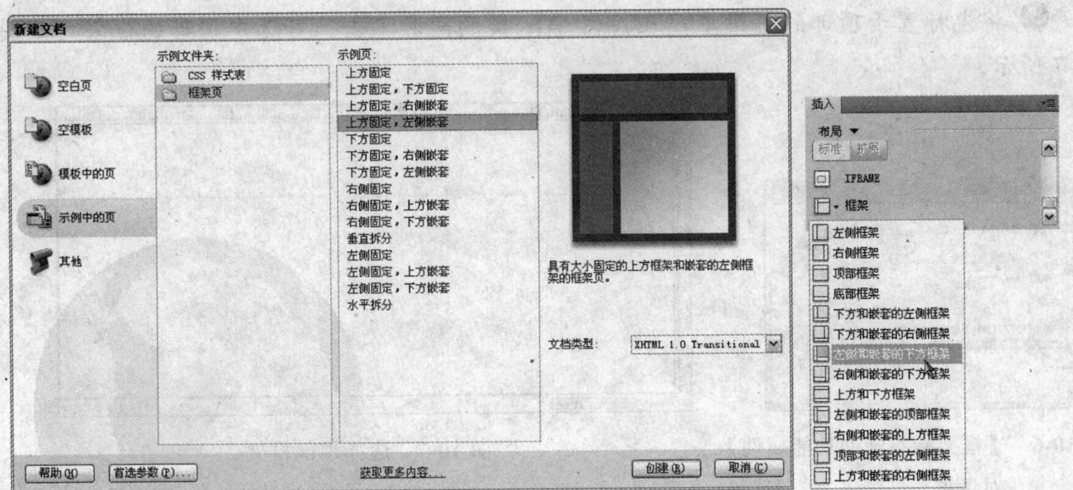

图 10-3　通过【新建文档】对话框创建框架页面　　　图 10-4　通过【框架】下拉按钮创建框架页面

通常情况下，Dreamweaver 预置的框架布局并不能完全满足设计需要。此时，用户可在最接近所需设计的内置框架上进行修改，使之逐步完善并满足设计要求。

例 10-1　创建“花蝶古”站点的 poem.htm 页面。

❶ 启动 Dreamweaver CS4，打开【文件】面板。在顶部的左侧下拉列表框中选择【花蝶古】，在右侧下拉列表中选择【本地视图】，打开“花蝶古”站点。站点的首页已经设计完成，其预览效果如图 10-5 所示。中间的 6 个图片是鼠标经过图像，单击后会链接到不同的页面。“诗意长廊”链接到的即为本例要设计的 poem.htm 页面。

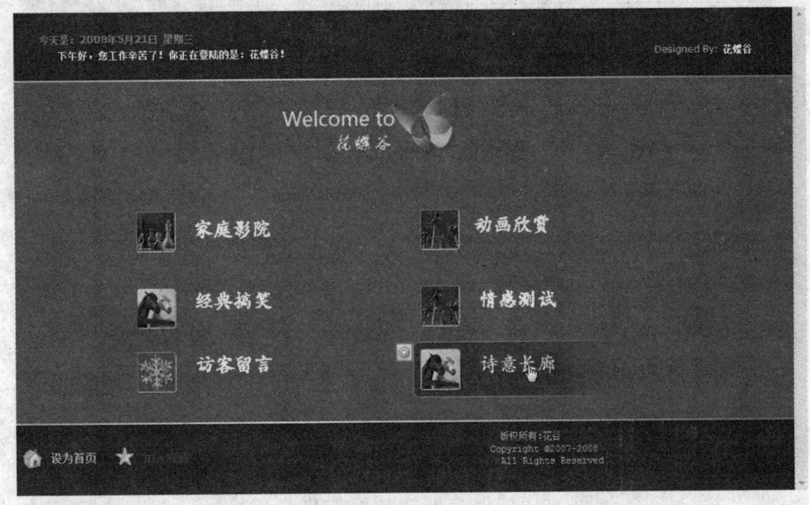

图 10-5　设计好的“花蝶古”站点首页

❷ 选择【文件】|【新建】命令，打开【新建文档】对话框。在【示例的页】类别下选中【框架页】选项，在【示例页】列表中单击【上方固定】选项，单击【创建】按钮。在打开的【框架标签辅助功能属性】对话框中，系统已经为每个框架制定了一个标题，如图 10-6 所示，单击【确定】按钮，即可创建指定布局的框架页面。

❸ 将光标置于顶部的框架中，在按住 Alt 键的同时单击，可选中顶部的框架，如图 10-7 所示。

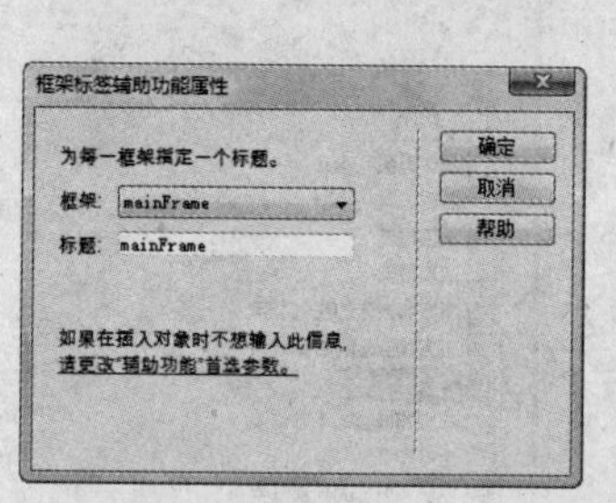

图 10-6 【框架标签辅助功能属性】对话框

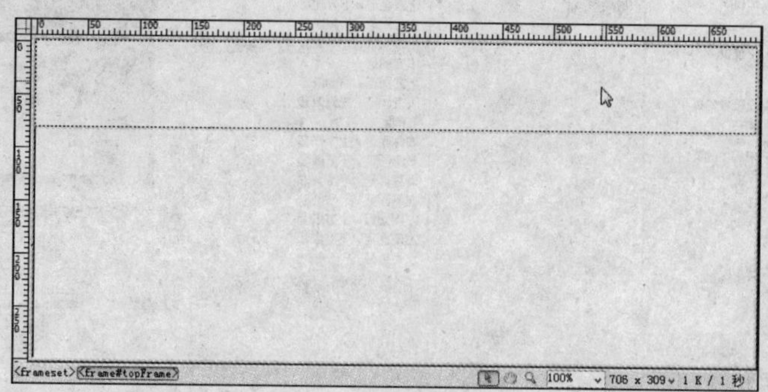

图 10-7 选择顶部框架

❹ 在属性检查器中，用户可以修改框架的名称、边框的颜色，以及是否设置滚动等，如图 10-8 所示。另外，通过【源文件】文本框，可以验证框架是被作为独立页面保存的。

图 10-8 框架的属性检查器

❺ 选择【文件】|【保存全部】命令，会同时将框架集网页文档及其所有的框架网页文档进行保存，如图 10-9 所示。

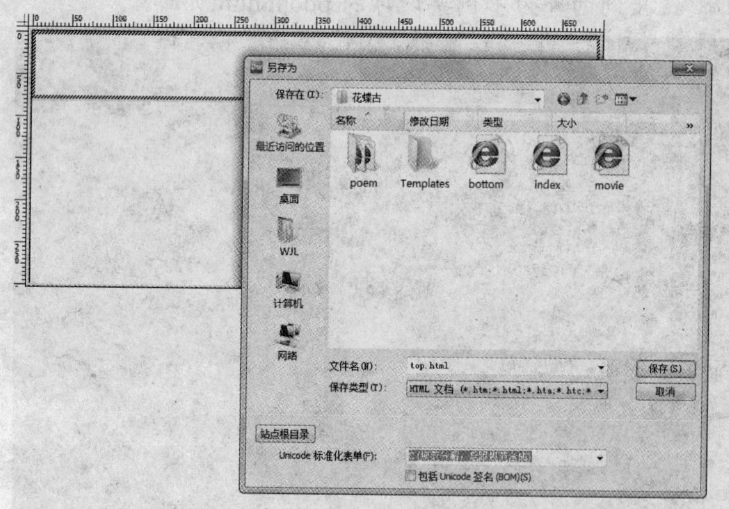

图 10-9 保存框架和框架集

提示：当用户保存框架和框架集时，框架页面中被保存的框架周围会显示黑色边框。很明显，图 10-9 中即将保存的是顶部的框架。【文件】|【保存全部】命令常用于首次对框架及框架集网页文档保存时使用。

❻ 用户也可以单独对框架页面中的某个框架保存。选中该框架后，选择【文件】|【保存框架】命令即可。如果要对框架集保存，可首选单击框架集的边框将其选中(选中的框架

集包含的所有框架边框将呈现虚线，如图 10-10 所示），然后选择【文件】|【保存框架页】命令。

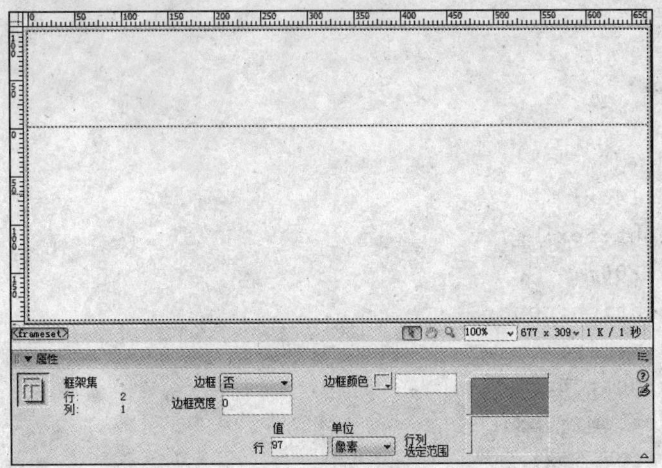

图 10-10　选中整个框架集

❼ 将光标定位到 top.htm 框架页面，单击属性检查器的【页面属性】按钮，为该框架页面设置背景图像，同理，为底部的 bottom.htm 框架页面也设置背景图像，效果如图 10-11 所示。

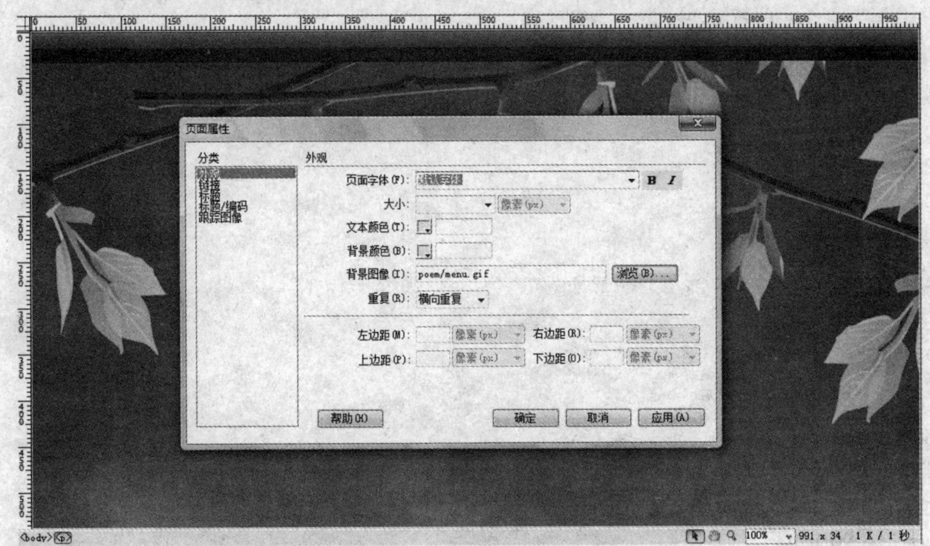

图 10-11　为框架页面设置背景图像

❽ 将光标定位到 top.htm 框架页面，在上面绘制一个 AP Div，将宽度设置为 400 像素，高度设置为 35 像素。在该 AP Div 内插入一个表格，并在表格中插入一个列表。定义 AP Div 及其中列表的 CSS 规则代码如下所示：

```
#apDivmenu{
    width:800px;
    height:30px;
    clear: both;
```

```
    background-repeat: repeat-x;
}
#apDivmenu li{
float:left;
font-size:15px;
}
#apDivmenu li a{
    font-size:14px;
    margin-right:5px;
    color:#CCFF00;
    text-decoration:none;
    padding-top: 0px;
    padding-right: 5px;
    padding-bottom: 0px;
    padding-left: 5px;
}
#apDivmenu li a:hover{
color:#FFFF00;
}
#apDivmenu ul{
    line-height:30px;
    margin-left:25px;
}
#apDivmenu .do a{
background:none;
font-weight:bold;
color:#CCFF00;
text-decoration:none;
}
#apDivmenu .do a:hover{
color:#FFFF00;
}
#apDivmenu {
    position:absolute;
    left:300px;
    top:2px;
    width:400px;
    height:35px;
    z-index:1;
}
```

此时 top.htm 的效果如图 10-12 所示。

欣赏作品一　欣赏作品二　欣赏作品三　欣赏作品

图 10-12　顶部框架 top.htm 的效果

❾ 在 top.htm 中选中文本“欣赏作品一”，在属性检查器中的【链接】文本框设置超级链接，并在【目标】下拉列表框中选择“mainFrame”。这样一来，当访客单击该链接时，链接的目标页面将显示在底部的 bottom.htm 页面中。

❿ 用同样的方法设置“欣赏作品二”、“欣赏作品三”、“欣赏作品四”的超链接。选择【文件】|【保存全部】命令，然后预览页面，效果如图 10-13 所示。

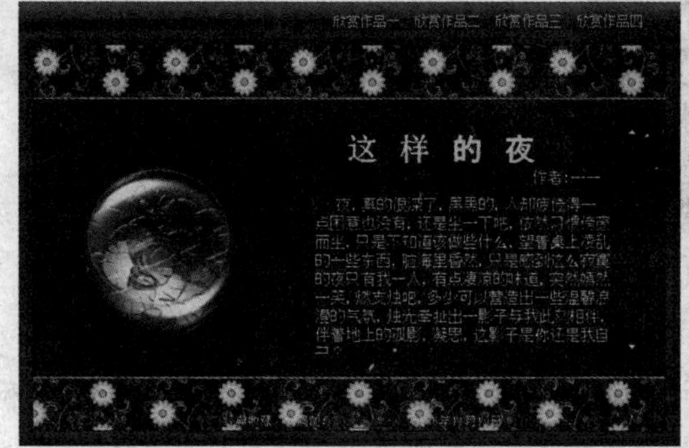

图 10-13　框架页面预览效果

提示：用户可以发现，bottom.htm 中显示的链接页面有很多相似之处，包括布局、背景等。下面将介绍如何使用 Dreamweaver CS4 的模板功能来设计它们，以提高用户的工作效率。

> **在设计过程中，如何拆分框架，或删除某个无用的框架？**
>
> 将光标定位到要拆分的框架中，按住 Alt 键的同时，将光标移到框架边框上，当变成双向箭头时，单击鼠标并拖动至适当位置，即可在该位置将该框架拆分。要删除某个无用的框架，可将光标移到要删除框架的边框，拖动其到页面外即可。

10.2 使 用 模 板

利用模板，对于网页中重复的部分，用户只需制作一次。在基于模板创建网页时，Dreamweaver 会自动生成共用的部分。模板实际上也是网页文档，只是在模板文档中添加了模板标记。在 Dreamweaver 中，模板的扩展名为.dwt，并存放在本地站点的 Template 文件夹中。

10.2.1　创建并编辑模板

用户可以将已经创建好的网页另存为模板，也可以从空白模板开始进行创建。但无论何种方式，用户都需要定义模板中可以编辑的区域，否则基于该模板创建的网页将无法编辑，这也将失去模板应有的作用。

例 10-2　创建并编辑模板。

❶ 首先设计好例 10-1 中“欣赏作品一”所链接的页面，如图 10-14 所示。选择【文件】|【另存为模板】命令，打开【另存为模板】对话框，如图 10-15 所示。

❷ 在【站点】下拉列表框中选择保存模板的站点，输入模板的名称，单击【保存】按

钮，模板文件即被保存在指定站点的 Templates 文件夹中。

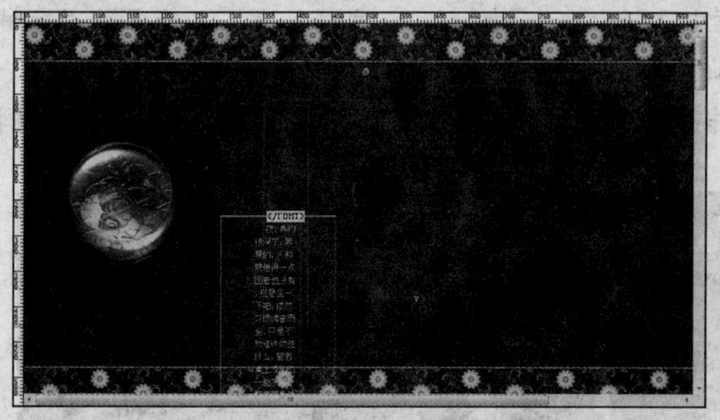
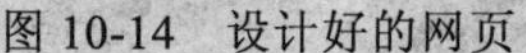

图 10-14 设计好的网页

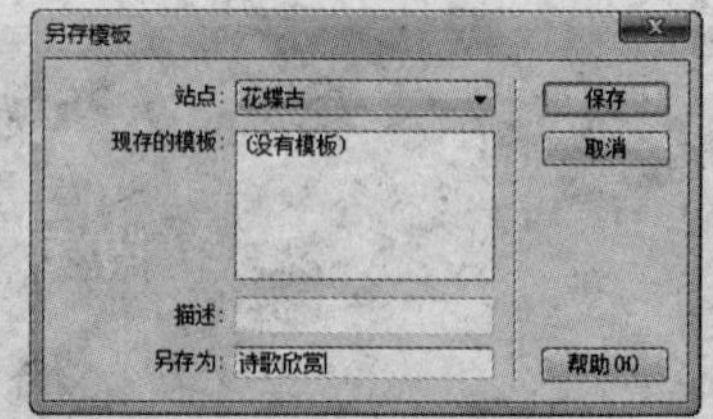

图 10-15 将页面另存为模板

❸ 下面来指定模板中的可编辑区域，即通过模板创建的网页中可以进行添加、修改和删除网页元素的区域。将光标定位到诗歌文本处，在标签选择器选中<table.time#Message>标记，在【插入】面板的【常用】类别下单击【模板】按钮组，从弹出的菜单中单击【可编辑区域】命令，在打开的【新建可编辑区域】对话框中对该区域进行命名，如图 10-16 所示。

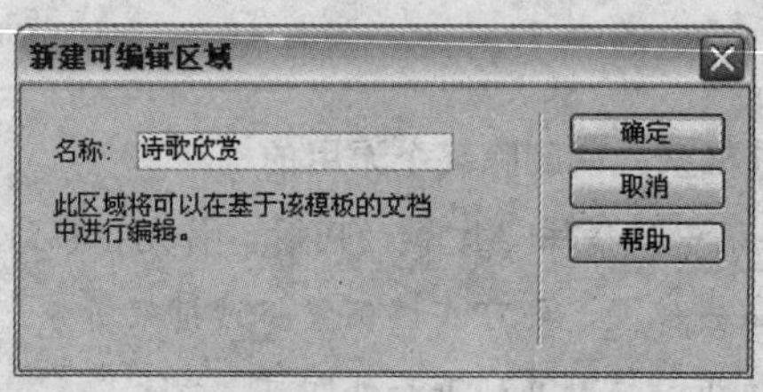

图 10-16 创建可编辑区域

❹ 单击【确定】按钮，模板中被指定的可编辑区域以绿色高亮方式显示。选中诗歌文本左侧的图片，在标签选择器单击<img.time#surido20img>标记，用同样的方法将其指定为可编辑区域，并命名为“诗歌图片”。

❺ 如果用户需要对指定的可编辑区域重新命名，可单击左上角的标记将其选中，然后在属性检查器中的【名称】文本框中进行修改即可。最后保存模板。

提示：如果用户需要取消可编辑区域，可在可编辑区域的标签上右击，然后从弹出菜单中单击【删除标签】命令即可。

除了可以在模板中指定可编辑区域外，用户还可以指定模板中的重复区域和可选区域。所谓重复区域，是指模板中可以根据需要在基于模板的页面中复制任意次数的部分。重复区域常用于表格，但有时也可以为其他元素定义重复区域。需要注意的是，重复区域不是可编辑区域。

可选区域是指模板中可通过定义条件来控制显示或隐藏的部分。Dreamweaver 中存在两种可选区域：可编辑的和不可编辑的。对于不可编辑的可选区域，用户只能设置其显示或隐藏状态；而对于可编辑的可选区域，用户还可以对其进行编辑。

10.2.2　通过模板创建网页

创建了模板后，便可以基于该模板来创建网页，也可以将模板直接应用到已经创建好的网页上，但我们通常更倾向于使用前者。下面的例子介绍如何基于例 10-2 的模板创建“欣赏作品二”的链接页面。

例 10-3　基于模板创建网页。

❶ 选择【文件】|【新建】命令，打开【新建文档】对话框。在【模板中的页】下选中例 10-2 创建的模板【诗歌欣赏】，单击【创建】按钮，如图 10-17 所示。【文档】窗口中新建的页面如图 10-18 所示。

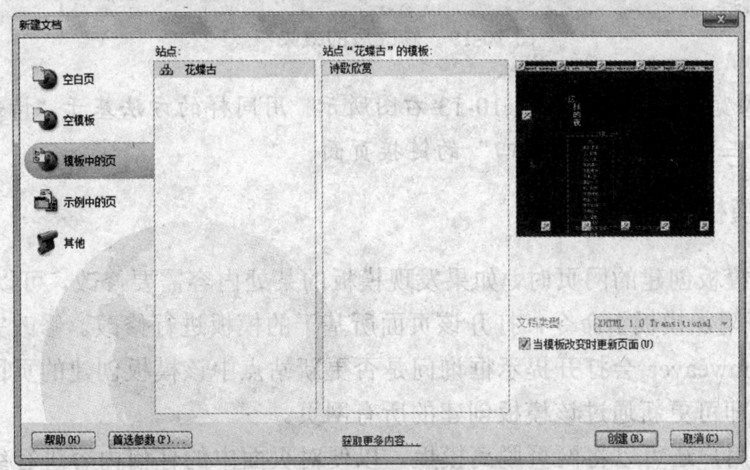

图 10-17　【新建文档】对话框

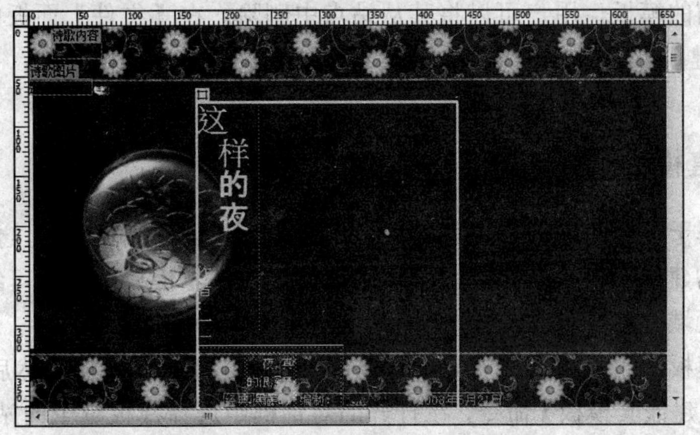

图 10-18　选中“诗歌内容”可编辑区域

❷ 下面来编辑页面内容。用光标单击“诗歌内容”绿色标记，选中该编辑区域。将诗歌的标题“这样的夜”替换为“天边那朵淡淡的云”，将诗歌内容也进行相应的替换。

❸ 选择“诗歌图片”绿色标记，将图片更改成图 10-19 所示。

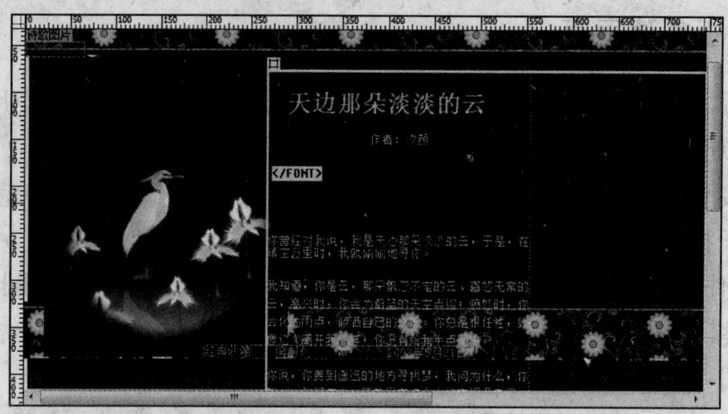

图 10-19　修改后的效果

❹ 保存并预览页面，效果如图 10-13 右图所示。用同样的方法基于“诗歌欣赏”模板创建“欣赏作品三”和“欣赏作品四”的链接页面。

10.2.3　管理模板

在编辑通过模板创建的网页时，如果发现模板的某处内容需要修改，可以选择【修改】|【模板】|【打开附加模板】命令，打开该页面所基于的模板进行修改。修改完并对模板进行保存时，Dreamweaver 会打开提示框询问是否更新站点中该模板创建的页面，此时，单击【更新】按钮即可更新通过该模板创建的所有网页。

如果需要，用户还可以将网页脱离模板，以便对页面中的任何内容进行编辑，而不仅仅局限于指定的编辑区域。选择【修改】|【模板】|【从模板中分离】命令即可。

对于不再使用的模板，用户可以将其从站点中删除。在【文件】面板中选择要删除的模板，按 Delete 键即可。Dreamweaver 会提示与该模板相关联的网页数，并询问是否确定要删除该模板。

10.2.4 关于嵌套模板

嵌套模板是基于模板的模板，也就是说，用户必须先创建基本模板，然后才可以在基本模板的基础上创建嵌套模板。在嵌套模板中，可以在基本模板中指定可编辑的区域中进一步指定可编辑区域。

要创建嵌套模板，用户可首先在 Dreamweaver 中打开基本模板。然后选择【插入】|【模板对象】|【创建嵌套模板】命令，在打开的对话框中选择模板位于的站点并进行命名。之后便可以在嵌套模板的可编辑区域中指定新的可编辑区域了。

10.3　使　用　库

库用来存放文档中的页面元素，如图像、文本、Flash 动画等。这些页面元素通常被广泛应用于整个站点，并且能被重复使用或经常更新，因此它们被称为库项目。当建立布局各异、但是具有相同网页元素的网站时，可以将相同的元素创建为库项目，然后通过更改库项目来更改每一个网页中的相同元素，从而达到更新网站的功能。库项目文件的扩展名为.lbi，所有的库项目都被保存在一个文件中，且库项目的默认保存文件夹为 Library。

任意<body>标签内的对象，包括文本、表格、表单、图像、Flash 动画、Java Applet、插件等都可以作为库元素。用户可以首先创建一个空白库项目，然后向其中添加库元素，也可以基于选择的页面元素来创建库项目。

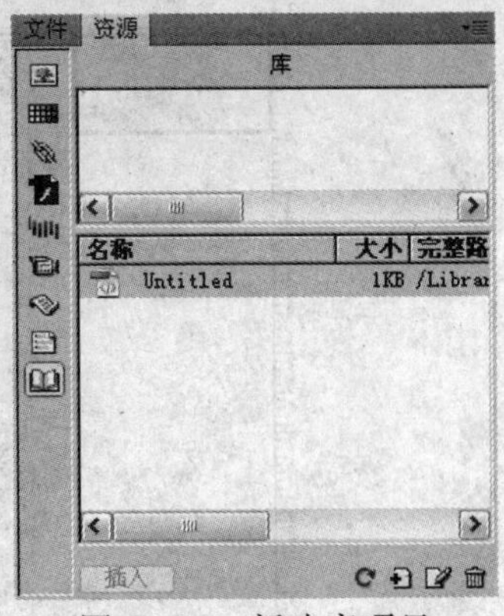

图 10-20　新建库项目

在【资源】面板中单击【库】按钮，然后单击面板底部的【新建库项目】按钮，即可创建一个默认为 untitled 的库项目，站点中也会自动创建 Library 文件夹，用于保存该库项目，如图 10-20 所示。如果想将现有网页文档的某些元素创建为库项目，可首先在文档中选中这些元素，然后单击【新建库项目】按钮。

库项目的属性面板如图 10-21 所示。在【资源】面板中是无法编辑库项目的，选中库项目后，单击属性检查器中的【打开】按钮，可将库项目文件打开，从而对其进行编辑。要在网页中插入库项目时，可首先将光标定位到要插入的位置，然后在【资源】面板中选中要插入的库项目，单击底部的【插入】按钮即可。

图 10-21　库项目的属性检查器

当库项目被插入到网页文档中后，并不能在文档中直接编辑。要想在文档中直接编辑，可以选中插入的库项目，单击属性检查器中的【从源文件中分离】按钮，将库项目转换为普通的页面元素，就可以进行编辑了。

编辑完库项目后，按 Ctrl+S 键进行保存，Dreamweaver 会弹出【更新页面】对话框，询问是否自动更新所有与之相关的网页。下面的例子介绍如何创建库项目并通过它来更新网站内容。

例 10-4　使用库更新网站内容。

❶ 启动 Dreamweaver CS4，利用【文件】面板打开“花蝶古”站点的本地视图。双击“诗歌欣赏一”链接的页面 11.html，在【设计】视图中打开它。

❷ 单击以选中页面左上角的图像，在【资源】面板中单击【库】按钮，然后单击面板底部的【新建库项目】按钮，创建一个命名为 photo 的库项目，如图 10-22 所示。

❸ 下面来编辑该库项目。在【资源】面板中双击库项目，可在【文档】窗口中打开它，如图 10-23 所示。

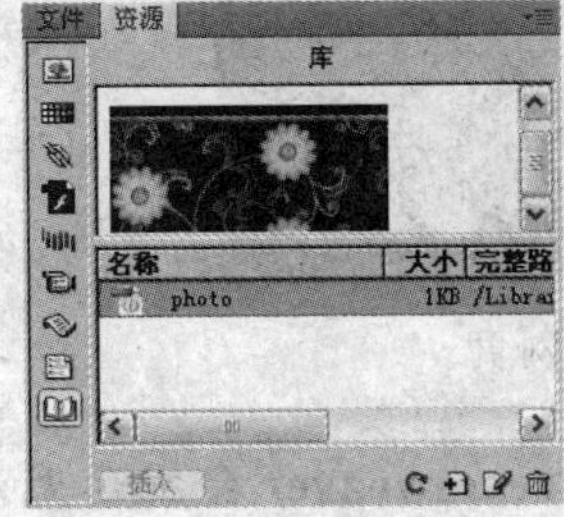

图 10-22　将页面图像创建为库项目

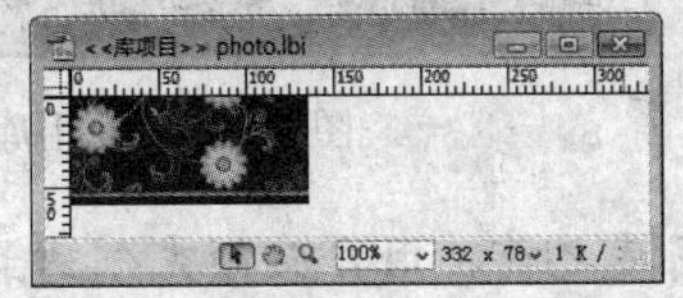

图 10-23　在【文档】窗口中打开库项目

❹ 双击图片，打开【选择图像源文件】对话框。重新指定库项目中的图片，如图 10-24 所示。

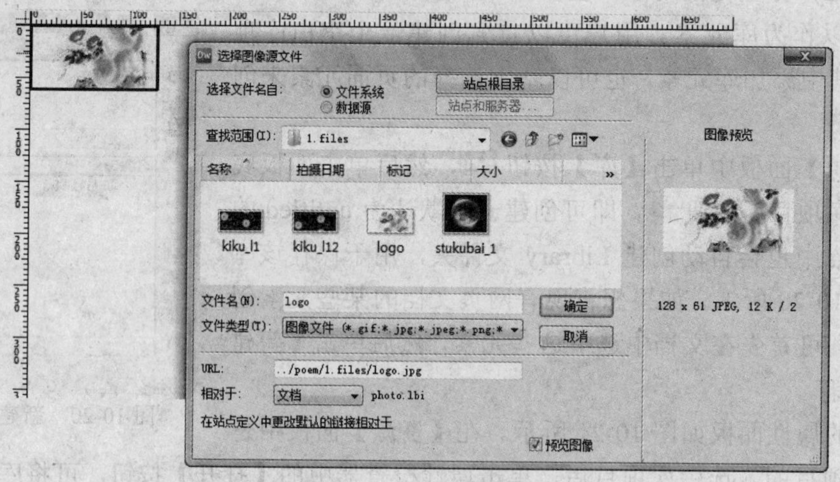

图 10-24　修改库项目

❺ 按 Ctrl+S 键保存修改，在打开的【更新库项目】对话框中选择是否更新列表中的文件，单击【更新】按钮，如图 10-25 所示。

❻ 在打开的【更新页面】对话框中，选择更新的范围，如图 10-26 所示。

图 10-25　选择是否更新列表中的文件

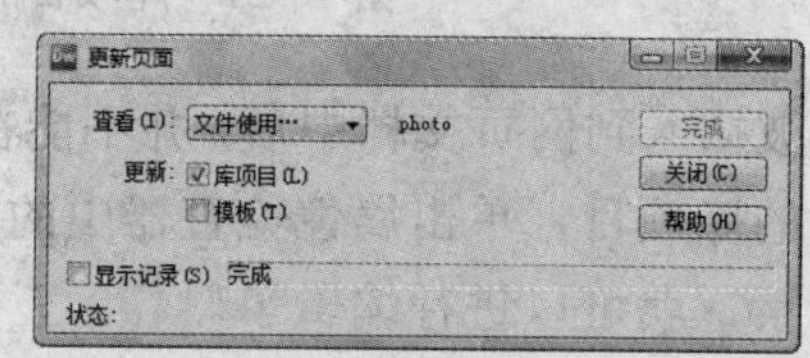

图 10-26　选择更新的范围

❼ 选择【修改】|【库】|【更新页面】命令，可更新整个站点或所有使用该特定库项目的文档。选择【修改】|【库】|【更新当前页】命令，可更新当前文档以适应库项目的当前版本。预览更新后的 11.html 文档，效果如图 10-27 所示。

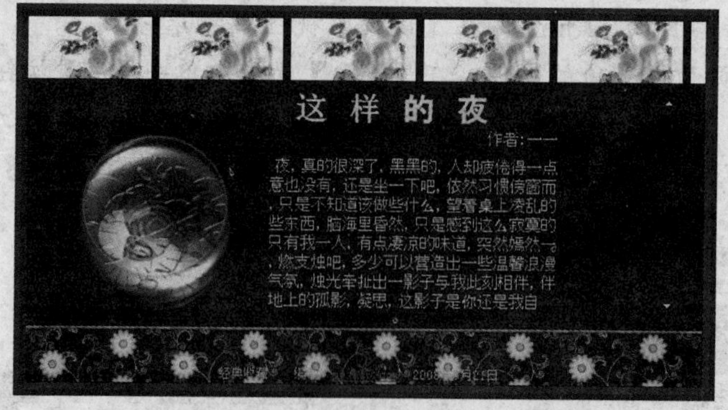

图 10-27　使用库项目更新后的网页

注意： 使用库之前，用户必须先创建站点，否则 Dreamweaver 会提示无法使用库。

本章小结

使用框架可以在浏览器的不同位置显示不同的页面内容，并且各个框架之间是相互独立的。在网络带宽有限的情况下，使用框架可以避免浏览器中相同内容的重复下载，提高访客的浏览速度。当需要创建具有重复内容的网页时，使用模板是不错的选择。而当需要在不同网页布局中更改相同元素时，使用库则具有很大的灵活性。

本章对框架、模板和库的基本概念和使用方法进行了讲解，并各自提供了示例。下一章向读者介绍如何对创建好的本地站点在 Internet 上进行发布。

习　题

填空题

1. ________可以将一个页面划分为多个区域，在每个区域显示不同的网页文档。
2. 在基于模板创建网页时，Dreamweaver 会自动生成共用的部分，模板的扩展名为________。
3. ________是基于模板的模板。
4. 当建立布局各异、但是具有相同网页元素的网站时，可以将相同的元素创建为________，然后通过更改它来更改每一个网页中的相同元素，从而达到更新网站的功能。

选择题

5. 必须在模板中指定(　　)，否则基于该模板的网页将无法编辑。

   A. 可编辑区域　　B. 重复区域　　C. 可选区域

6. 在处理浏览器不能显示的框架内容时，可在网页的(　　)标记之间插入提示信息。

   A. <noframes>和</noframes>　　B. <font>和</font>

   C. <body>和</body>　　D. <title>和</title>

7. Dreamweaver 将库项目存放在每个 Dreamweaver 本地站点根文件夹内的(　　)文件夹中。

   A. Template　　B. Library　　C. Image　　D. Images

简答题

8. 简述使用框架的优缺点。
9. 如何在模板中指定和删除可编辑区域？

上机操作题

10. 创建图 10-28 所示的框架页面，展示不同的汽车品牌照片。
11. 将站点的版权信息创建为库项目。

世界名车一览

世界名车一览

图 10-28　要实现的框架页面效果

第 11 章

发布 Dreamweaver 本地站点

本章主要介绍站点发布的准备工作，以及如何将 Dreamweaver 本地站点上传到 Internet 上。通过本章的学习，应该完成以下学习目标：

- ☑ 学会为站点申请空间和域名
- ☑ 学会对站点进行本地测试
- ☑ 掌握远程站点的建立和配置方法
- ☑ 学会对站点进行发布并进行一些日常的管理

11.1 发布前的准备工作

要让 Internet 上的其他用户可以访问自己的网站，必须首先将创建并调试好的网站发布到 Internet 上。在发布站点之前，用户必须拥有保存站点的空间，以及访问站点的域名。有了空间和域名后，还不能立即将网站上传。为了保证站点在浏览器中能正常显示，还必须进行本地测试，包括站点的兼容性测试、网页链接是否正确、下载速度测试等。

11.1.1 申请网站空间和域名

网站的空间有收费和免费的两种。一般来说，个人站点可选择免费的，而对于企业、公司等需要较为稳定运行环境的站点则建议使用收费的网站空间。通常情况下，申请网站空间的同时会获得相应的域名。

在选择 ISP(Internet Services Provider，Internet 服务提供商)时，用户需要首先了解一下其所提供的服务，例如是否收费、空间大小如何、支持何种动态网页技术、支持何种数据库，以及服务器是否稳定等。下面以中联网为例，介绍如何申请免费的网站空间和域名。

例 11-1 在中联网申请免费的网站空间和域名。

❶ 在浏览器地址栏中输入 http://www.3326.com，按 Enter 键打开中联网网站。该站点推出了 100MB 免费空间，是纯静态的 HTML，支持 FTP/Web 上传方式，并赠送二级域名，如图 11-1 所示。

❷ 单击“100M 免费空间”链接，进入图 11-2 所示的服务条款页面，阅读条款内容后，单击【我同意】按钮。

❸ 在用户信息页面填写注册信息，如图 11-3 所示。完成后，单击表单底部的【提交】按钮。

❹ 注册成功后，使用用户名和密码登录中联网，进入空间管理区，如图 11-4 所示。

用户需要开通自己的网站空间，这样才能使用。

图 11-1　中联网首页

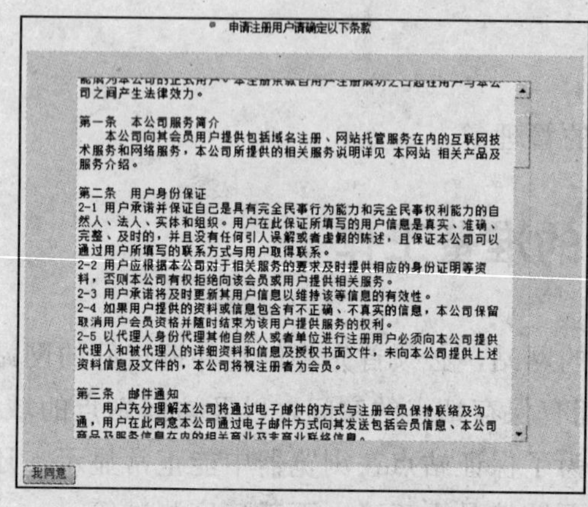

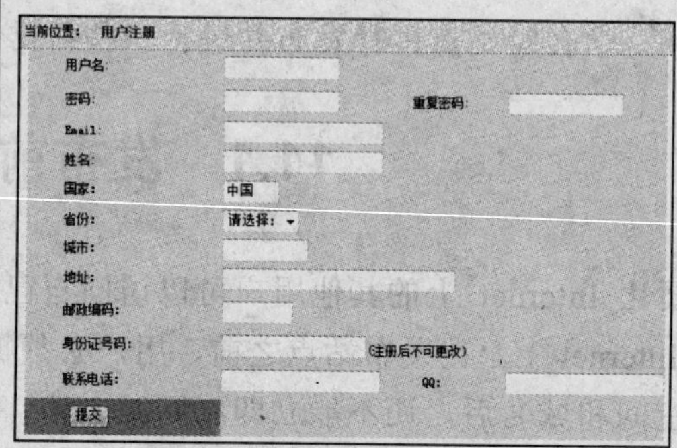

图 11-2　阅读服务协议　　　　图 11-3　填写注册信息

❺ 单击【用户管理区】的【免费主页申请】链接，填写网站名称，选择个人主页的分类，以及对主页的简介信息，如图 11-5 所示。完成后，单击【马上申请，即时生效】按钮。

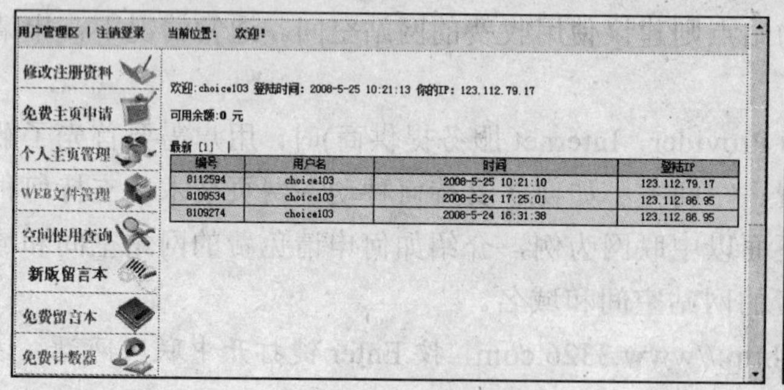

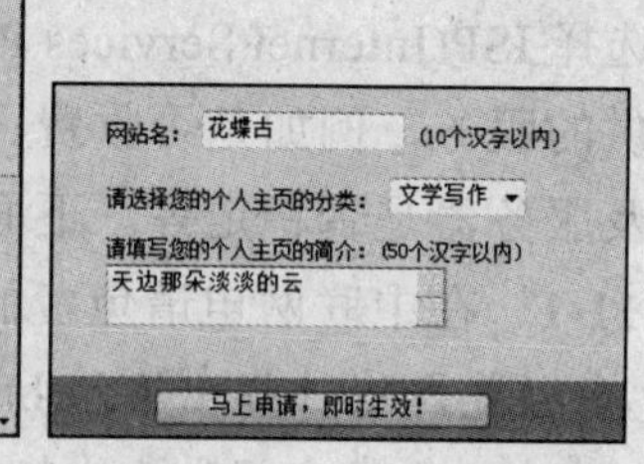

图 11-4　空间管理区　　　　图 11-5　激活网站空间

❻ 系统会恭喜您的主页开通成功，并给予个人网站的网址，以及用于 FTP 上传的登录用户名、密码、FTP 地址，如图 11-6 所示。

❼ 在【用户管理区】单击【空间使用查询】链接，可查看空间的使用情况，如图 11-7 所示。

提示： 在中联网的首页，可以看出，该服务商还提供各种收费的网站空间服务。这些

空间一般都支持 ASP、PHP 等动态编程技术，以及提供 Access、MySQL 等数据库空间服务。具体的申请方法和例 11-1 相似，付费成功后即可开通。

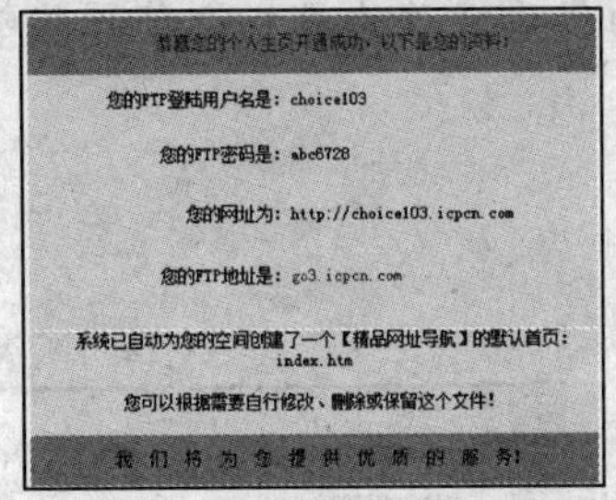

图 11-6　系统授权 FTP 登录用户名和密码

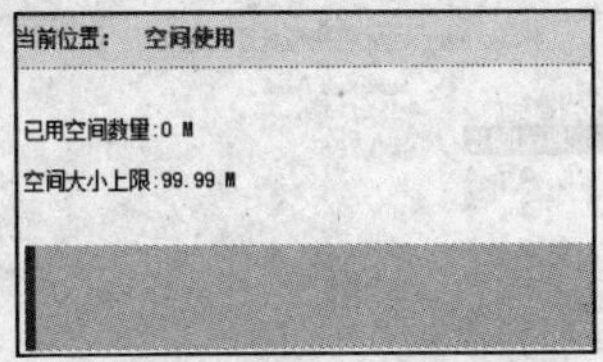

图 11-7　查看空间使用情况

11.1.2　测试网站兼容性

由于访客的浏览器类型或版本的不同，很可能会导致正确的页面无法正常显示。因此，在发布站点之前，必须对站点的兼容性进行测试。通过修正，使页面能够最大程度地在不同类型和版本上的浏览器上正常运行和显示。

Dreamweaver 提供了浏览器兼容性检查工具，通过它可以扫描网页文档，并在【结果】面板中报告所有潜在的 HTML+CSS 呈现问题。信任评级由四分之一、二分之一、四分之三或完全填充的圆表示(四分之一填充表示可能发生，完全填充则表示非常可能发生)。另外，该工具还可以提供以下 3 个级别的潜在浏览器支持问题的提示信息：

- 告知性信息：表示某段代码在特定浏览器中不支持，但没有可见的影响。
- 警告：表示某段代码不能在特定的浏览器中显示，但不会导致任何严重的显示问题。
- 错误：表示某段代码可能在特定的浏览器中导致严重的、可见的问题。

例 11-2　练习对页面的兼容性进行测试。

❶ 在【文档】工具栏单击 检查页面 按钮，在弹出的菜单中单击【设置】命令，打开【目标浏览器】对话框。在该对话框中选中需要检查的浏览器前面的复选框，在其右侧的下拉列表框中选择浏览器的最低版本，如图 11-8 所示。

提示：由于浏览器的种类和版本众多，通常情况下，只需要保证网页能够在最常用的浏览器中正常显示即可，如 Internet Explorer、Firefox 等。

❷ 单击【确定】按钮关闭对话框，完成要测试的目标浏览器的设置。

❸ 在【文档】窗口中打开需要测试的页面，在【检测页面】下拉菜单中单击【检查浏览器兼容性】命令，即可在【浏览器兼容性】面板中查看检测结果，如图 11-9 所示。

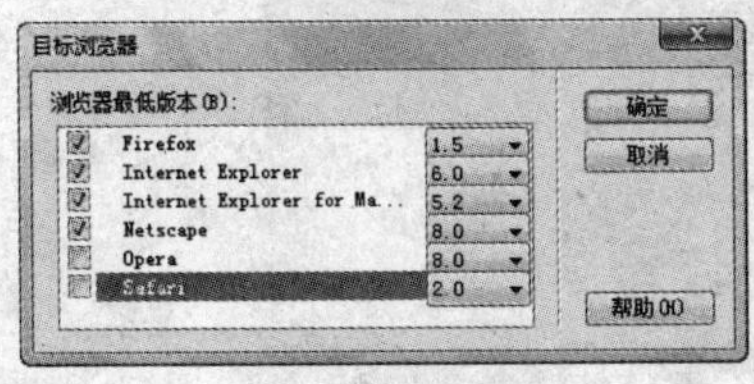

图 11-8　设置要测试的目标浏览器

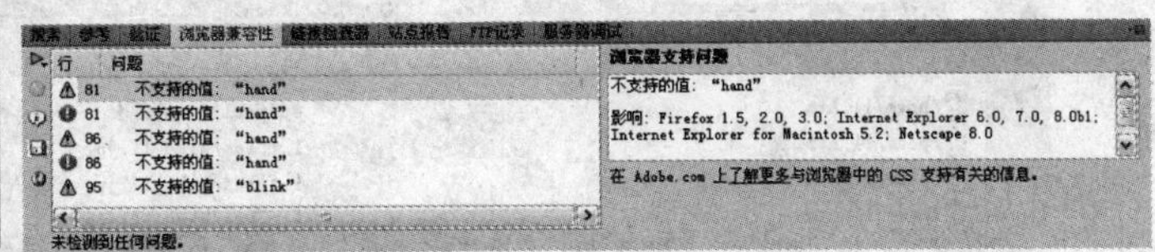

图 11-9　检查结果

❹ 单击【浏览器兼容性】面板左侧的按钮，可在浏览器中显示检查报告，如图 11-10 所示。双击【浏览器兼容性】面板中错误信息列表中需要修改的错误信息，系统将在【拆分】视图中自动选中不支持的标记。将不支持的代码修改为目标浏览器能够支持的其他代码或将其删除，以修正错误，如图 11-11 所示。

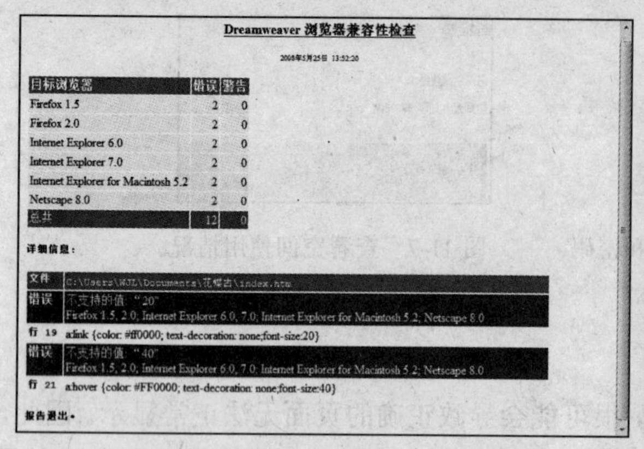

图 11-10　在浏览器中显示检查报告

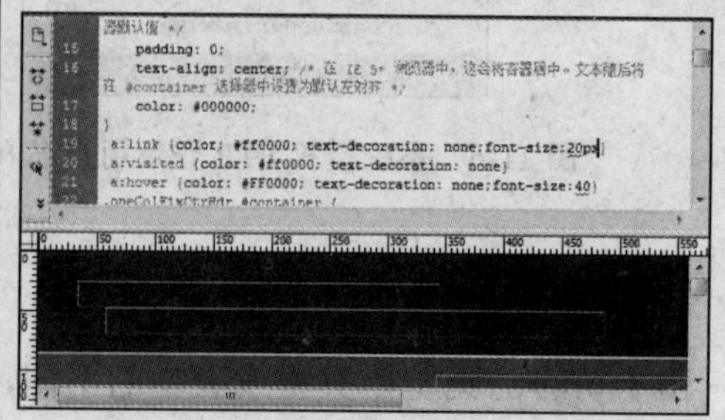

图 11-11　修改不支持的错误

❺ 如果用户想保存检查结果，可单击【浏览器兼容性】面板左侧的按钮，即可在打开的对话框中以指定的名称和路径进行保存。

11.1.3　检查与修复超级链接

在发布站点之前，用户还需检查所有超级链接是否正确，以保证访客能准确到达目标位置。Dreamweaver 提供了链接检查器工具，可快速检查出单个页面、站点某部分或整个站点中断开的链接，以及未被引用的文件，为用户修改提供依据。

根据要检查链接的范围，执行以下操作之一：

- 打开需要检查的网页文档，选择【文件】|【检查页】|【链接】命令；
- 在【文件】面板的本地站点下，用鼠标右击要检查的文件或文件夹，从弹出的快捷菜单中单击【检查链接】|【选择文件/文件夹】命令；
- 在【文件】面板中用鼠标右击本地站点，从弹出菜单中单击【检查链接】|【整个本地站点】命令。

检查结果显示在【链接检查器】面板的列表框中。利用【显示】下拉列表框可选择查看的链接方式。【断掉的链接】用于检查文档中是否存在断开的链接；【外部链接】用于检查外部链接；【孤立文件】用于检查站点中是否存在孤立文件。默认显示的是断掉的链接，如图 11-12 所示。

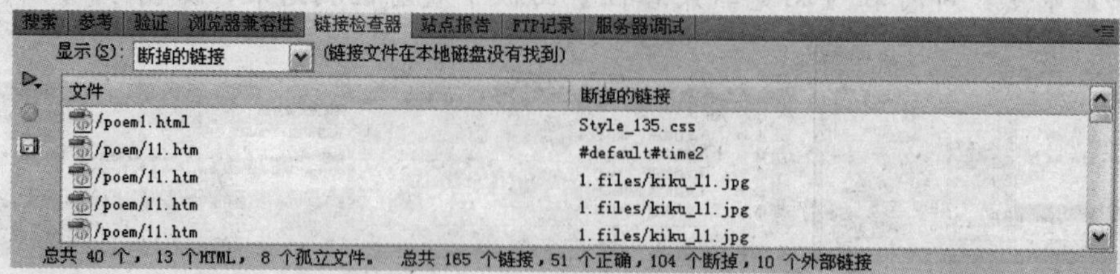

图 11-12　查看检查的结果

要对链接进行修复，可在列表中单击要修改的选项，使其呈改写状态，如图 11-13 所示，然后重新设置链接路径即可。如果多个文件都有相同的中断链接，那么当用户对其中一个进行修复后，系统会打开图 11-14 所示的提示对话框，询问是否修复剩下的引用该文件的链接。单击【是】按钮，Dreamweaver 将自动它们重新指定链接路径。

图 11-13　修复断掉的链接

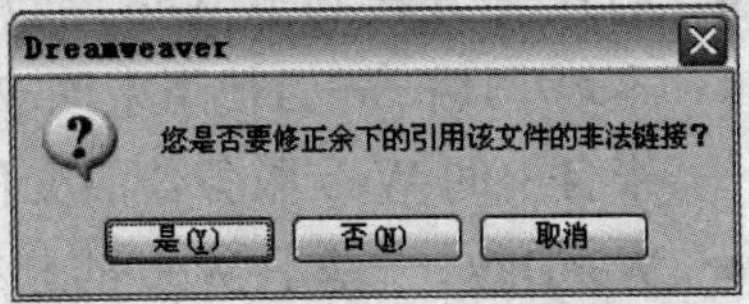

图 11-14　询问是否更新其他具有相同错误的链接

11.1.4　测试下载速度

网页的下载速度是衡量该网页制作水平的一个重要标准，等待一个页面载入的时间最好不要超过 2 分钟，否则访客将难以忍受。在 Dreamweaver【文档】窗口的右下角，用户可以查看当前网页文档的大小和下载所需的时间，如图 11-15 所示。

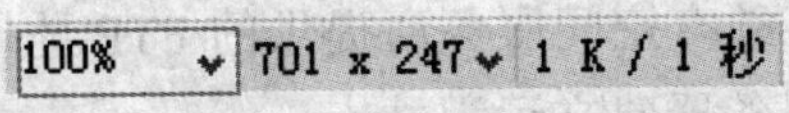

100%　701 x 247　1 K / 1 秒

图 11-15　查看网页大小和下载时间

图 11-15 中显示的下载时间默认是基于 56Kbps 网速的，如果想查看网页在其他连接速度下的下载时间，可以选择【编辑】|【首选参数】命令，打开【首选参数】对话框。在【分类】列表框中单击【状态栏】选项，在【连接速度】下拉列表框中可以选择下载该网页时的连接速度，如图 11-16 所示。用户还可以从【窗口大小】列表框中选择默认浏览器的分辨率大小。

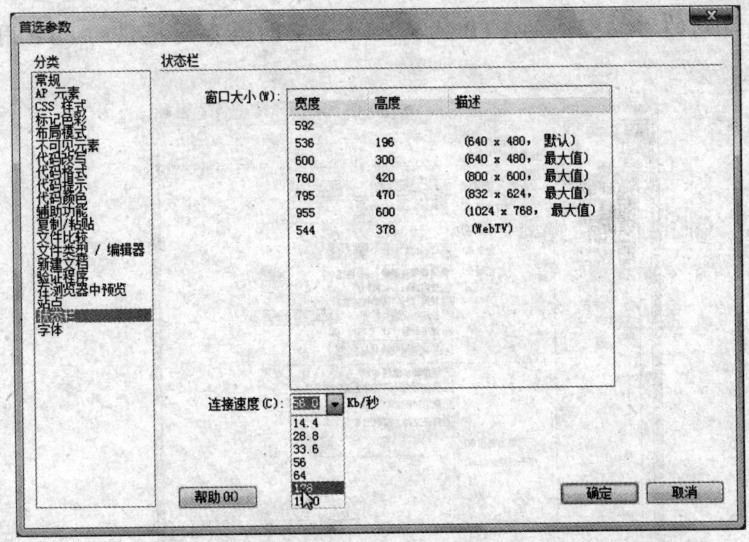

图 11-16　重新设置用于测试下载时间的网络连接速度

11.2 建立远程站点并发布网站

Dreamweaver 提供了链接到远程站点上的多种方式：

- FTP——连接到主 Web 站点的标准方法。
- 本地/网络——当使用中间 Web 服务器时，就会频繁地使用本地或网络连接。然后，来自中间 Web 服务器的文件被发布到与之相连的 Internet 上。
- WebDav——基于 Web 的分布式创作，但要求所有设计者都必须使用 WebDav 系统。
- RDS——由 Adobe 针对 ColdFusion 开发的远程开发服务(Remote Development Services)，主要在基于 ColdFusion 的站点中使用。
- SourceSafe 数据库——Microsoft 开发的以存回/取出管理和反转能力为特征的远程站点建立方式。

11.2.1 建立一个远程 FTP 站点

大多数网页设计人员都选择通过 FTP 来发布和维护自己的网站，但这要求申请的网站空间必须支持 FTP 上传，还必须有空间服务商提供的 FTP 地址、登录用户名和密码。

例 11-3 使用 FTP 远程服务器建立远程站点。

❶ 启动 Dreamweaver CS4，选择【站点】|【管理站点】命令，打开【管理站点】对话框。

❷ 选择第 9 章创建的“花蝶古”站点，单击【编辑】按钮。

❸ 在打开的【站点定义为】对话框中，切换到【高级】选项卡，然后单击【分类】列表框中的【远程信息】选项。

❹ 在【访问】下拉选项中选择【FTP】。分别在【FTP 主机】、【登录】和【密码】文本框中输入申请到的网站空间的 FTP 主机地址，空间服务商提供的 FTP 用户名和密码，如图 11-17 所示。

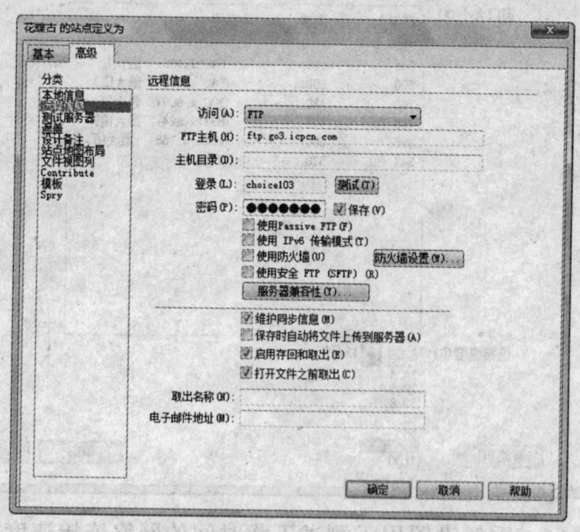

图 11-17 配置远程 FTP 站点信息

提示：如果不能确定您的 FTP 主机地址，请向您的空间服务商进行咨询。

❺ 有必要的话，可在【主机目录】文本框中输入 Web 主机上存储公共可见文档的文件夹名称。

提示：一些 Web 主机使用一个根文件夹来提供 FTP 访问，该根文件夹可能包含非公共可用的文件夹和公共可用的文件夹。在这种情况下，在【主机目录】文本框中输入文件夹名称，如 www、wwwroot 等。而对于其他 Web 主机而言，由于 FTP 地址和公共的文件夹地址相同，所以【主机目录】文本框保留空白即可。

❻ 为了避免 Dreamweaver 每次连接远程站点时都要求输入 FTP 用户名和密码，可选中【保存】复选框。

❼ 单击【测试】按钮，如果连接成功，Dreamweaver 会提示信息，如图 11-18 所示。

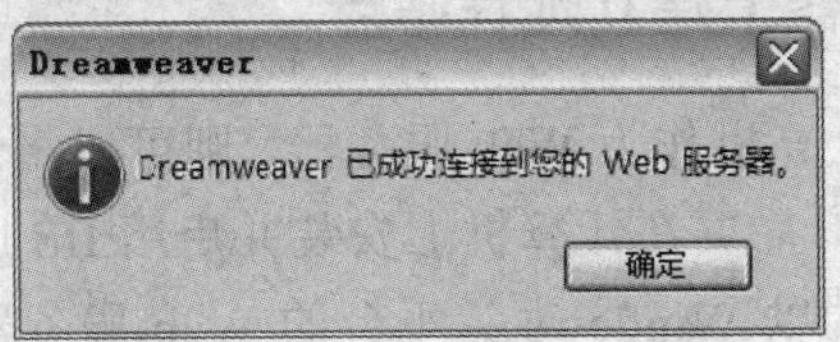

图 11-18　Dreamweaver 提示连接成功

注意：如果用户输入的 FTP 信息完全正确而无法成功连接，可单击【服务器兼容性】按钮，在打开的对话框中禁用【使用 FTP 性能优化】复选框，如图 11-19 所示。然后重新测试连接。

❽ 选中您的 FTP 服务器要求的选项前面的复选框。

- 【使用 Passive FTP】：允许用户的计算机建立一个连接到主机上的必要连接，并绕过防火墙限制，该选项经常与【使用防火墙】选项协同使用。
- 【使用 IPv6 传输模式】：如果用户的 Web 服务器主机是 IPv6 服务器，选中该选项将基于最新的 IPv6 传输协议。
- 【使用防火墙】：允许您的计算机从防火墙后面连接到主机。一旦启用该选项，可单击【防火墙设置】按钮，在打开的对话框中定义您的防火墙参数，如端口、防火墙主机等，如图 11-20 所示。
- 【使用安全 FTP】：启用到使用 SFTP 的主机的连接。

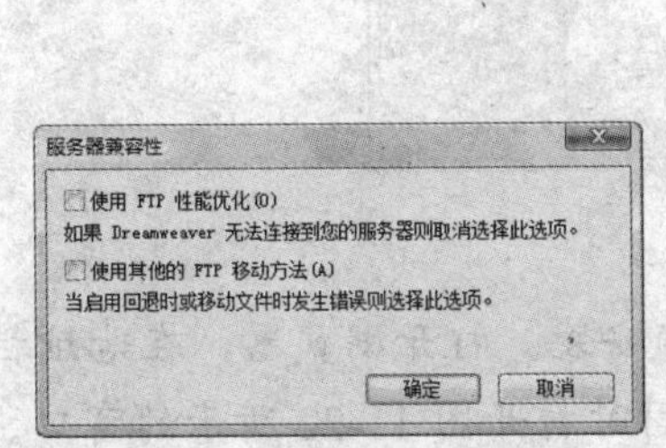

图 11-19　禁用【使用 FTP 性能优化】复选框

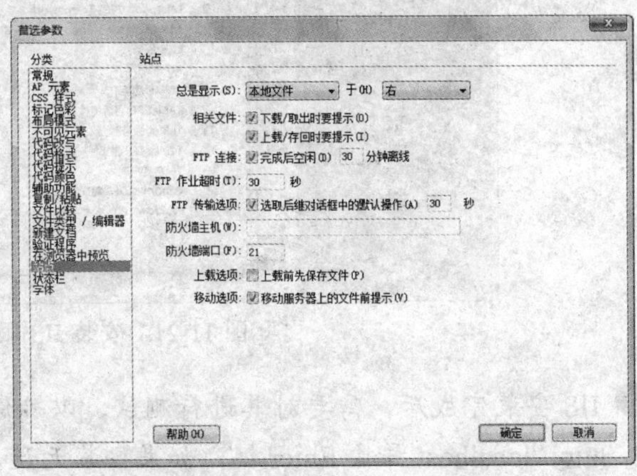

图 11-20　设置防火墙参数

❾ 选中【维护同步信息】复选框，Dreamweaver 会自动标注本地和远程站点上已经被改变的文件，这样就比较容易保持它们同步。选中【保存时自动将文件上传到服务器】复选框，在保存对本地站点的修改时，Dreamweaver 会自动将文件从本地站点传输到远程站点。当用户通过与其他团队成员共同建站时，可选中【启用存回和取出】复选框以打开存回和取出系统，此时需要输入一个用户名和 Email 地址。如果用户是独自建站，则不必启用该系统。

❿ 单击【确定】按钮，关闭【站点定义】对话框。在【管理站点】对话框中单击【完成】按钮，完成远程 FTP 站点的配置。

11.2.2 在本地/网络服务器上建立远程站点

如果用户希望使用本地计算机作为 Web 服务器，则可以将远程站点建立在本地。但使用本地/网络服务器之前，用户需要在计算机上安装并启用 IIS 服务。

IIS 是由 Microsoft 开发的以 Windows 为平台的 Web 服务器软件。要检查自己的系统是否配置了 IIS 服务，可查找 C:/Inetpub 文件夹是否存在。如果不存在，则需要及时安装。

例 11-4 安装并配置 IIS 服务。

❶ 在【开始】菜单中单击【控制面板】选项，在打开的控制面板中单击【安装/卸载程序】选项，进入【程序和功能】窗口。

❷ 单击【打开或关闭 Windows 功能】链接，打开【Windows 功能】窗口，选中【Internet 信息服务】前面的复选框，如图 11-21 所示。单击【确定】按钮，Windows Vista 开始自动安装 IIS 服务。

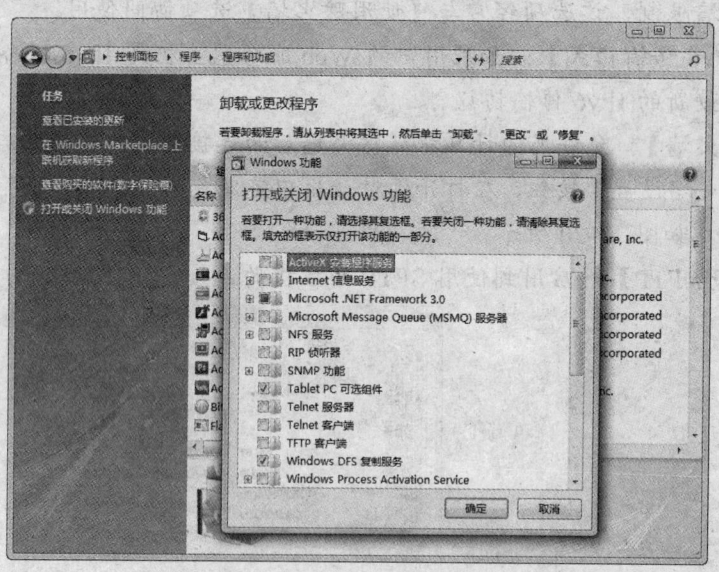

图 11-21 安装 IIS 服务

❸ IIS 安装完成后，需要对其进行测试，以确保其正确安装。打开浏览器，在地址栏中输入 http://localhost 并按 Enter 键，如果安装无误，则会同时打开图 11-22 所示的窗口。

提示：IIS 本身提供 FTP、电子邮件、网页浏览等服务。当利用 IIS 创建网站时，所有网页都必须存放在“网站”这个虚拟的目录中。IIS 会根据指定的网址对应路径，将其

中的子文件和子目录对应到计算机上存储网页文档的真正位置。

❹ 打开【开始】菜单，在搜索框中输入“IIS 信息服务”并按 Enter 键，即可打开【Internet 信息服务管理器】窗口，如图 11-23 所示。

图 11-22　测试 IIS 是否安装成功

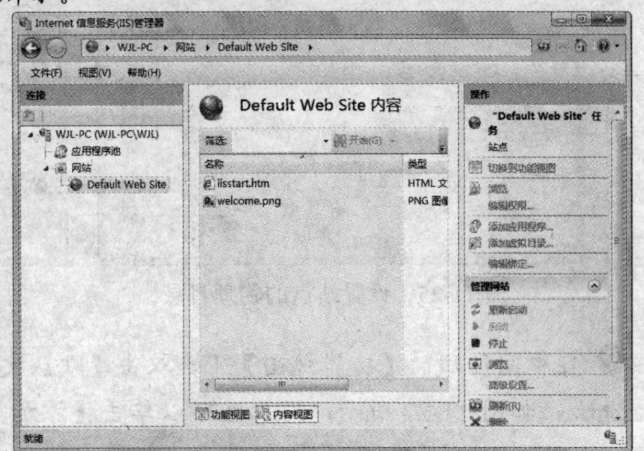

图 11-23　【Internet 信息服务管理器】窗口

❺ 下面来建立本地 Web 服务器。例如本机的 IP 地址是 192.168.1.101，网站放置在“C:\Users\WJL\Documents\花蝶古”目录下，首页为 index.htm。在【Internet 信息服务管理器】窗口左侧展开树，右击【Default Web Site】(默认网站)节点，从弹出菜单中选择【重命名】命令，将站点重命名为“花蝶古”。

❻ 右击“花蝶古”节点，从弹出菜单中选择【编辑绑定】命令，打开【网站绑定】对话框。在列表中选中列出的选项，单击【编辑】按钮，打开【编辑网站绑定】对话框。从【IP 地址】下拉列表框中选择本地计算机的 IP 地址。用户还可以设置主机名，如 www.butterfly.com，如图 11-24 所示。关闭所有对话框。

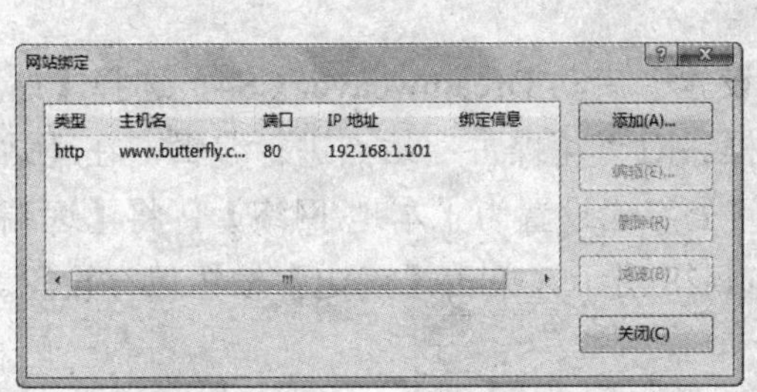

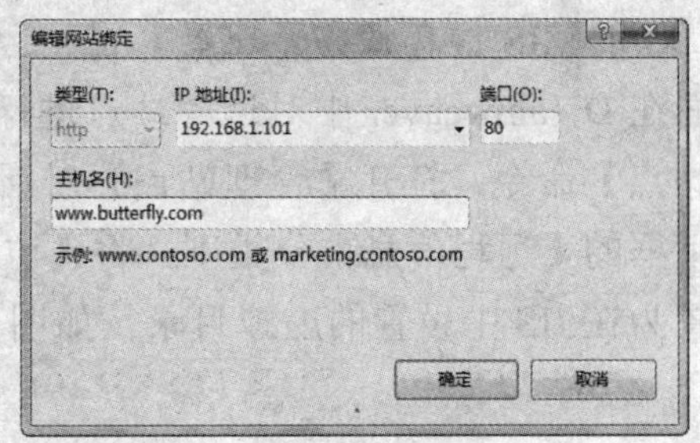

图 11-24　编辑网站绑定信息

注意：如果用户没有申请到网站域名，请保持默认设置，跳过步骤❻。

❼ 下面来设置站点的物理路径和虚拟路径。单击“花蝶古”节点，在右侧【操作】下单击【基本设置】命令，打开【编辑站点】对话框。在【物理路径】文本框中设置本地站点所在的路径，如图 11-25 所示。单击【确定】按钮，关闭该对话框。

❽ 右击“花蝶古”节点，从弹出菜单中选择【添加虚拟目录】命令，在弹出的对话框中设置虚拟目录的路径和别名，如图 11-26 所示。

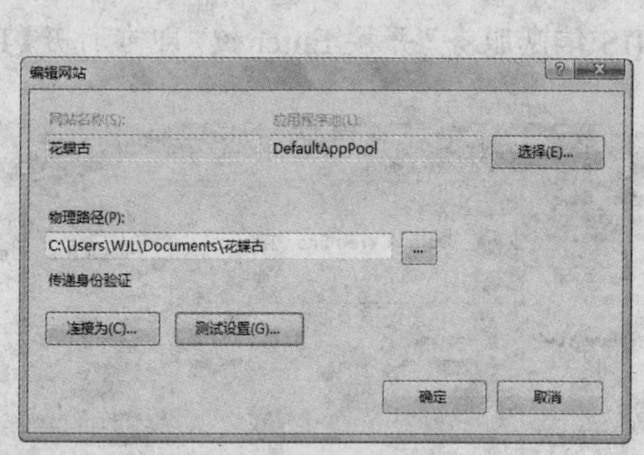

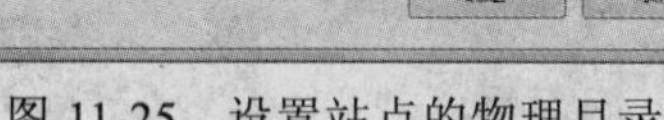
图 11-25　设置站点的物理目录

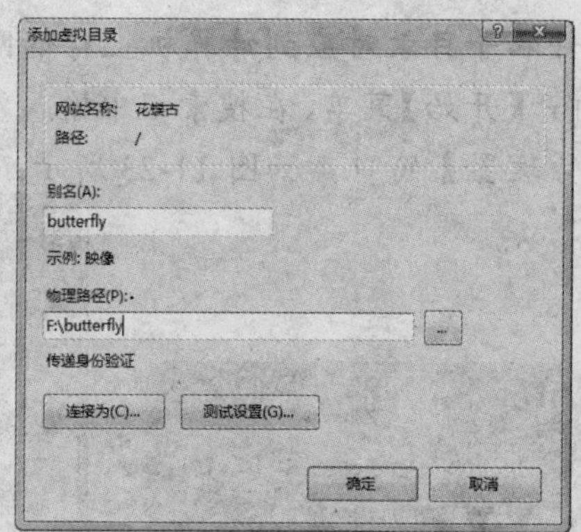

图 11-26　设置站点的虚拟目录

❾ 在中间区域的【功能视图】下，双击【默认文档】图标，将网站的默认首页设置为 index.htm，如图 11-27 所示。用户也可以单击【添加】按钮，设置诸如 index.aspx 等形式。

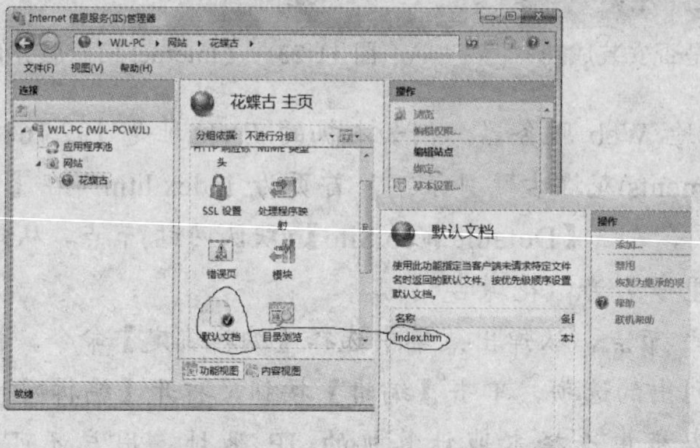

图 11-27　设置网站的首页形式

❿ 关闭【IIS 信息服务管理器】窗口。

下面在 Dreamweaver 中对远程站点进行设置。启动 Dreamweaver CS4，选择【站点】|【管理站点】命令，打开【管理站点】对话框。对“花蝶古”站点进行编辑，在【站点定义】对话框的【远程信息】分类下，将【访问】方式设置为【本地/网络】，将【远端文件夹】设置为在 IIS 中设置的虚拟目录，如图 11-28 所示。单击【确定】按钮保存设置。

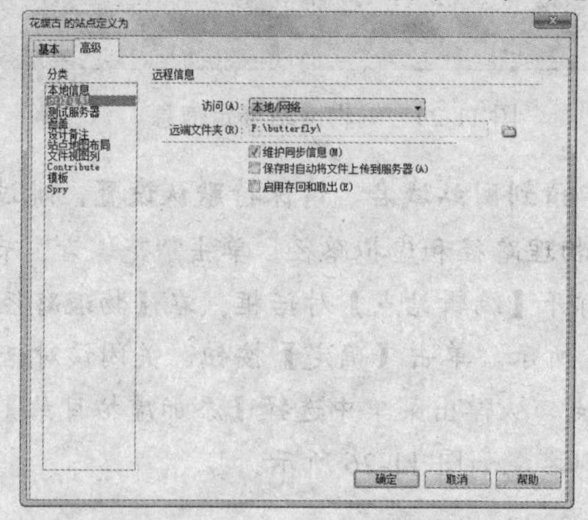

图 11-28　在 Dreamweaver 中配置本地/网络服务器

11.2.3　发布本地站点

配置好远程信息后，就可以将站点发布到 Internet 上供他人浏览了。

例 11-5　发布 Dreamweaver 本地站点。

❶ 在【文件】面板中选择“花蝶古”站点，单击【上传文件】按钮。Dreamweaver 会提示是否上传整个站点，单击【确定】按钮进行上传。

❷ Dreamweaver 会自动连接到远程的 FTP 服务器或本地服务器上，将站点上传到设置的远程文件夹中。将视图模式切换到远程视图，可以查看已经上传的文件。图 11-29 分别显示了 FTP 远程服务器和本地服务器两种情况下的远程文件夹。

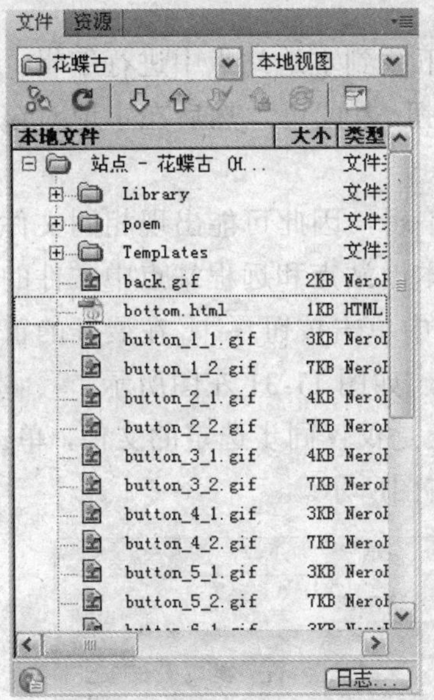

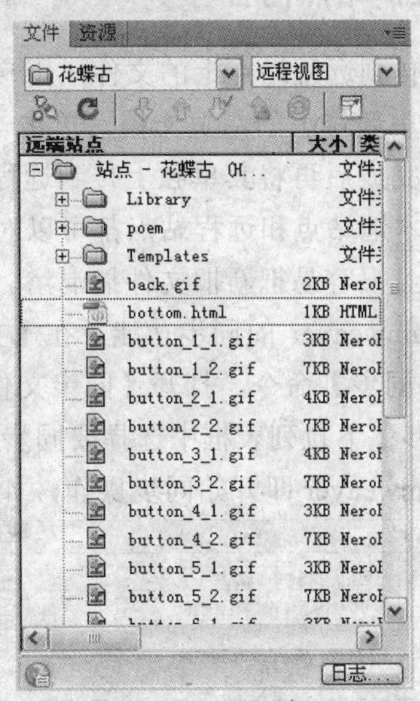

图 11-29　分别在本地服务器(左图)和 FTP 服务器(右图)上查看上传的文件

❸ 下面来预览发布的站点，分别在浏览器中浏览 http://192.168.1.101/butterfly 和 http://choice103.go3.icpcn.com 这两个网址，效果如图 11-30 所示。

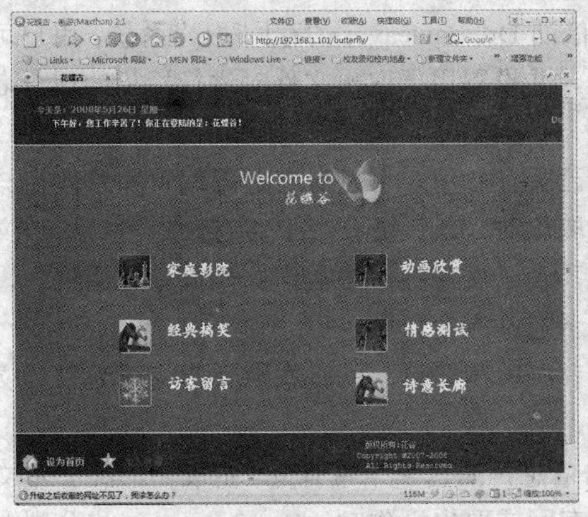

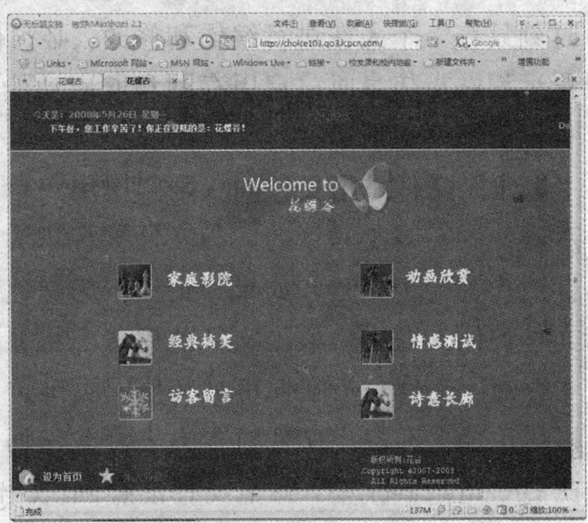

图 11-30　分别在本地站点和 FTP 服务器上预览页面效果

提示：192.168.1.101 是创建网站的本地计算机的 IP 地址，butterfly 是设置的虚拟目录的别名。

11.3 网站的维护和宣传

网站成功上传后，需要时常对内容进行更新，这样才能保持网站的生命力。此外，用户还可以采用一些方法，对自己的网站进行宣传，扩大影响力，提高点击率。

11.3.1 维护站点内容

对于上传到远程站点上的文件，用户可以将其下载到本地站点中进行编辑：只需在远程视图中选中要修改的网页文档，单击【获取】按钮即可。然后在本地对该网页文档进行编辑，完成后再将其单独上传到远程站点即可。

由于在本地站点和远程站点都可以对网页进行编辑，因此可能出现相同文件不同版本的情况，而且很容易把新旧文件搞混淆。为了保持本地站点和远程站点中文件的一致，可以使用 Dreamweaver 的同步功能。在【文件】面板中单击按钮，在展开的窗口中选择【站点】|【同步】命令，打开【同步文件】对话框，如图 11-31 左图所示。

在【同步】下拉列表框中选择要同步整个站点还是仅仅同步选定的文件，单击【预览】按钮，Dreamweaver 即开始同步操作，如图 11-31 右图所示。

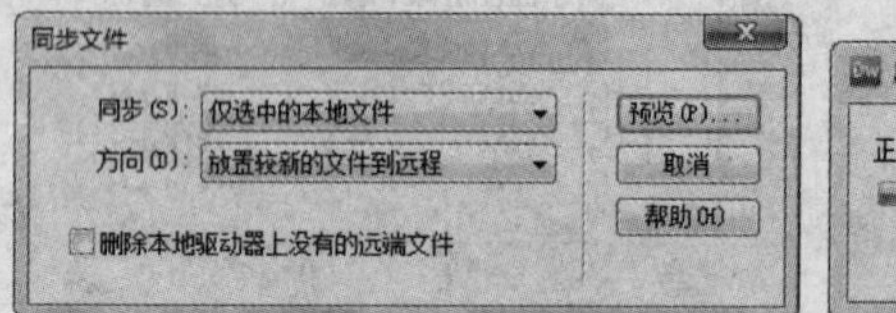

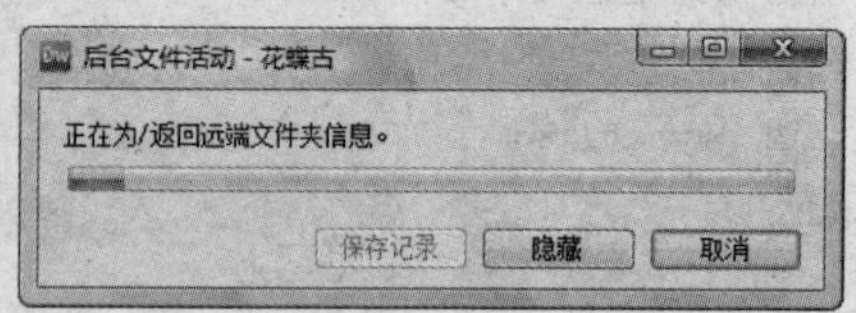

图 11-31　同步本地和远程站点

当网站规模较小时，一个人进行维护基本上就可以了。但当网站发展到一定规模，站点的维护将变得困难起来，此时，就需要多人协作对网站进行维护。为了确保一个文件在同一时刻只有一个人在进行编辑和修改，必须借助 Dreamweaver 的存回/取出系统。用户可在配置远程站点信息时，启用存回和取出功能，并设置用于取出文件时进行标记的用户名以及自己的邮件地址。

“取出”文件是指文件的权限归属用户自己所有，用户可以对它进行编辑和修改，该文件对其他维护者是只读的。当文件被标识为取出时，Dreamweaver 将在站点窗口中该文件图标后设置一个标记。如果标记显示为绿色，表示文件被用户取出；如果标记为红色，表示文件被他人取出，取出文件的用户名将显示在站点窗口中。

“存回”文件是指文件可被其他网页维护者取出和编辑。此时本地版本将成为只读文件，以避免他人在取出文件时本人去修改它们。

在 Dreamweaver 中，站点文件的存回/取出信息是通过一个带有.lck 扩展名的纯文本文件来记录的。当用户在站点窗口中对文件进行存回或取出操作时，Dreamweaver 将分别在本地和远程站点上创建一个.lck 文件，每个.lck 文件都与取出的文件同名。.lck 文件不能显示在站点窗口中，但用户可以使用其他的 FTP 软件来查看位于服务器上的相应目录。

对于一个文件而言，一旦被取出后，该文件对于其他维护人员来说就是只读的。但这种现象是由 Dreamweaver 所提供的，在实际的服务器或局域网中，这些文件并不具有只读限制。也就是说，如果通过其他的应用程序访问远程站点或本地站点中的目录，就可以修改或覆盖这些被取出的文件。当然，这时也会看到相应的.lck 文件。因此，可以根据.lck 文件的名称来避免修改一些被取出的文件。

11.3.2　宣传站点

Internet 上的网站何止千万，如何使浏览者快速找到自己的网站、提高网站的访问流量、提高知名度，是网站宣传所要解决的问题。用户可通过设置网页标题、添加 meta 标签、设置关键字等方法来提高被浏览者搜索到的几率和网站的吸引力。然后通过注册搜索引擎、友情链接、网站广告、BBS 论坛、电子邮件等方式对网站进行推广。

1. 设置网页标题

网页标题即标签<title>和</title>之间的内容。在设置页面标题时，要尽量与当前页面的内容相一致。标题要简练，要说明页面、网站最重要的内容是什么。网页标题出现在搜索结果列表的链接上，因此可以带有一定的煽动性，以吸引浏览者点击。

2. 添加 meta 标签

除了网页标题，很多搜索引擎都会搜索到<meta>标签。这是一句说明性文字，描述页面正文的内容，句中可包含页面中使用到的关键字、词组等。形式是<meta name="description" content="描述信息">，位置位于标签<head>和</head>之间。

要向页面中添加 meta 标签，可选择【插入】|【标签】命令，打开【标签选择器】对话框。在左侧树中展开【HTML 标签】节点，单击下面的【页面构成】节点，在右侧的列表中双击 meta 标签。在【名称】下拉列表框中选择【描述】选项，在【内容】文本框中输入描述内容，单击【确定】按钮即可完成设置，如图 11-32 所示。

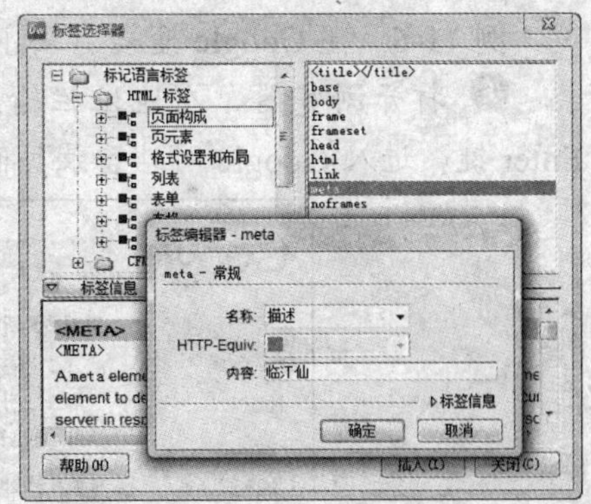

图 11-32　为网页添加 meta 标签

3. 添加关键字

网页关键字的选择要准确无误，并首先在网页标题中出现，正文中也尽量要有这些关键字。在 Dreamweaver 中为网页添加关键字的方法，与添加描述性 meta 标签的方法基本相同，只是在【名称】下拉列表框中应选择【关键字】选项，然后在【内容】文本框中输入相应的关键字即可，各关键字之间用逗号进行分隔。

4. 注册搜索引擎

搜索引擎的作用是使浏览者在浩瀚的 Internet 上迅速获取自己所需信息，据 CNNIC 架(China Internet Network Information Center，中国互联网络信息中心)调查，浏览者获知新网站有 76%左右是通过搜索引擎。因而，对于每一个新成立的网站，注册搜索引擎是其扩大网站宣传的首要选择。

下面我们首先来了解一下搜索引擎的工作原理。Internet 上的网站通过页面之间的链接建立起彼此之间的联系，而搜索引擎正是凭借这种链接在网上进行搜索。当搜索到一个新的页面时，就将其关键字放入数据库中。浏览者在搜索引擎输入查询信息的关键字，搜索引擎系统基于这些关键字，通过计算机程序自动搜索互联网上的信息，并将这些信息的网址按照一定的规则反馈给信息查询者。

随着 Internet 上信息的快速增长，目前大多数搜索引擎通过 Robots(机器人)等程序具备了自动搜索功能，即将每一页代表超级链接的词汇放入一个数据库中，供查询者使用。目前比较有名的搜索引擎有 Google、百度、雅虎等。

要正确理解搜索引擎的工作原理，就必须正确区分搜索引擎与目录查询。目录查询是由专门人员将收集到的各种网站按内容进行分类，组织成一级一级的分类目录，浏览者要获取信息，就需要按照信息的内容和特点一级一级进入到目录系统中，当提交查询请求后，系统只在该目录系统中搜索相关网站。这种通过人工登记注册网站的方式，优点是目录清晰、内容较少，被搜索到的机会较大，但缺陷是成本太高且不易更新。而搜索引擎则是通过自动方式进行注册，且系统查询的范围是整个互联网，更新速度快。

一般而言，注册网站时只需注册网站的首页即可。但很多情况下，站点首页仅仅是站点图标或几行介绍，关键信息都在链接的其他页面上。此外，大多数搜索引擎在一定时间内只接收同一域名下数量有限的页面。因而，注册页面时，最好采用将网站关键页面排序，然后逐个注册的方式。

例 11-6 在 Google 搜索引擎注册“花蝶古”网站。

❶ 打开浏览器，在地址栏输入 http://www.google.com/intl/zh-CN/add_url.html 并按 Enter 键，进入 Google 网站登录页面，如图 11-33 所示。

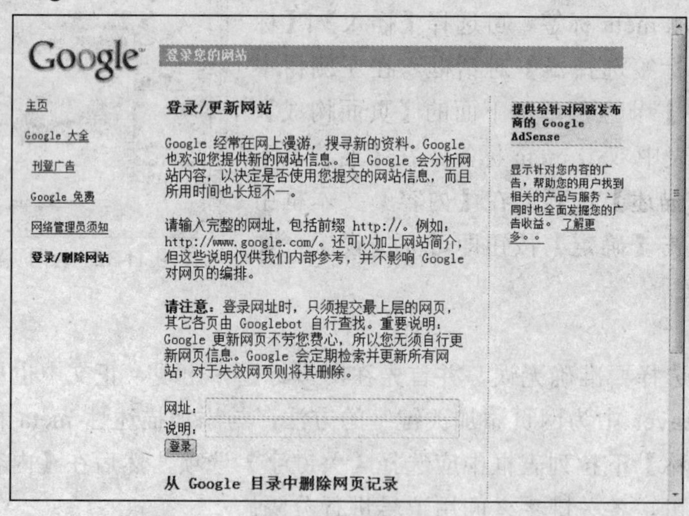

图 11-33　Google 搜索引擎免费注册页面

❷ 在【网址】文本框中输入要注册网站的地址，并在【说明】文本框中输入相关的描述信息，单击【登录】按钮。

❸ Google 会提示已经成功加载注册的网址，如图 11-34 所示。但 Google 对于何时或是否显示这些网址，不能作出任何预测或保证。

用户可在不同的搜索引擎上分别进行注册，也可以使用专门的登录软件(如登录骑兵)，一次性完成所有注册。另外，如果条件允许，用户可以使用付费注册，这样可以获得更好的网站排名。

什么是 SEO？

SEO 即搜索引擎优化(Search Engine Optimization)。世界上每一个搜索引擎都喜欢把高质量的网站排在前面。一个内容质量好、用户体验度高，网站结构、页面设计、标签注释等各方面细节都设计合理的网站，通常会获得非常好的网站排名。SEO 要做的就是优化和完善网站，把网站打造得更好，使它获得更好的排名和点击率。

5. 友情链接

也称为交换链接，主要是与自己站点内容相近、访问量相当的站点建立相互间的友情链接，或是在各自站点上放置对方的 Logo 或网站名称，以扩大站点影响力。相对于搜索引擎，网站之间的友情链接能更有效地吸引访问者。

用户也可以通过专门的站点来交换动态链接，比如网盟、太极网等。可以选择图形或文字的方式，任何成员网站的链接将出现在你的网站上。而您的网站也将按照访问量成比例地显示在成员的网站上，其最大优点是彼此之间公平。

6. 投放广告

对于一些商业型网站，花费一定数量的金钱在门户网站或其他知名网站上发布广告是十分必要的。付费方式大致有两种：cpm 和 cpc。cpm 方式是按照广告在他人网站上每显示一千次的价格计费；cpc 方式是按照广告在他人网站上每被单击访问一次的价格计费。常见的网站广告类型有：按键广告、弹出广告、旗帜广告等。

7. 在 BBS 论坛发帖宣传

这种方法虽然花费精力，但是效果非常好。要选择自己潜在的访问人群可能经常访问的 BBS，或者人气比较好的 BBS，发帖时应注意以下几点：

- 不要直接发广告，这样的帖子很容易被当作广告帖删除；
- 用好的头像和签名，头像可以专门设计一个，宣传自己的站点，签名可以加入自己网站的介绍和链接；
- 发帖要注重质量，因为发帖多、质量不好，很快就会沉底，总浏览量便不会大。发帖的关键是为了让更多的人看，变相地宣传自己的网站，所以发质量高的帖子，可以花费较小的精力，获得较好的效果。

8. QQ 群发

QQ 的在线人数为数百万，如果广告内容设计好，标题新颖，采用 QQ 方式进行群发，也可以带来很好的宣传效果。此外，还可以采用电子邮件群发方式来宣传站点，但需要的注意的是不要滥发，否则会被误认为垃圾邮件或信息，被拒绝访问。

宣传对于网站而言是非常重要的，但是网站设计人员应该懂得一个站点的真正生命在于内容本身。所以，如果本身内容枯燥、乏味，再怎么宣传也是无济于事的。因而，要不断地对网站内容进行更新、改善界面，使其更为友好。此外，树立网站的信誉也是非常重要的，不能够欺骗浏览者，网站也需要“回头客”。

本章小结

网站制作好后，要让全球 Internet 用户能访问到自己的网站，就必须将其发布到 Internet 上。在发布之前，用户需要申请主页空间和域名，进行站点的本地测试和优化，然后才能进行发布。发布完成后还要进行网站的宣传、维护等，以保证网站具有持续的生命力。本章对相关的各个环节进行了详细介绍，尤其是强调了远程站点的配置这一难点。下一章将向读者介绍 Dreamweaver 中的 Ajax 技术——Spry 框架。

习 题

填空题

1. 在发布站点之前，用户必须拥有保存站点的________，以及访问站点的________。
2. 由于访客的浏览器类型或版本的不同，很可能导致正确的页面无法正常显示。因此，在发布站点之前，必须对站点的________进行测试。
3. 当多人对网站进行维护时，可利用 Dreamweaver 的________系统，避免不同用户在同一时刻对同一网页文档进行修改。
4. ________是一句说明性文字，描述页面正文的内容，句中可包含页面中使用到的关键字、词组等。
5. 对于每一个新成立的网站，________是其扩大网站宣传的首要选择。

选择题

6. 如果用户希望使用本地计算机作为 Web 服务器，可使用(　)方式来建立远程站点。

   A. FTP　　B. 本地/网络　　C. WebDav　　D. RDS

7. Dreamweaver 的【文档】窗口状态栏中默认显示的网页下载速度是基于(　)网速的。

   A. 512Kbps　　B. 56Kbps　　C. 1Mbps　　D. 2Mbps

简答题

8. 简述 FTP 上传方式和本地/网络方式有何区别？
9. 网站的宣传方法都有哪些？

上机操作题

10. 申请一个免费的网站空间和域名。
11. 练习对网站的兼容性、下载速度进行测试，并检查网站的超级链接，对错误的地方进行修复。
12. 练习配置一个 FTP 远程站点，并进行远程连接，对本地站点进行发布。
13. 练习在百度搜索引擎上注册网站(http://www.baidu.com/search/url_submit.html)。

第 12 章

使用 Spry 框架——Dreamweaver 中的 Ajax 技术

本章主要介绍 Dreamweaver CS4 Spry 框架的用法，以制作 Ajax 驱动的网页。通过本章的学习，应该完成以下学习目标：

- ☑ 了解 Ajax 技术和 Spry 框架工具
- ☑ 了解并学会在 Dreamweaver 中使用 XML 数据
- ☑ 掌握 Spry 布局控件的用法
- ☑ 学会应用 Spry 效果
- ☑ 学会使用 Spry 验证控件

12.1　了解 Ajax 和 Spry 框架

当前，Internet 已经步入了一个新时代——Web 2.0 时代，一个可用性和交互性的新时代，其典型应用便是当前流行的 Blog、RSS、WIKI 等。而 Web 2.0 时代的核心技术便是 Ajax，即异步 JavaScript 和 XML。

用户首先应该明确的是：Ajax 不是指一种单一的技术，而是有机地利用了一系列相关的技术，这包括：

- 基于 Web 标准的 XHTML+CSS 表示；
- 使用 DOM 进行动态显示和交互；
- 使用 XML 和 XSLT 进行数据交换及相关操作；
- 使用 XMLHttpRequest 进行异步数据查询、检索；

最后，JavaScript 用来将所有这些技术整合在一起。

Ajax 中的关键术语是 Asynchronous(异步)，即“不同时发生”。通常情况下，访客浏览的页面是一个极其线性的处理过程。例如，您在 Internet 上正在浏览某个企业的站点，过程如下：

① 用您的浏览器访问一个页面

② 最初的页面由一个远程服务器传送

③ 您的浏览器呈现出了页面

④ 单击页面上的某个链接，以了解更多相关的信息

⑤ 您的浏览器请求一个来自远程 Web 服务器的带有其他信息的页面

⑥ Web 服务器传送这个新页面

⑦ 您的浏览器加载这个包含新详细信息的页面，并显示出整个新页面

但如果该企业的站点是使用 Ajax 驱动的，那么上述过程转变为：

① 用您的浏览器访问一个页面

② 最初的页面由一个远程服务器传送

③ 您的浏览器呈现出了页面，同时将所有的相关信息加载到 Ajax 引擎中

④ 单击页面上的某个链接，以了解更多相关的信息

⑤ Ajax 扮演中间人的角色，捕捉到新的请求后，回到其中任何一个相关的详细信息中

⑥ 您的浏览器在现有的页面上显示出了新的详细信息，并只更新相关的页面部分

从本质上讲，Ajax 为页面加载了相关数据，但是直到浏览器发出请求时才会显示这些相关的数据。这样，用户就能更平滑地体验这些信息。如果浏览器请求加载更多的数据信息，Ajax 引擎会从后台 Web 服务器下载这些数据，然后在需要的时候传送给浏览器进行显示。与传统的 Web 应用相比，Ajax 应用程序的优势在于：

- 通过异步模式，提升了用户体验；
- 优化了浏览器和 Web 服务器之间的传输，减少了不必要的数据往返，降低了带宽占用；
- Ajax 引擎在客户端运行，承担了一部分原来由 Web 服务器承担的任务，从而降低了大用户量下的服务器负载。

开发 Ajax 应用程序需要具备深厚的 JavaScript 编程知识，好在 Dreamweaver CS4 提供了一个以 Spry 命名的 Ajax 框架，使复杂的编程变成了简单的可视化操作。Spry 框架是一个用来构建 Ajax 网页的 JavaScript 和 CSS 库，包含 4 套不同的 Spry 工具。

- Spry 数据控件：将 XML 数据并入任何一个页面，并允许数据的 Ajax 样式交互显示。
- Spry 表单控件：将表单元素(如文本域、列表等)与 JavaScript 验证功能联合起来。
- Spry 布局控件：提供一系列顶尖的布局控件，例如标签面板、折叠式面板等。
- Spry 效果：通过高级效果扩展了 Dreamweaver 行为库，来交互影响页面元素。Spry 效果包括渐隐、显示、滑动、晃动目标等。

在 Dreamweaver CS4 中，Spry 数据控件、Spry 表单控件、Spry 布局控件集中在【插入】面板的【Spry】类别下，并且根据不同的功能又将其分配在相应的类别中，方便归类与用户使用，如图 12-1 所示。Spry 效果则位于 Dreamweaver 的行为库中。

图 12-1　Dreamweaver CS4 提供的 Spry 控件

每一个 Spry 控件都由以下 3 部分组成：

- 控件结构——用来定义控件结构组成的 HTML 代码块；
- 控件行为——用来控制控件如何响应用户事件的 JavaScript 代码；
- 控件样式——用来指定控件外观的 CSS 代码。

12.2　XML 基础知识

XML，即可扩展标记语言(Extensible Markup Language)，已经成为 Web 上存储和维护数据的标准格式。XML 中的数据是自描述的，而且是按层次结构组织的。除最顶层的标记以外，每个元素都有父标记。一般情况下，XML 文件在其最顶层的标记中仅描述所包含信息的类型。

12.2.1　理解 XML 标记

XML 是一种标记语言。要理解 XML，首先要理解标记。在 HTML 中，标记(标签)的作用是告诉浏览器这段文本或图像如何显示，例如标记<B>的含义是将一段文本加粗显示。XML 与 HTML 不同，它没有事先提供一组已经定义好了的标记，而是提供了一个标准，开发者可以遵循这个标准，根据实际需要自定义标记，例如定义一个存储书名的标记<book>，可采用如下方式存储一本书的名称：

```
<book>Visual C# 2005 程序设计与应用简明教程</book>
```

标记都是配对使用的，即开标记和闭标记，标记中间是存储的数据。需要注意的是在 XML 中，标记是区分大小写的，也就说<book>和<BOOK>代表不同的标记，使用</BOOK>来关闭<book>是非法的。从本质上说，XML 是一种源标记语言，是定义语言的标准，它允许设计者根据所提供的规则，制定各种各样的标记语言。

和 HTML 中的标记一样，XML 标记也可以嵌套使用，例如：

```
<book>
<title> Visual C# 2005 程序设计与应用简明教程</title>
<author>严涛</author>
<price>29.99 元</price>
<pressdate>2007-09-01</pressdate>
</book>
```

但是标记不允许重叠，因此在父标记关闭之前，必须关闭所有的子标记。另外，可以有空标记，即标记中没有存储的文本或数据。

XML 标记有 3 类意义：结构、语义和样式。结构将文档分成标记树，不同的标记名称没有结构上的意义；语义将单个的标记与外部的实际事物联系起来，它的意义存在于 XML 文档之外，在作者或读者的心中，或者是某些生成、读取这些文档的计算机程序中，例如讲英语的人可能会比<p>或<foo>更容易理解<document>的意义；样式则指定如何显示这些内容，说明指定的元素是使用粗体、斜体、还是其他字体来显示，在 XML 中，样式是通过样式单施加的。

12.2.2 XML 属性

与在标记内存储数据一样，也可以在属性内存储数据，属性添加到标记的开标记内，其中属性值必须包含在单引号或双引号内，例如：

```
<book title="Visual C# 2005 程序设计与应用简明教程"></book>
```

或者

```
<book title='Visual C# 2005 程序设计与应用简明教程'></book>
```

既然在 XML 中，可以使用标记或属性这两种方式来存储数据，那么在具体使用时，应该如何选择呢？

两种方式实际上并没有太大的区别。如果日后需要对数据添加更多的信息，建议最好使用标记来存储，因为可以对标记添加子标记或属性，而对于属性则不可以。如果文件不进行压缩就需要传送到网络上，由于属性占用更少的带宽，更便于保存一些对文档的每一位用户无关紧要的信息，建议使用属性来存储数据。

12.2.3 XML 声明

除了标记和属性外，XML 文档还包括许多其他组成部分，它们统称为 XML 文档的节点，XML 声明通常是 XML 文档的第一个节点，包含在几乎所有的 XML 文档中。XML 声明的格式非常类似于标记，但在标记内有问号，它通常的名称是 xml，并带有 version 属性，最简单的声明形式为：

```
<? xml version="1.0"?>
```

另外，还可以在 XML 声明中包含属性 encoding，其值表示用于读取文档的字符集，例如 UTF-16 表示文档使用 16 位 Unicode 字符集，还可以包含 standalone 属性，其值为 yes 或 no，表示 XML 文档是否依赖于其他文件。

12.2.4 XML 文档的结构

XML 中的完整数据集就是 XML 文档。XML 文档可以是计算机上的物理文件，或者内存中的字符串，但其本身必须是完整的，遵循一定的规则。XML 文档由许多不同的部分组成，其中最重要的就是 XML 标记，它存储着文档的实际数据。XML 文档最大的特点是提供了一种结构化的数据组织、存储方式，这与传统的关系数据库系统存储数据的方式有很大不同。在关系数据库中，通过表来存储数据，表通过列值而发生关联，每一个表在行和列中存储数据：每一行存储一条记录，每一列存储该记录的特定数据项。

相反，在 XML 文档中，数据是分层组织和存储的，这类似于 Windows Explorer 中的文件夹和文件。但每一个 XML 文档必须有一个根节点，其中包含所有的节点和数据，如果在文档的顶级中包含多个节点，则该文档是非法的，但可以在顶级中包含 XML 声明。例如下面的 XML 文档是合法的：

```
<? xml version="1.0"?>
<books>
<book>Visual C# 2005 程序设计与应用简明教程</book>
<book>SQL Server 2005 数据库原理与应用简明教程</book>
<book>ASP.NET 2.0 开发技术简明教程</book>
</books>
```

但是下面的 XML 文档就不合法：

```
<? xml version="1.0"?>
<book> Visual C# 2005 程序设计与应用简明教程</book>
<book> SQL Server 2005 数据库原理与应用简明教程</book>
<book> ASP.NET 2.0 开发技术简明教程</book>
```

利用 XML 文档来组织和存储数据具有很大的灵活性，不需要任何预定义的结构，而关系数据库总是在添加数据之前定义信息的存储结构，所以 XML 是存储小型数据的最简便方式。

12.2.5 创建 XML 文档

下面创建一个 XML 文档，该文档将是本章网页所基于的数据源。启动 Dreamweaver CS4，选择【文件】|【新建】命令，打开【新建文档】对话框。在左侧选择【空白页】选项，在【页面类型】列表中选择【XML】，如图 12-2 所示。

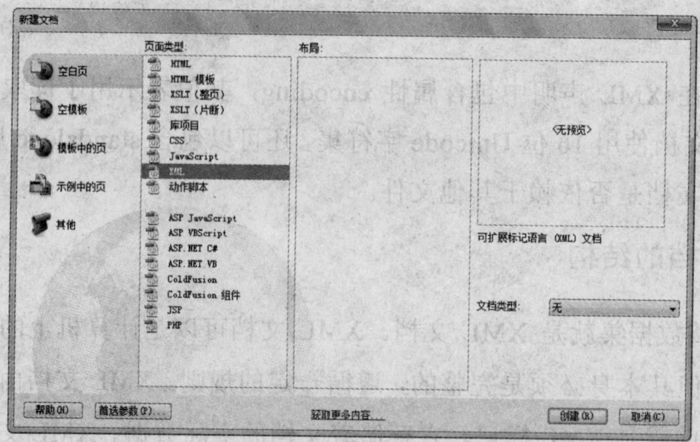

图 12-2　新建 XML 文档

单击【创建】按钮，【文档】窗口中显示一个未命名的 XML 文档，编辑文档内容，如图 12-3 所示。

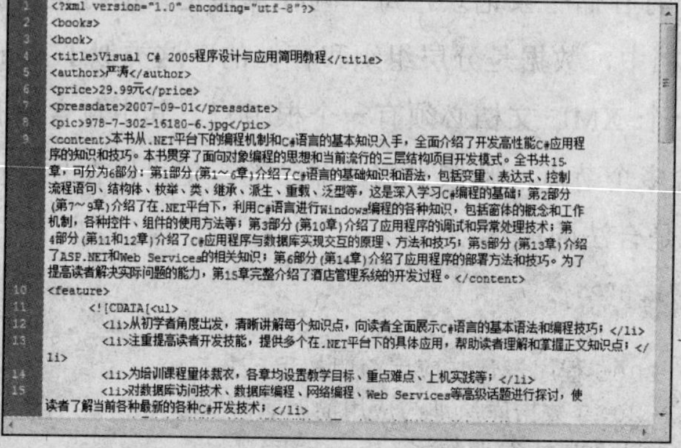

图 12-3　编辑 XML 文档内容

完成内容的编写后，按 Ctrl+S 键进行保存。系统打开【另存为】对话框。首先指定文档的名称和保存位置，然后在【保存类型】下拉列表框中选择【XML 文档】，这样保存的才是 XML 文档，如图 12-4 所示。

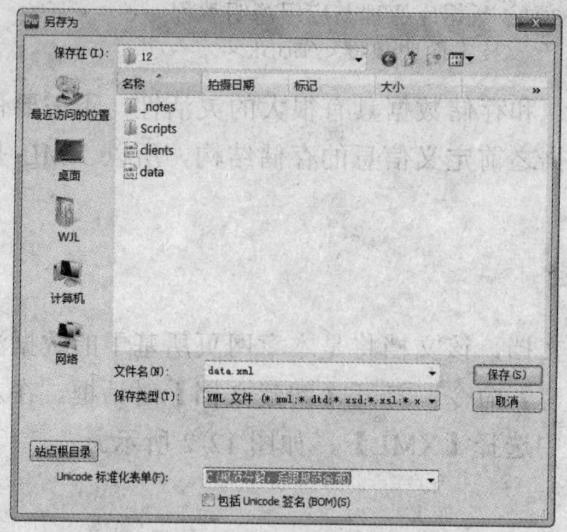

图 12-4　将文档保存为 XML 类型

提示：CDATA 分隔符允许 XML 数据包含 XML 标签，例如图 12-3 中的 XML 文件中就包含了一个完全格式化的 HTML 无序列表。

12.3　使用 Spry 数据控件

通过在页面中插入 Spry 数据控件，用户可以在浏览器中以动态方式与页面进行快速交换。例如可以插入一个可排序的表格，用户无需执行整页刷新，就可以重新排列该表格；或者在表格中包含 Spry 动态表格对象来触发页面上其他位置的数据更新。Spry 框架提供了 4 个数据控件：

- Spry 数据集——用于标识网页所基于数据的 XML 源文件；
- Spry 区域——定义 Spry 区域，用于容纳 Spry 数据对象；
- Spry 重复项——用于定义可重复显示的区域；
- Spry 重复列表——定义并显示重复列表；

12.3.1　创建 Spry 数据集

要在网页中使用 XML 文档中的数据，就必须首先标识包含数据的 XML 源文件，即创建 Spry 数据集，然后才能在页面中插入一个或多个 Spry 数据控件以显示此数据。当用户在浏览器中打开该页面时，该数据集会作为 XML 数据的一个扁平面化数组进行加载。该数组就像一个包含行和列的标准表格。

例 12-1　创建 Spry 数据集。

❶ 启动 Dreamweaver CS4，在【文件】面板打开本章提供的素材，双击 start.htm 打开该文档，如图 12-5 所示。

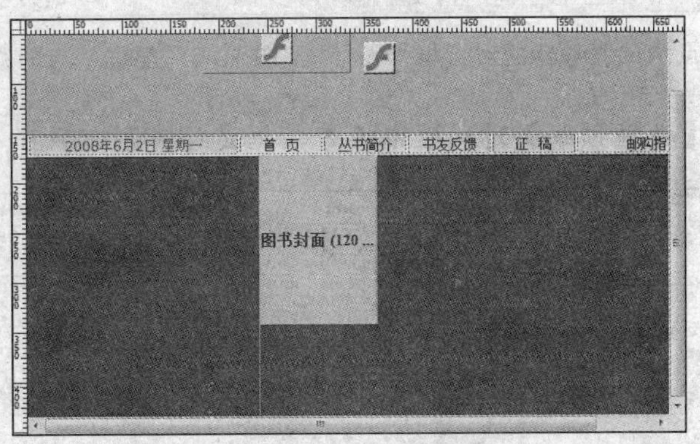

图 12-5　start.htm 页面

❷ 在【插入】面板中，切换到【Spry】分类，单击【Spry 数据集】按钮，打开【Spry 数据集】对话框。

❸ 在【选择数据类型】下拉列表框中选择 XML，在【数据集名称】文本框中将名称命名为“booklist”。

❹ 单击【浏览】按钮，在打开的【选择 XML 源】对话框中，导航到本章素材中的 data.xml 文档(即 12.2.5 节中创建的 XML 文档) 并选择，单击【确定】按钮。

❺ 选择的 XML 文档名称将显示在【指定数据文件】文本框中。当架构显示在【行元素】列表框中时，单击重复的登录项 book，如图 12-6 所示。

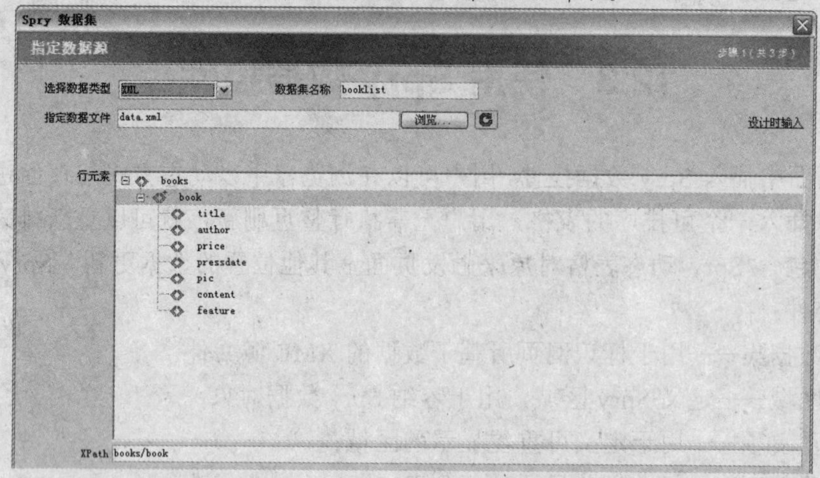

图 12-6　建立 Spry 数据集

注意： 制作 **Ajax** 网页时，必须对站点配置测试服务器，否则 **Dreamweaver CS4** 会提示图 **12-7** 所示的对话框。单击【测试服务器】链接，在打开的站点定义对话框中，设置服务器模型、访问方式以及测试服务器文件，如图 **12-8** 所示。在选择服务器模型时，用户可根据自己擅长的语言进行选择，这里选择的是 **ASP.NET C#**。

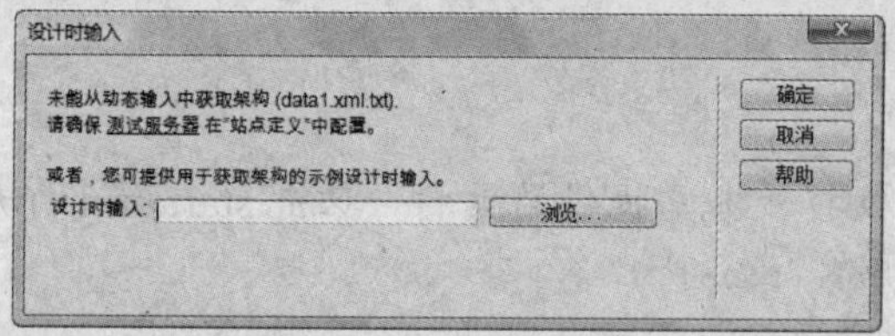

图 12-7　提示配置站点测试服务器的对话框

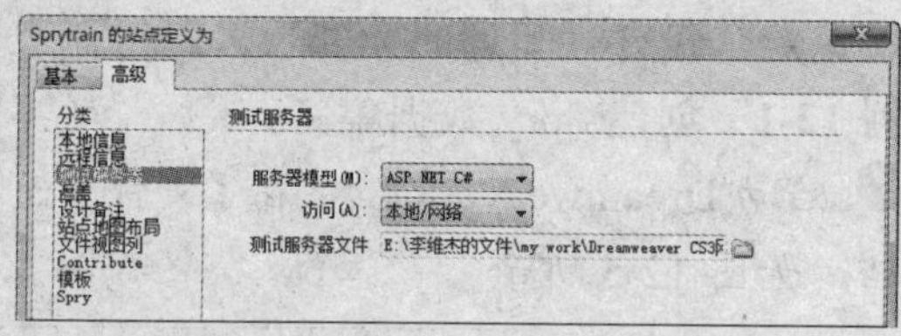

图 12-8　配置站点的测试服务器

❻ 可以在下方的【数据预览】列表框中检查数据是否可用以及正确，如图 12-9 所示。

数据预览

title	author	price	pressdate	pic	content	feature
Visual C# 2005程	严涛	29.99 元	2007-09-01	978-7-	本书从.NET平台下的编程机制和C#语言的基本知识入手，全面介绍了开发高性能C#应用程序的知识和技巧。本书贯穿了面向对象编程的思想和当前流行的三层结构项目开发模	<ul> <li>从初学者角度出发，清晰讲解每个知识点，向读者全面展示C#语言的基本语法和编程技巧；</li> <li>注
SQL Server 2005数	李德杰 孙乾君	29.00 元	2007-05-01	978-7-	本书通过大量翔实的示例，向读者展示了SQL Server 2005数据库的原理、开发、应用及管理的相关技术和技巧。全书15章，可分为3大部分：第1部分(第1、2章)概述了数据库的	<ul> <li>从初学者角度出发，清晰讲解每个知识点，向读者全面展示C#语言的基本语法和编程技巧；</li> <li>注
ASP.NET 2.0开发技术简明教程	田辉	28.00 元	2008-03-01	978-7-	本书共14章，从使用ASP.NET 2.0进行Web应用程序开发的角度，较为全面地介绍了ASP.NET 2.0的各种基础知识和开发技术。针对初学者的特点，本书从Web页和Web站点的	<ul> <li>从ASP.NET开发Web站点的基础知识讲起，体现ASP.NET 2.0的编程新特性；</li> <li>紧密围绕

帮助　上一个　下一个　完成　取消

图 12-9　预览数据集中的内容

❼ 下面来更改数据列的数据类型。单击【下一个】按钮，在【列名称】下拉列表框中选中【pressdate】列，在【类型】下拉列表框中选择【日期】。用同样的方法将【pic】列设置为【html】数据类型。

提示： **Dreamweaver** 默认所有列为字符串类型。设置适当的数据类型对于分类操作是十分必要的，例如利用数字类型进行排序。另外，如果希望某个列的值作为图像的 **src** 值，

则必须将其设置为 html 类型。

❽ 从【对列排序】下拉列表框中选择【pressdate】，将排序方式设置为【降序】，如图 12-10 所示。

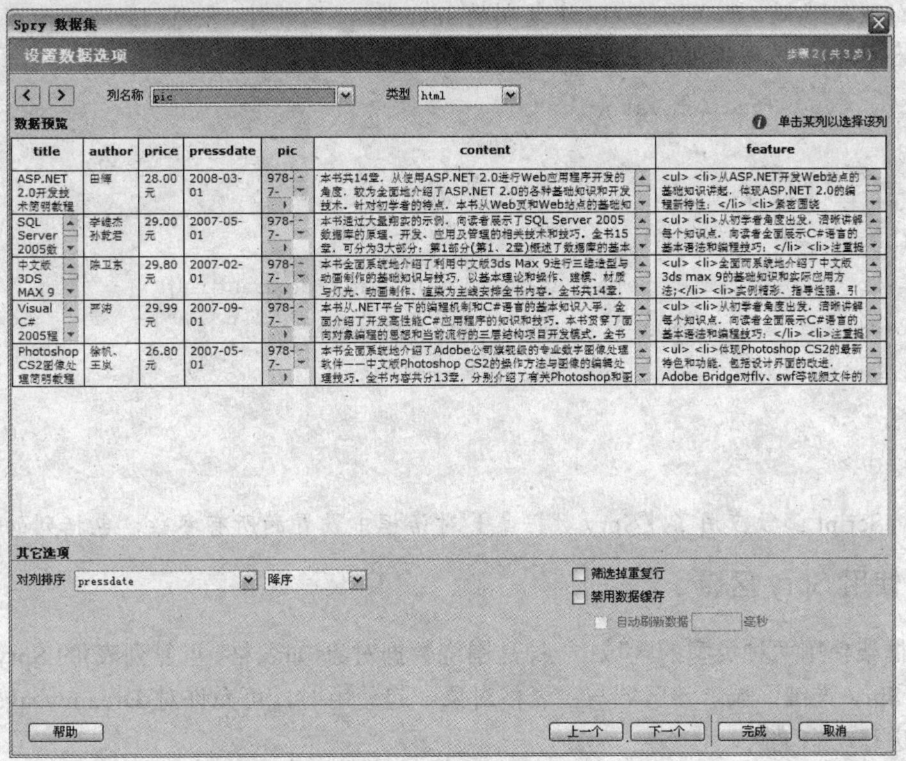

图 12-10　更改列的数据类型并设置排序规则

❾ 单击【下一个】按钮，选择【不要插入 HTML】。单击【完成】按钮，【绑定】面板将显示定义的 XML 数据集及其字段列，如图 12-11 所示。

❿ 选择【文件】|【保存】命令，当出现【复制相关文件】对话框时，单击【确定】按钮，如图 12-12 所示。

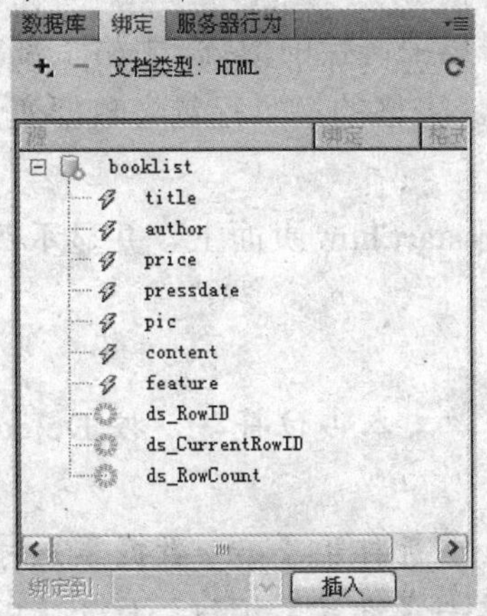

图 12-11　创建的 Spry 数据集

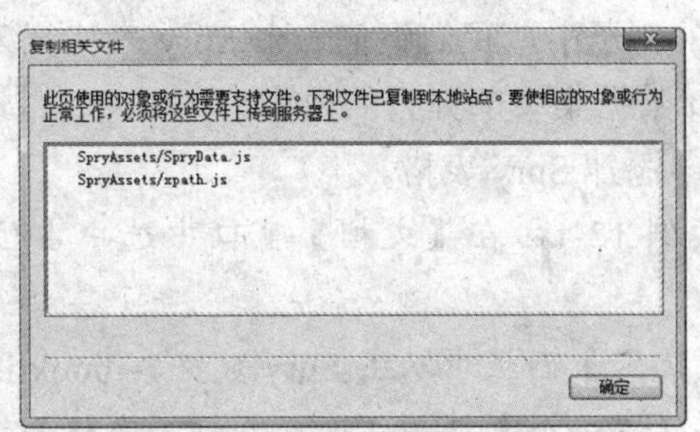

图 12-12　【复制相关文件】对话框

注意：Dreamweaver CS4 需要为创建的 Spry 数据集定义几个 JavaScript 文件，以使

其正常地运行。用户必须在本地站点中复制图 12-12 中出现的相关文件，否则可能导致 Spry 数据功能运行错误。

⑪ 虽然 start.htm 文档的【设计】视图中没有明显变化，但 Dreamweaver CS4 已经插入了大量的关键代码，除了图 12-12 中复制的 JavaScript 文件外，一个 JavaScript 函数也包含在了文档的<head>标签中，读者可切换到【代码】视图查看：

```
<script type="text/javascript">
<!--
    var booklist = new Spry.Data.XMLDataSet
    ("data.xml","books/book",
    {sortOnLoad:"pressdate",sortOrderOnLoad:"descending"});
    booklist.setColumnType("pressdate", "date");
    booklist.setColumnType("pic", "html");
//-->
</script>
```

该 JavaScript 函数应用了【Spry 数据集】对话框中设置的所有参数，包括列的类型。

12.3.2 使用 Spry 区域

Spry 框架使用两种类型的区域：一种是围绕数据对象(如表格、重复列表)的 Spry 区域；另一种是 Spry 详细区域，该区域与主表格对象一起使用时，可允许对 Dreamweaver 页面上的数据进行动态更新。

所有的 Spry 数据对象都必须括在 Spry 区域中，如果在添加 Spry 区域之前尝试向页面中添加 Spry 数据对象，Dreamweaver 将提示用户添加 Spry 区域。默认情况下，Spry 区域位于 Div 容器中。用户可以在添加表格之前添加 Spry 区域，也可以在插入表格或重复列表时由系统自动添加 Spry 区域。

12.3.3 使用 Spry 表格

网页设计者通常在一个两行表格中显示 Spry 数据集中链接的数据。表格上部的一行包含栏标题，它可以有选择性地对下面的数据进行分类。表格的第二行包含数据变量，当浏览页面时，这些变量就被实际的数据值替换。

在下面的例子中，我们将把一个 Spry 表格插入到 start.htm 页面上，并显示例 12-1 创建的 booklist 数据集中部分列的内容。

例 12-2 添加 Spry 表格。

❶ 继续例 12-1。在【文档】窗口中选中占位符“文本占位符”，按 Delete 键将其删除。

❷ 在【绑定】面板中双击 Spry 数据集 booklist，重新打开【spry 数据集】对话框。

❸ 单击【下一个】按钮，选择【插入表格】，单击【设置】按钮，打开【Spry 数据集-插入表格】对话框。在【列数】列表框中分别选中 author、pic、content、feature，单击【删除列】按钮⊟，这 4 个被删除的列将不显示在创建的 Spry 表格中，如图 12-13 所示。

❹ 分别选中 title、price、pressdate，然后选中【单击标题时将对列排序】复选框。

❺ 下面对 Spry 表格中的数据应用一些 CSS 样式。从【奇数行类】下拉列表中选择【oddRow】，从【悬停类】下拉列表框中选择【hoverRow】，【偶数行类】保持空白，从【选择类】下拉列表框中选择【selectRow】，如图 12-14 所示。

oddRow、hoverRow、selectRow 是设计好的 CSS 样式，它们的代码如下所示：

```
.oddRow{
        background-color: #FFFF99;
    }
.hoverRow, .selectRow{
        background-color: #FFFF00;
        cursor: pointer;
        cursor: hand;
    }
```

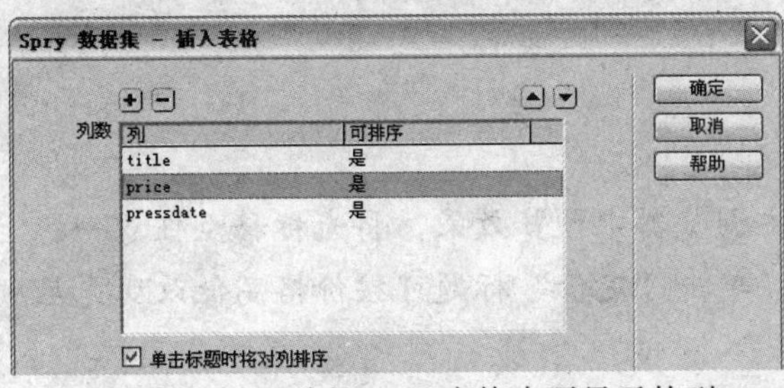

图 12-13　选择 Spry 表格中要显示的列

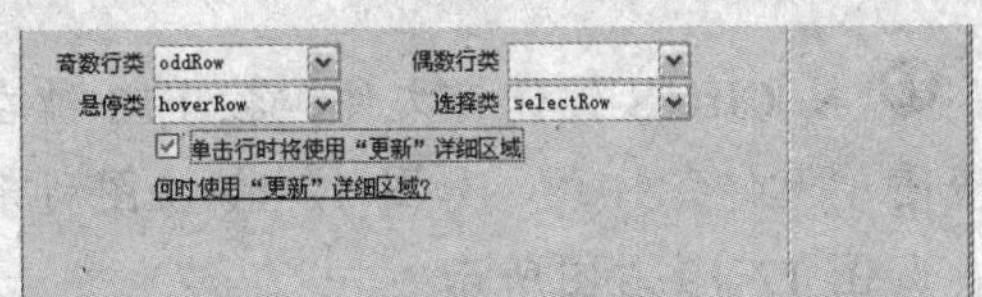

图 12-14　为 Spry 表格中的数据应用 CSS 样式

❻ 为了建立与该 Spry 表格相联系的 Spry 详细区域，选中【单击行时将使用"更新"详细区域】复选框。

❼ 单击【确定】按钮，返回【Spry 数据集】对话框。单击【完成】按钮，当 Dreamweaver 提示是否添加 Spry 区域时，单击【是】按钮。此时页面中显示插入的 Spry 表格，如图 12-15 所示。

❽ 选择栏标题"title"，按 Delete 键删除，然后重新输入"书名"。用同样的方法更改"Price"为"定价"、"Pressdate"为"出版日期"，如图 12-16 所示。

图 12-15　页面中插入的 Spry 表格　　图 12-16　更改 Spry 表格的标题

❾ 将光标移到 Spry 表格相邻的列之间，当光标变形时拖动，改变列的宽度以便容纳列的内容，如图 12-17 所示。

图 12-17　调整 Spry 表格列的宽度

⑩ 下面来为 Spry 表格应用设计好的 CSS 样式。将光标置于 Spry 表格中，在标签选择器中单击标签<table>，在属性检查器中，从【表格】下拉列表中选择 dataTable 样式，在【间距】文本框中输入 0，如图 12-18 所示。

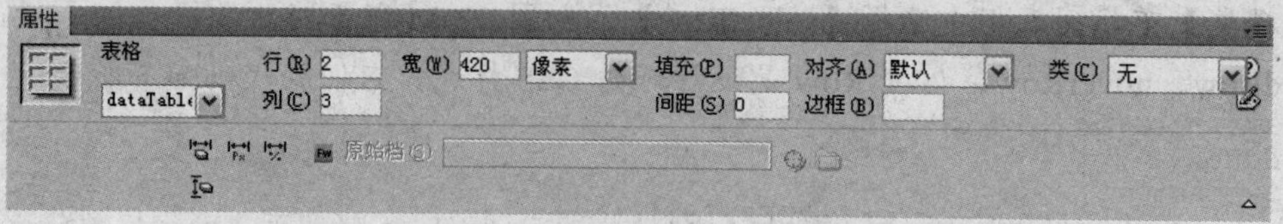

图 12-18 为 Spry 表格应用 CSS 样式

dataTable 样式将表格宽度设置为 100%，并对表格内的所有单元格应用填充，其代码如下所示：

```
#dataTable td, #dataTable th{ padding: 5px; }
    th { text-align: left;
         cursor: pointer;
         cursor: hand;
    }
```

⑪ 按 Ctrl+S 键保存文件。按 F12 键在主浏览器中预览效果，将光标移至任意一行上来查看“悬停”样式，如图 12-19 左图所示。单击“定价”标题可按价格高低改变先后顺序，如图 12-19 右图所示。

图 12-19 预览 Spry 表格效果

⑫ 将文档另存为 final.html。

将例 12-2 创建的 Spry 表格作为主表格对象，在页面的另一个区域——Spry 详细区域，显示其他相关的图像和文本。

例 12-3 添加 Spry 详细区域。

❶ 继续例 12-2，首先将文档另存为 final1.html。双击“图书封面”占位符，打开【选择图像源文件】对话框，选中【数据源】单选按钮。

❷ 从【域】列表中选中【pic】数据列，将光标定位在【URL】文本框中，在数据变量{booklist::pic}之前，输入“images/”，如图 12-20 所示。

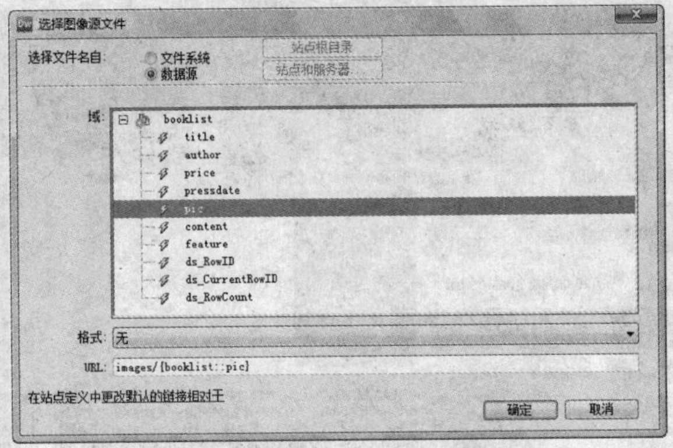

图 12-20　【选择图像源文件】对话框

❸ 单击【确定】按钮，【文档】窗口中会出现断裂的图像占位符。但用户不必担心，当在浏览器中浏览时，就会出现正确的图像。下面来添加动态文本元素。

❹ 选中文本占位符“内容简介”，按 Delete 键将其删除。在【绑定】面板中选中【content】列，然后单击【插入】按钮，如图 12-21 所示。Dreamweaver 会为添加的 Spry 动态文本自动插入相关代码。

❺ 选中文本占位符“本书特色”，用同样的方法将其删除后，绑定到数据集 booklist 的【feature】列。

❻ 要完成 Spry 详细区域和 Spry 表格之间的链接，首先需要识别页面区域中的 Spry 详细区域。从标签选择器中选择标签<div#right>(即图像占位符和动态文本所在的 Div 容器)，按 Ctrl+T 键打开快速标签编辑器。输入代码‘spry:detailregion="booklist"’，如图 12-22 所示，按 Enter 键使设置起作用。

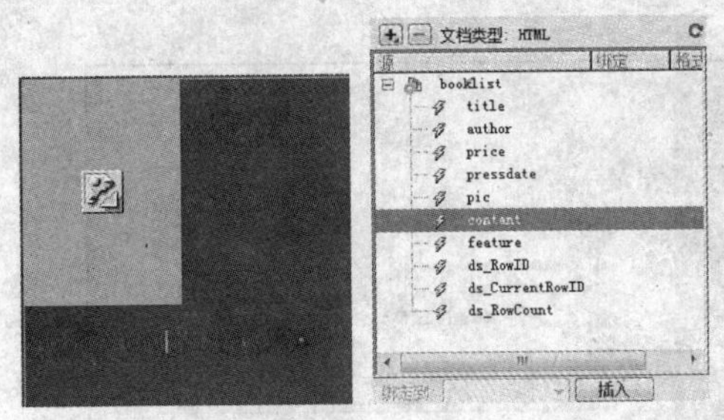

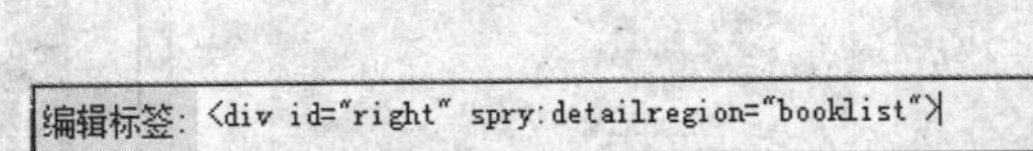

图 12-21　绑定动态文本元素　　　　图 12-22　快速编辑标签

提示：用户可以注意到，标签选择器中的<div#right>标签变成红橙色显示，这是因为该标签带有了 Spry 属性。此外，由于添加了详细区域，动态文本变量被修改为{content}和{feature}。

❼ 按 Ctrl+S 键保存页面。按 F12 键预览页面，在主区域(Spry 表格)中单击任意一行，Spry 详细区域都将显示其对应的内容，如图 12-23 所示。

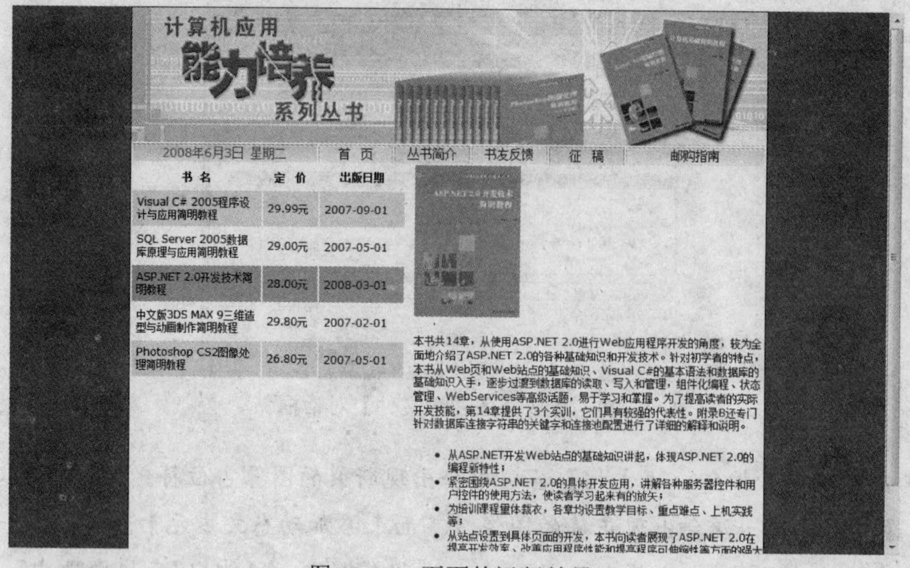

图 12-23　页面的运行效果

12.3.4　使用 Spry 重复项和 Spry 重复列表

用户可以添加重复区域来显示数据。重复区域是一个简单数据结构，用户可以根据需要设置它的格式以显示数据。例如，使用 Spry 重复项(即 Spry 重复区域)可以将一组照片逐个地放在页面某个布局对象中，如图 12-24 所示。

对于经过排序的列表，或者未经排序的项目符号列表，用户可以通过 Spry 重复列表将它们在页面中重复显示。例如，对于图 12-24 中的重复项，如果采用重复列表方式进行显示，那么 Dreamweaver 会在每项前面添加一个项目符号，如图 12-25 所示。

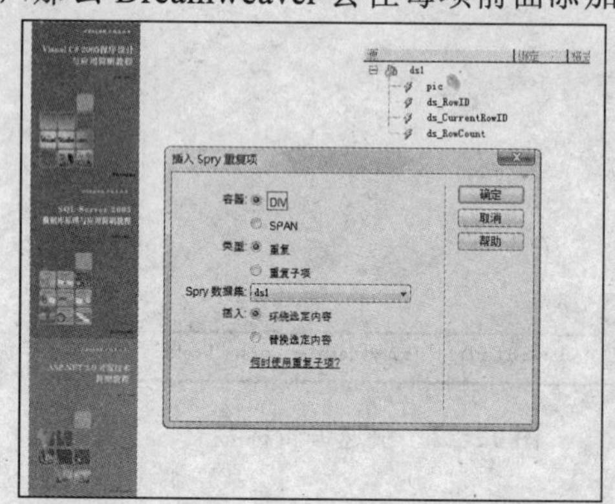

图 12-24　Spry 重复项效果

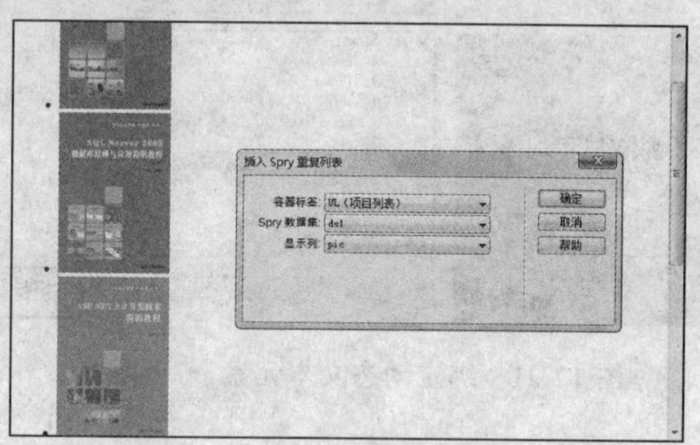

图 12-25　Spry 重复列表效果

12.4　使用 Spry 布局控件

Spry 布局控件合并了顶尖的 JavaScript 效果和完整的 CSS 样式，可帮助网页设计者快速将经典的网页布局应用到页面上。

12.4.1　使用 Spry 菜单栏

Spry 菜单栏是一组可导航的菜单按钮，当访问者将鼠标指向其中的某个按钮上时，将显示相应的子菜单。使用 Spry 菜单栏可以在紧凑的空间中显示大量导航信息，方便访客快速访问到目标页面。

1. 创建 Spry 菜单栏

要创建 Spry 菜单栏，可将【插入】面板切换到【Spry】类别，单击【Spry 菜单栏】按钮，打开【Spry 菜单栏】对话框。Spry 框架提供了两种布局方式：水平和垂直。这里选中【水平】单选按钮，单击【确定】按钮，即可创建一个水平样式的 Spry 导航菜单栏，如图 12-26 所示。图 12-27 所示为垂直样式的 Spry 菜单栏。

图 12-26　水平样式的 Spry 菜单栏

图 12-27　垂直样式的 Spry 菜单栏

按 Ctrl+S 键保存文档，即可预览默认样式的 Spry 菜单栏，当某个菜单栏右侧出现小三角时，表示该菜单还包括子菜单。水平 Spry 菜单栏和垂直 Spry 菜单栏的编辑方法类似，下面以垂直 Spry 菜单栏为例，介绍如何编辑 Spry 菜单栏。

2. 编辑 Spry 菜单栏

在页面中创建了 Spry 菜单栏后，可通过属性检查器来设置 Spry 菜单栏的名称，如图 12-28 所示。默认的 Spry 菜单栏名称为 MenuBar1，用户可重新命名，但注意不要使用汉字。单击【禁用样式】按钮，Spry 菜单栏将变成项目列表。

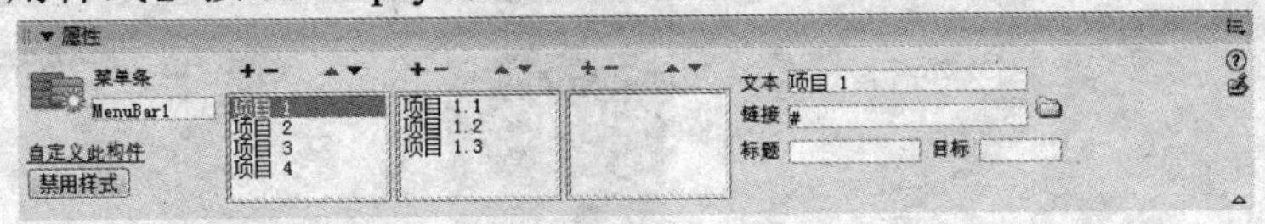

图 12-28　Spry 菜单栏的属性检查器

从图 12-28 中可以看出，默认的 Spry 菜单栏只有两级。在第一级菜单列表框中选中【项目 1】选项，可以在【文本】对话框中对该菜单重新命名，如“公司简介”。用同样的方法可为其他的各级菜单重命名，如图 12-29 所示。

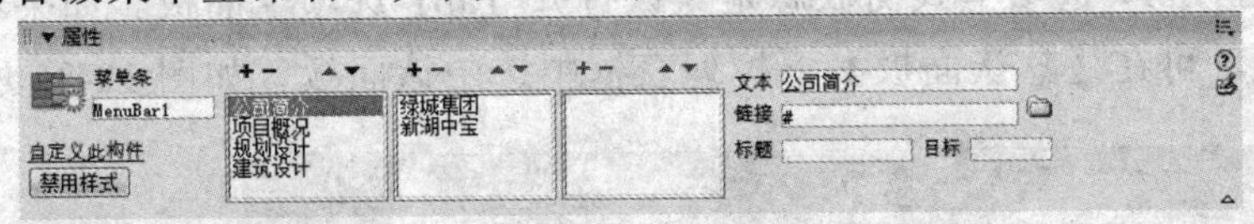

图 12-29　修改菜单名称

既然 Spry 菜单栏是用于页面导航的，那就离不开链接。要为菜单设置链接，可首先在菜单列表框中选中该菜单，然后在【链接】文本框中设置目标页面的路径。在【标题】文本框中可以设置菜单的提示文本信息，在【目标】文本框中可以指定目标页面的打开位置。

默认的 Spry 菜单栏的菜单数量有限，一级菜单只有 4 个。在一级菜单列表框的顶部单击【+】按钮，列表框中将出现一个默认为“无标题项目”的菜单，重新命名即可。如果要为某个菜单添加子菜单，可首先选中它，然后在其下级菜单列表框中单击【+】按钮，添加菜单项即可。如果要删除某个菜单，可首先选中它，然后单击其所在列表框顶部的【—】按钮，该菜单相应的子菜单也将被同时删除。

如果用户需要调整菜单的显示顺序，可首先选中它，然后单击菜单列表框顶部的向上或向下三角按钮即可。

12.4.2 使用 Spry 选项卡式面板

Spry 选项卡式面板可以将内容放置在紧凑的页面空间中，访问者可以通过单击要访问面板上的选项卡标签，来隐藏或显示选项卡面板中的内容。

1. 创建 Spry 选项卡式面板

将【插入】面板切换到【Spry】类别，单击【Spry 选项卡式面板】按钮，光标所在的位置将出现一个 Spry 选项卡面板，如图 12-30 所示。

默认情况下，选项卡面板打开的是 Tab1 选项卡面板。要打开其他的选项卡面板，可将光标移向选项卡顶部的标签，当出现眼睛图标时单击即可。

2. 编辑 Spry 选项卡式面板

要更改选项卡标签的名称，可首先切换到该选项卡面板，然后选中标签并按 Delete 键，重新输入即可。在面板中，用户可以输入文本，也可以插入图像等元素，方法与在表格中的操作相同，如图 12-31 所示。

新建的 Spry 选项卡式面板的默认名称为 TabbedPanels1，在属性检查器中，可以在【选项卡式面板】文本框中对其重新命名。另外，默认情况下，Spry 选项卡式面板只包含两个选项卡面板，单击【+】按钮可进行添加。

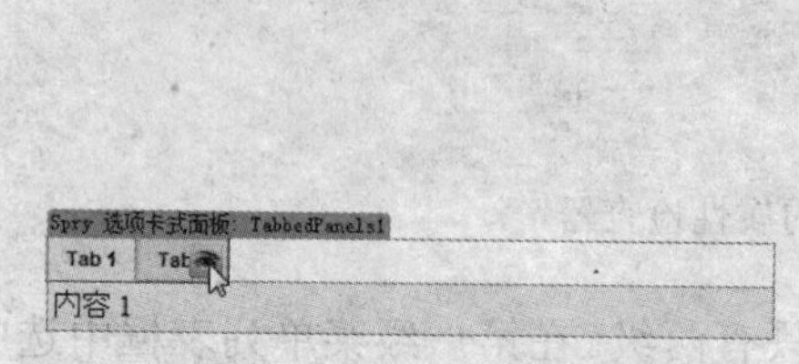

图 12-30 创建 Spry 选项卡式面板

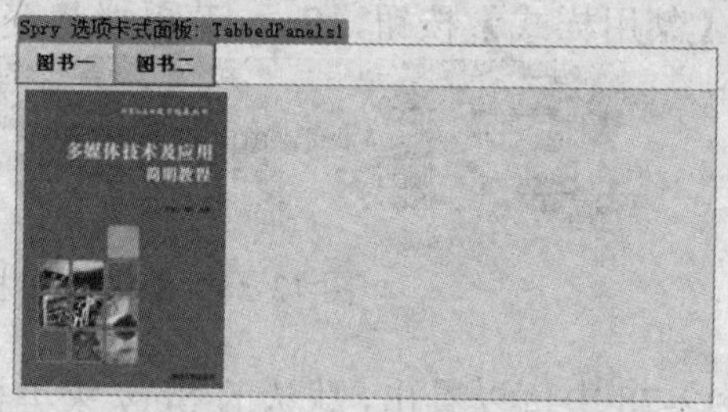

图 12-31 编辑选项卡面板内容

预览页面时，Spry 选项卡式面板总是默认打开 Tab1 选项卡面板。如果希望默认显示其他选项卡面板，可在【默认面板】下拉列表框中选中该面板，如图 12-32 所示。

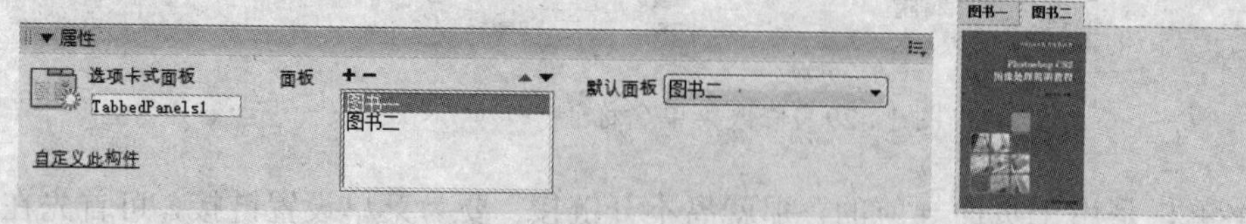

图 12-32 更改默认显示的选项卡面板

在 Spry 选项卡式面板中添加选项卡面板以及调整选项卡面板顺序的方法与 Spry 菜单栏相似，读者可参阅 12.4.1 节内容。

12.4.3　使用 Spry 折叠式控件

Spry 折叠式控件是一组可折叠的面板，当单击不同的面板标签时，该面板就会相应的展开或收缩。在折叠控件中，每次只能有一个面板处于打开可见的状态。Spry 折叠式控件的编辑方法与 Spry 选项卡式面板控件相似，但不能更改默认打开的面板，而且面板的高度都是固定的。如果内容溢出，则会自动添加滚动条以显示。

下面的例子基于例 12-2。把 Spry 折叠式控件并入 Spry 详细区域中，用折叠面板来显示动态文本内容。

例 12-4　添加 Spry 折叠式面板。

❶ 打开例 12-2 保存的页面 final.html，选择【文件】|【另存为】命令，将页面另存为 final2.html。

❷ 选中文本占位符“内容简介”，在标签选择器选中标签<p>，按 Delete 键将占位符内容连同标签一同删除。

❸ 用同样的方法删除文本占位符“图书特色”及其所在的<p>标签。

❹ 下面来在 Spry 详细区域中添加 Spry 折叠式面板。将【文档】窗口切换到【代码】视图。将光标置于图 12-33 左图所示位置，即动态图像元素所在 Div 容器的后面。

❺ 在【插入】面板的【Spry】分类下，单击【Spry 折叠式】按钮。Dreamweaver 将默认的 Spry 折叠式面板插入了页面上，如图 12-33 右图所示。最初的 Spry 折叠式控件包含两个折叠式面板。默认只显示上部的那个面板，一个带有“Spry 折叠式:Accordion1”的蓝色标签和边框标记了该 Spry 折叠式控件。

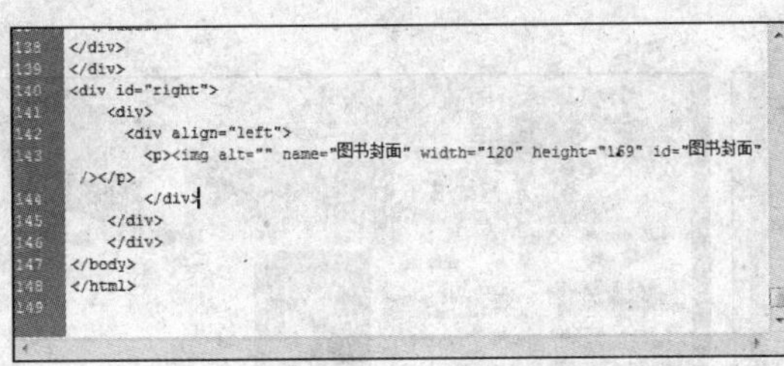

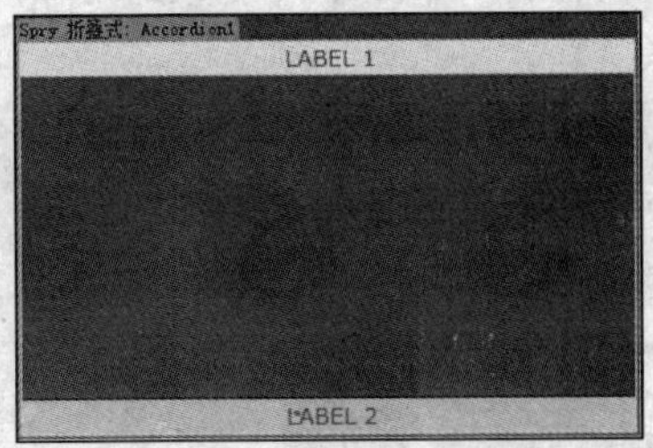

图 12-33　添加 Spry 折叠式控件

❻ 选择占位符“Label1”，按 Delete 键将其删除，然后重新输入“内容简介”。

❼ 以同样的方法用“图书特色”替换文本占位符“Label2”。下面来为折叠式面板添加动态内容。

❽ 选择文本占位符“内容 1”，按 Delete 键将其删除。从【绑定】面板中选择【content】，单击【插入】按钮。

❾ 移动光标经过底部折叠式面板标签，当看到标签右侧出现眼睛图标时单击，展开“图书特色”面板。选择文本占位符“内容 2”，按 Delete 键将其删除。从【绑定】面板中选择【feature】，单击【插入】按钮。

❿ 将光标定位在“图书特色”面板中，从标签选择器中单击标签

<div.AccordionPanelContent>，按 Ctrl+T 键打开快速标签编辑器，输入代码“spry:detailregion="booklist"”，按 Enter 键保存。

⑪ 切换到“内容简介”面板，用同样的方法为该面板的<div.AccordionPanelContent>标签添加 spry:detailregion 属性。

⑫ 下面对图像占位符进行设计。重复例 12-3 中步骤❼~❾的操作。

⑬ 再次选中图像占位符，然后从标签选择器中单击标签<div>，按 Ctrl+T 键打开快速标签编辑器，输入代码"spry:detailregion="booklist""，如图 12-34 所示，按 Enter 键保存。

⑭ 现在已经完成了折叠面板的功能，接下来为折叠面板应用一些 CSS 样式。在【CSS 样式】面板的底部单击【附加样式表】按钮，打开【链接外部样式表】对话框，如图 12-35 所示。单击【浏览】按钮，链接到 myAccordion.css 样式文件。

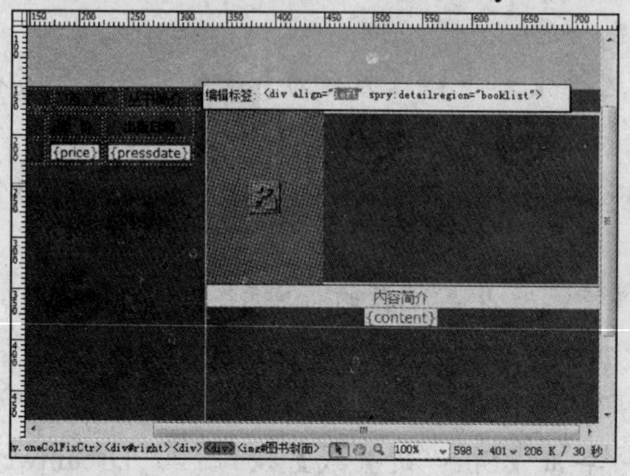

图 12-34　编辑图像占位符所在 DIV 标签

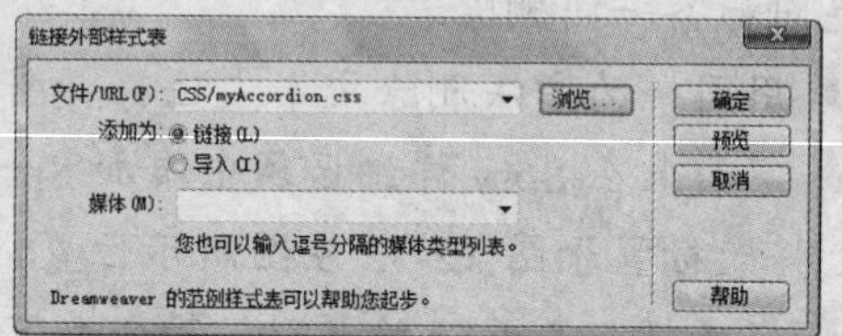

图 12-35　链接到外部 CSS 样式表

⑮ 选择【文件】|【保存】命令，按 F12 键预览页面。在左侧区域单击某个书籍条目，右侧将显示其对应封面、内容简介和图书特色。内容简介和图书特色可以折叠显示，如图 12-36 所示。

图 12-36　预览效果

12.4.4　使用 Spry 可折叠面板

Spry 可折叠面板是一个面板，虽然只有一个面板，但仍然可以展开或折叠起来。只要将鼠标移向该面板的选项卡，当出现眼睛图标时单击即可。

在属性检查器中，可以设置预览该 Spry 可折叠面板时的默认状态：打开或者已关闭。

选中【启用动画】复选框，则 Spry 可折叠面板在打开或关闭时会具有动画效果，如图 12-37 所示。

图 12-37　Spry 可折叠面板效果

12.5　使用 Spry 表单控件

Spry 表单控件用于验证用户在对象域中所输入的内容是否为有效数据，并在这些对象域中内建了 CSS 样式和 JavaScript 特效，更加丰富了对象域的显示效果。下面我们将继续第 8 章设计的表单，使用 Spry 验证控件来丰富其内容。

12.5.1　使用 Spry 验证文本域控件

Spry 验证文本域控件是一个文本域，用于在站点访问者输入文本时显示文本的状态(有效或无效)。例如，用户可以向访问者键入电子邮件地址的表单中添加 Spry 验证文本域控件，如果访问者输入的电子邮件地址中不包含“@”和“.”符号，Spry 验证文本域控件会返回一条消息，提示输入的电子邮件地址无效。

将光标置于表单中要插入 Spry 验证文本域控件的位置，单击【插入】面板【Spry】类别下的【Spry 验证文本域】按钮。在弹出的【输入标签辅助功能属性】对话框中将【标签文字】设置为“电子邮件：”，单击【确定】按钮。表单中将出现插入的 Spry 验证文本域对象，选中标签文本，从标签选择器中单击标签<label>，将其移到左侧表格，如图 12-38 所示。

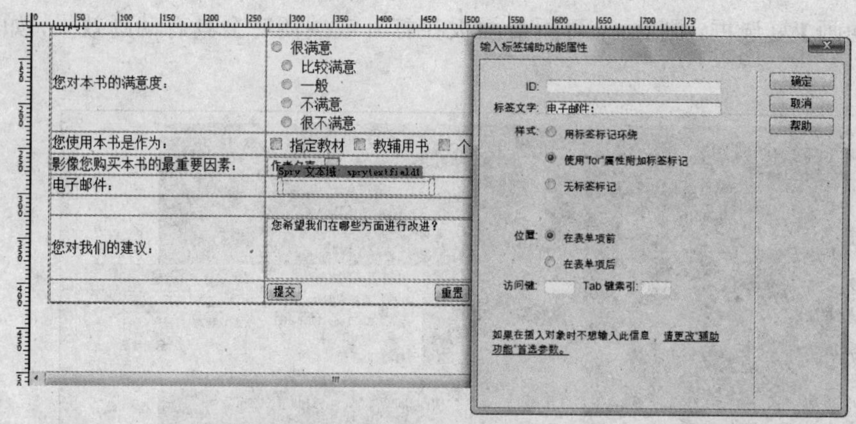

图 12-38　插入 Spry 验证文本域

Spry 验证文本域有许多状态：有效、无效、必需值等，如图 12-39 所示。在属性检查器中(图 12-40 所示)，用户首先需要选择验证的类型(表 12-1 所示)，然后再对验证进行详细设计。

图 12-39　Spry 验证文本域的常见状态

图 12-40　Spry 验证文本域的属性检查器

【类型】：选择该 Spry 验证文本域所要验证的类型。

【预览状态】：设置 Spry 验证文本域控件在预览页面时的状态，提供了 5 种选择。【初始】状态为在浏览器中加载页面或用户重置表单时控件的状态；【必需】状态为当用户在文本域中没有输入必需文本时控件的状态；【有效】状态为当用户正确地输入信息且表单可以被提交时控件的状态；【焦点】状态为用户在控件中放置插入点时控件的状态；【无效】状态为用户所输入的文本格式无效时控件的状态。

【验证于】：设置何时进行验证。【onBlur】为模糊状态，当用户在控件外部单击、输入内容或尝试提交表单时验证发生；【onChange】为更改状态，当用户更改文本域中的内容时验证；【onSubmit】为提交状态，当用户尝试提交表单时验证。

【最小字符数状态】：当用户输入的字符数少于文本域所要求的最小字符数时控件的状态。

【最大字符数状态】：当用户输入的字符数多于文本域所允许的最大字符数时控件的状态。

【最小值状态】：当用户输入的字符数小于文本域所要求的最小值时控件的状态。

【最大值状态】：当用户输入的字符数大于文本域所要求的最大值时控件的状态。

【强制模式】：禁止在验证文本域中输入无效字符。

表 12-1　Spry 验证文本域控件的验证类型

验证类型	说　明
整数	仅接受数字
电子邮件地址	接受包含@和句点的电子邮件地址，而且@和句点的前面、后面都至少有一个字母
日期	接受日期数据，可以从【格式】下拉列表框中选择日期的格式
时间	接受时间数据，可以从【格式】下拉列表框中选择时间的格式
信用卡	接受所有信用卡，也可以指定特殊种类的信用卡，但信用卡号中不能包含空格
邮政编码	接受邮政编码，可以从【格式】下拉列表框中选择邮政编码的格式
电话号码	接受电话号码，用户可以自定义电话号码格式，但需要在【模式】文本框中指定
社会安全号码	接受 000-00-0000 格式的社会安全号码
货币	接受 1 000 000.00 或 1 000 000.00 格式的货币
实数/科学计数法	验证各种数字、浮点值
IP 地址	接受 IP 地址，可以从【格式】下拉列表框中选择 IP 地址的格式
URL	接受 URL 网址
自定义	可指定自定义验证类型和格式

这里将图 12-40 所示的 Spry 验证文本域控件的【类型】设置为【电子邮件地址】，将【预览状态】设置为【初始】，启用【onBlur】验证方式。保存并按 F12 键预览页面，输入错误的电子邮件地址，页面提示“格式无效”，如图 12-41 左图所示。输入正确的电子邮件地址，将以绿色显示，如图 12-41 右图所示。

图 12-41　页面预览效果

用户可以在【代码】视图中修改提示信息，例如，将“格式无效”修改为“电子邮件格式错误”，如图 12-42 所示。

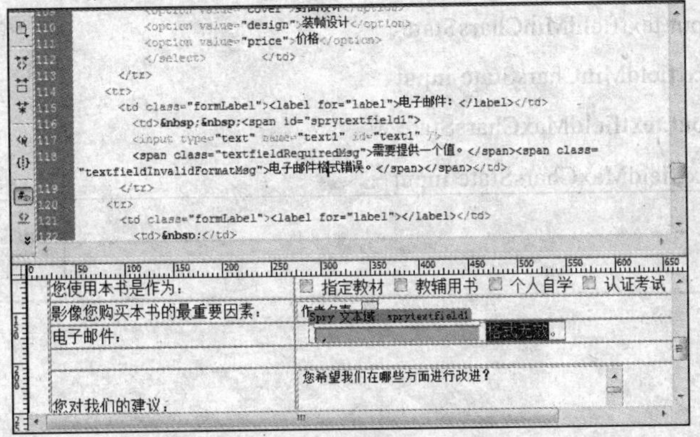

图 12-42　修改提示信息

默认的 Spry 验证文本域控件样式都是 Spry 框架设置好的，例如，错误消息以红色显示，文本周围有一个像素宽的边框，以及控件的背景颜色等。要更改验证文本域控件错误消息的文本样式，请使用表 12-2 在【CSS 样式】面板中查找相应的 CSS 规则，然后更改默认属性或者添加自己的文本样式属性和值。

表 12-2　文本样式的 CSS 规则

要更改的文本	相关的 CSS 规则	要更改的相关属性
错误消息文本	.textfieldRequiredState .textfieldRequiredMsg、 .textfieldInvalidFormatState .textfieldInvalidFormatMsg、 .textfieldMinValueState .textfieldMinValueMsg、 .textfieldMaxValueState .textfieldMaxValueMsg、 .textfieldMinCharsState .textfieldMinCharsMsg 或 .textfieldMaxCharsState .textfieldMaxCharsMsg	color: #CC3333; border: 1px solid #CC3333;

要更改处于各种状态的验证文本域控件的背景颜色，请使用表 12-3 在【CSS 样式】面板中查找相应的 CSS 规则，然后更改默认的背景颜色值。

表 12-3　背景颜色的 CSS 规则

要更改的文本	相关的 CSS 规则	要更改的相关属性
处于“有效”状态的控件的背景颜色	.textfieldValidState input 或 input.textfieldValidState	background-color: #B8F5B1;
处于“无效”状态的控件的背景颜色	input.textfieldRequiredState、 .textfieldRequiredState input、 input.textfieldInvalidFormatState、 .textfieldInvalidFormatState input、 input.textfieldMinValueState、 .textfieldMinValueState input、 input.textfieldMaxValueState、 .textfieldMaxValueState input、 input.textfieldMinCharsState、 .textfieldMinCharsState input、 input.textfieldMaxCharsState 或 .textfieldMaxCharsState input	background-color: #FF9F9F;
处于“焦点”状态的控件的背景颜色		background-color: #FFFFCC;

12.5.2 使用 Spry 验证文本区域控件

Spry 验证文本区域控件是一个文本区域，该区域在用户输入几个文本句子时显示文本的状态(有效或无效)。如果文本区域是必填域，而用户没有输入任何文本，那么该控件将返回一条消息，声明必须输入值。

将光标置于表单中要插入 Spry 验证文本区域控件的位置，单击【插入】面板【Spry】类别下的【Spry 验证文本区域】按钮。在弹出的【输入标签辅助功能属性】对话框中将【标签文字】设置为“您对我们的建议：”，单击【确定】按钮。表单中将出现插入的 Spry 验证文本区域对象，选中标签文本，从标签选择器中单击标签<label>，将其移到左侧表格。

在属性检查器中将【预览状态】设置为【必填】，启用【OnBlur】和【字符计数】复选框，以便提示访问者已经输入的字符数或者还可以再输入多少字符数。保存并按 F12 键预览页面，效果如图 12-43 所示。

图 12-43 页面预览效果

当用户输入文本内容时，Spry 验证文本区域以黄色显示，并在文本区域外显示输入字符的数目。当文本区域内无任何数据时，显示字符值为 0，并提示错误信息，文本区域背景以红色显示。

12.5.3 使用 Spry 验证复选框

Spry 验证复选框控件是 HTML 表单中的一个或一组复选框，该复选框在用户选择(或没有选择)复选框时会显示构件的状态(有效或无效)。例如，可以向表单中添加 Spry 验证复选框控件，该表单可能会要求用户进行三项选择。如果用户没有进行所有这三项选择，该控件会返回一条消息，声明不符合最小选择数要求。

将光标置于表单中要插入 Spry 验证复选框控件的位置，在【插入】面板的【表单】类别下单击【字段集】按钮，在表单中插入一个标签为“影响您购买本书的因素”的字段集。然后将【文档】窗口切换到【拆分】视图，将光标置于标签</fieldset>之前，单击【Spry 验证复选框】按钮，将标签文字设置为“书名”，效果如图 12-44 所示。

将光标置于 Spry 验证复选框控件中的“书名”复选框后，单击【复选框】按钮，将标签文字设置为“作者名声”，接着添加其他复选框，如图 12-45 所示。

从标签选择器中单击标签<span#sprycheckbox1>，选择 Spry 验证复选框控件及其包含的所有复选框。在属性检查器中，启用【强制范围】复选框，并将【最小选择数】和【最大选择数】分别设置为 3 和 5，最后启用【OnBlur】复选框。

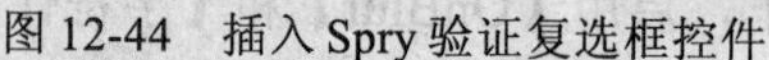

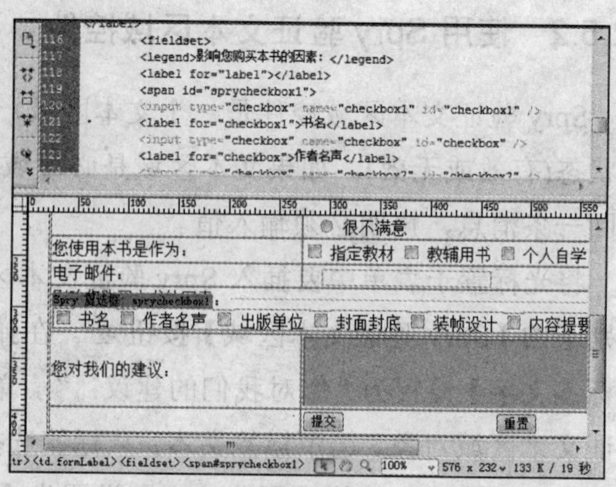

图 12-44　插入 Spry 验证复选框控件　　图 12-45　在 Spry 验证复选框控件添加其他复选框

保存并预览页面，启用一个复选框，页面提示“不符合最小选择数要求”；而启用 6 个复选框时，则提示“已超过最大选择数”，如图 12-46 所示。

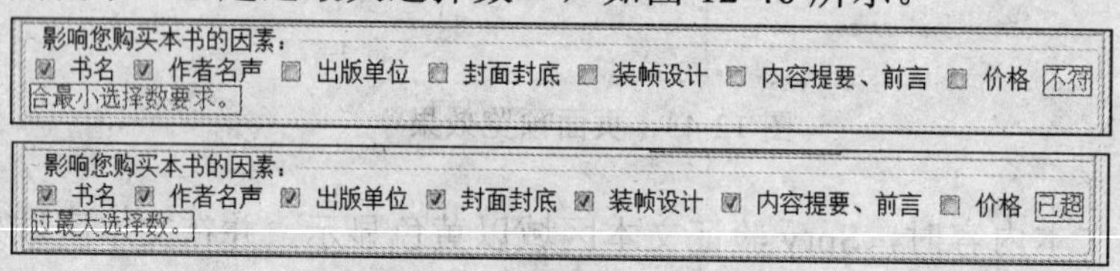

图 12-46　页面预览效果

12.5.4　使用 Spry 验证选择控件

Spry 验证选择控件是一个下拉菜单，该菜单在用户进行选择时会显示控件的状态(有效或无效)。例如，可以插入一个包含状态列表的 Spry 验证选择控件，这些状态按不同的部分组合并用水平线分隔。如果访问者意外选择了某条分界线，而不是某个状态，那么 Spry 验证选择控件会向用户返回一条消息，声明它们的选择无效。

将光标置于表单中要插入 Spry 验证文本区域控件的位置，单击【插入】面板【Spry】类别下的【Spry 验证选择】按钮。在弹出的【输入标签辅助功能属性】对话框中将【标签文字】设置为“您使用本书是作为：”，单击【确定】按钮。表单中将出现插入的 Spry 验证文本区域对象。

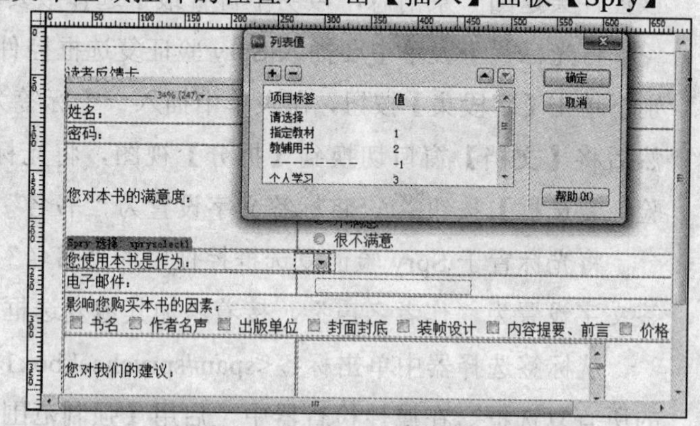

图 12-47　添加列表项

在插入的 Spry 验证选择对象中选中菜单对象，在属性检查器中单击【列表值】按钮。然后在打开的【列表值】对话框中单击【添加】按钮，添加【项目标签】及其对应【值】，如图 12-47 所示。输入所有的列表值后，单击【确定】按钮。

从标签选择器中选中标签<span#spryselect1>，在 Spry 验证选择对象的属性检查器中，启用【空值】和【无效值】复选框，并将无效值设置为 - 1。将【预览状态】设置为【初始】，启用【onBlur】复选框。保存并预览页面，如图 12-48 所示。从下拉列表框中选择【请选择】选项时，提示“请选择一个项目”信息，并以红色背景显示；选择具体的项目后，则以绿色背景显示；选择分隔线时，则提示“请选择一个有效的项目”信息。

请选择　请选择一个项目。　指定教材　---------　请选择一个有效的项目。

图 12-48　预览 Spry 验证选择控件的效果

12.6　应用 Spry 效果

Spry 效果是 Spry 框架提供的视觉增强功能，可以将它们应用于使用 JavaScript 的 HTML 页面上几乎所有的元素。例如，在一段事件内高亮显示信息，创建动画过渡或者以可视方式修改页面元素等。

Spry 效果可以从【行为】面板中获得，如表 12-4 所示。由于这些效果都基于 Spry 框架，因此，当用户单击应用了 Spry 效果的对象时，只有该对象会进行动态更新，而不会刷新整个页面。

表 12-4　Spry 框架提供的 Spry 效果

名　称	说　明
显示/渐隐	使元素显示或渐隐
高亮颜色	更改元素的背景颜色
遮帘	模拟百叶窗，向上或向下滚动百叶窗来隐藏或显示元素
滑动	上下移动元素
增大/收缩	使元素变大或变小
晃动	模拟从左向右晃动元素
挤压	使元素从页面的左上角消失

Spry 效果和 Dreamweaver 的标准行为有何不同？

Spry 效果要求包含在外部文件中的 JavaScript 函数。当应用一个 Spry 效果时，Dreamweaver 会在【代码】视图中将不同的代码行添加到网页文件中，其中的一行代码用来标识 SpryEffects.js 文件。该文件是使用 Spry 效果所必需的。在发布站点时，用户还需要将这些文件布置到您的远程站点上。

下面的例子继续例 12-4。应用一个 Spry 效果高亮显示一个指定的元素，并通过页面的加载触发这种效果。

例 12-5　为页面元素应用 Spry 效果。

❶ 打开例 12-4 保存的页面 final2.html，选择【文件】|【另存为】命令，将页面另存为 final3.html。

❷ 将【文档】窗口切换到【拆分】视图，将光标定位到 left DIV 容器中图 12-49 所示

位置，即 Spry 表格的前面。单击【插入】面板【布局】类别下的【插入 Div 标签】按钮，将新的 Div 容器命名为 effect。

❸ 删除 effect Div 标签的文本占位符内容，输入“重点图书推荐”，然后选中该文本，在属性检查器中将【格式】设置为【标题 2】。

❹ 从标签选择器中选中<body.oneColFixCtr>标签，然后选择【窗口】|【行为】命令，打开【行为】面板。

❺ 单击【添加行为】按钮，然后从下拉菜单中选择【效果】|【高亮颜色】命令，打开【高亮颜色】对话框。

❻ 从【目标元素】下拉列表中选择【div “effect”】，将【效果持续时间】设置为 3000 毫秒，将【起始颜色】设置为#FFFFFF，将【结束颜色】设置为#669933，将【应用效果后的颜色】设置为#669933，如图 12-50 所示，单击【确定】按钮。

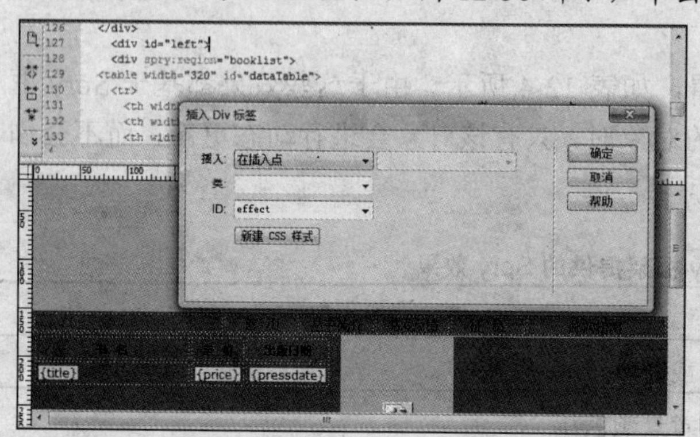

图 12-49 插入 effect Div 容器

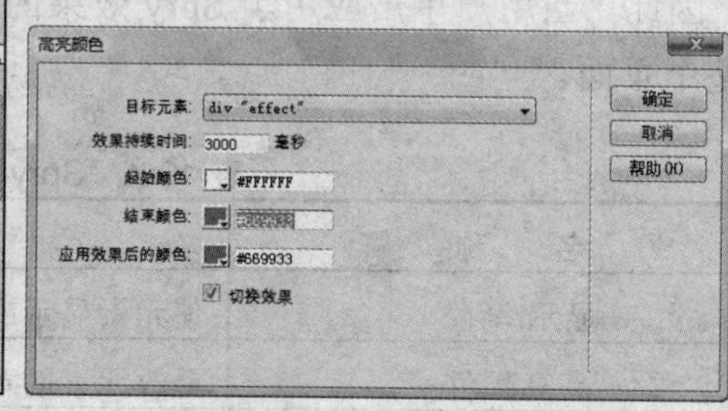

图 12-50 设置“高亮颜色”参数

❼ 保存并预览页面。可以发现，在页面加载完毕后，标题后面的颜色会淡入，并最终停留到该状态，如图 12-51 所示。用户可以刷新页面来回顾该过程。

图 12-51 预览背景颜色的淡入过程

本 章 小 结

在 Web 2.0 的世界里，页面可以使用 XML 数据来更新，而不用重新加载整个页面，这给访客带来了更好的浏览体验。Dreamweaver CS4 提供了 Spry 框架，可以帮助网页制作人员以可视化的方式制作 Ajax 页面，而无需大量编码。本章对 Spry 框架中的工具分类进行了介绍，贯穿本章的是一个相对完整的例子。通过对本章的学习，读者除了可以掌握各个 Spry 控件的作用和用法外，还应该学会如何在页面中合理地使用它们。

习　题

填空题

1. Web 2.0 时代的核心技术便是 Ajax，即异步________和________。
2. 每一个 Spry 控件都由 3 部分组成：控件结构、________和________。
3. XML，即________，已经成为 Web 上存储和维护数据的标准格式。
4. 要在网页中使用 XML 文档中的数据，就必须首先标识包含数据的 XML 源文件，即创建________。
5. Spry 框架使用两种类型的区域：一种是围绕________的 Spry 区域；另一种是________，该区域与主表格对象一起使用时，可允许对 Dreamweaver 页面上的数据进行动态更新。
6. ________控件用于验证用户在对象域中所输入的内容是否为有效数据，并在这些对象域中内建了 CSS 样式和 JavaScript 特效，更加丰富了对象域的显示效果。
7. ________是 Spry 框架提供的视觉增强功能，可以将它们应用于使用 JavaScript 的 HTML 页面上几乎所有的元素。

选择题

8. 所有的 Spry 数据对象都必须位于(　　)中。

   A. Spry 布局控件　　B. Spry 区域控件　　C. Spry 表格控件　　D. Spry 选项卡面板

9. 如果要验证访客输入的电子邮件地址格式是否有效，应使用(　　)控件。

   A. Spry 验证文本域　　B. Spry 验证文本区域　　C. Spry 验证复选框　　D. Spry 验证选择

简答题

10. Ajax 页面和普通的网页有何区别?
11. Spry 效果和标准的 Dreamweaver 行为有何区别?

上机操作题

12. 参考例 12-1、12-2、12-4、12-5 制作一个 Ajax 页面，介绍各个品牌的汽车。主 Spry 表格列出汽车的型号、上市时间、价格。Spry 详细区域的图像占位符部分展示汽车图片，下方是该车的简要介绍，以及生产厂家的介绍。

第 13 章

实　训

13.1　制作网页“沁园春”

实训目标

学会基于 Dreamweaver 提供的 CSS 布局来设计页面，在制作网页的过程中，掌握在网页中添加文本、AP Div 标签的方法，以及 CSS 样式的创建和修改方法。

实训内容

首先创建一个网页文档，然后修改页面的 Div 布局标签的样式，设置背景图像。最后在页面中添加文本内容并设计文本样式，最后的制作结果如图 13-1 所示。

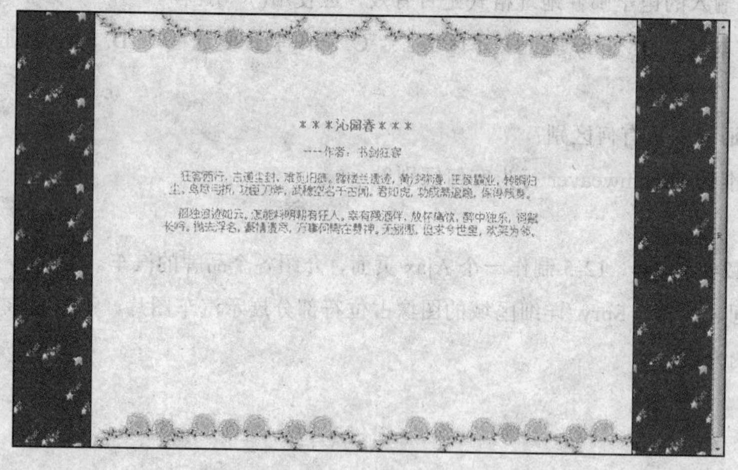

图 13-1　“沁园春”页面效果

上机操作详解

❶ 启动 Dreamweaver CS4，选择【文件】|【新建】命令，打开【新建文档】对话框。在【空白页】下单击【HTML 模板】页面类别，然后在【布局】列表中选中【列固定，居中，标题和脚注】选项，单击【创建】按钮。

❷ 【文档】窗口中将基于该 CSS 布局来创建页面。选择【窗口】|【CSS 样式】命令，

打开【CSS 样式】面板。

❸ 在【全部】样式规则下单击选中【.oneColFixCtrHdr #header】样式规则，在属性列表中分别选中 background-color 和 padding 属性，按 Delete 键将它们删除。然后单击【添加属性】链接，添加 background-image 属性并设置值，将重复方式设置为横向重复，最后添加 height 属性，值设置为 55px，如图 13-2 所示。

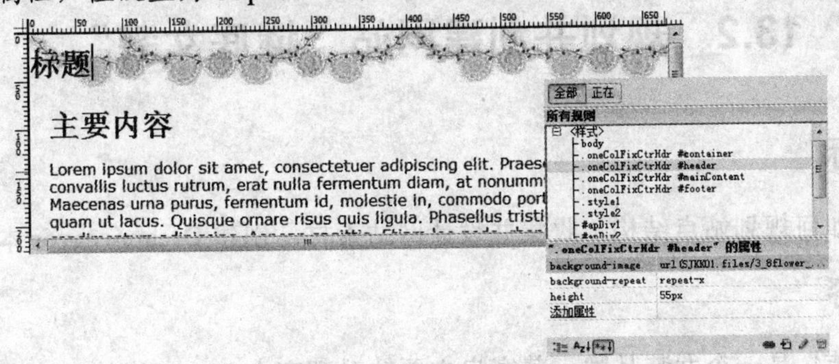

图 13-2　修改.oneColFixCtrHdr #header 样式规则

❹ 用同样的方法修改【.oneColFixCtrHdr #footer】样式规则，唯一不同的是背景图片不一样。返回【文档】窗口，清除页面中的所有标题占位符和文本占位符内容(连同标签，如<h1>等)。得到的结果如图 13-3 所示。

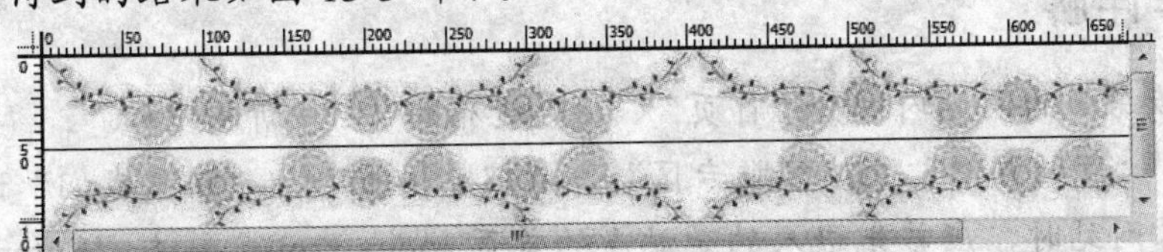

图 13-3　清除页面中所有的占位符及内容

❺ 在【CSS 样式】面板中选中【.oneColFixCtrHdr #content】样式规则，为其添加属性 height，值为 500 像素。这样页面中便产生了设计页面内容的空间。分别选中【.oneColFixCtrHdr #header h1】和【.oneColFixCtrHdr #footer p】样式规则，按 Delete 键将这些无用的规则删除。

❻ 在【CSS 样式】面板中选中【body】样式规则，在属性列表中将【color】属性设置为#59acff，以统一页面中所有正文字体的颜色。

❼ 将【插入】面板切换到【布局】类别，单击【插入 AP Div】按钮，在页面中间位置插入一个 AP Div 容器，调整好容器的大小，在其中输入词“沁园春”的内容，如图 13-4 所示。

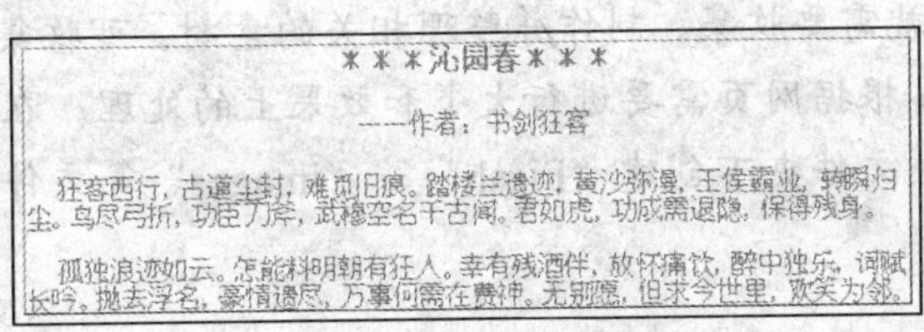

图 13-4　输入词的内容

❽ 选中标题"＊＊＊沁园春＊＊＊"，在属性检查器中从【格式】下拉列表框中选择【标题 1】。

❾ 单击【页面属性】按钮，打开【页面属性】对话框。在【外观】分类下设置页面的【背景图像】，最后保存并预览页面，即可得到图 13-1 所示的效果。

13.2 规划并创建网站"谜底女装"

实训目标

了解应该如何规划站点结构，收集并设计网站素材，创建 Dreamweaver 本地站点。

实训内容

"谜底女装"是一个女装品牌，其客户主要针对都市中 25~35 岁的、追求自由和个性的知识女性。因而，网站整体的风格既要要符合时尚、先锋、前卫的特点，又要能体现本品牌的特色，要十分注意细节方面的处理。本节首先规划网站的结构，然后收集并整理相关的图像、Flash 动画等素材，最后使用 Dreamweaver 创建本地站点。

上机操作详解

❶ "谜底女装"的网站内容分"首页"、"走进猜想"、"新闻中心"、"产品展示"、"特许加盟"、"营销网络"、"客服专区"、"招贤纳士"、"联系我们"这几个栏目。当浏览者打开本网站时，应首先进入的是站点的首页 Index.html。单击"Enter 直接进入"图像后进入"走进猜想"栏目，单击栏目中的导航文本则分别进入各栏目网页，如图 13-5 所示。

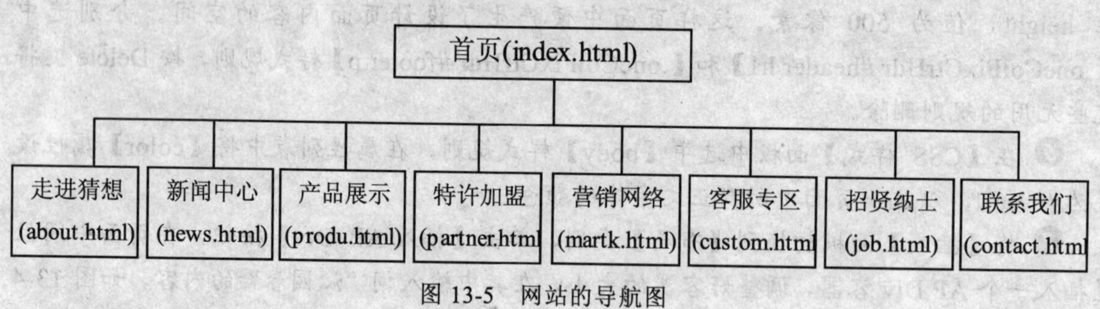

图 13-5　网站的导航图

❷ 网站规划好后，就需要收集、制作并整理相关的素材。可收集产品的图片、公司信息等，并使用 Photoshop 根据网页需要进行大小和效果上的处理。在本地计算机创建"谜底女装"文件夹，并在该文件夹下创建"Flash"、"images"等文件夹，在其中保存收集并制作好的素材。

❸ 下面来创建 Dreamweaver 本地站点。启动 Dreamweaver CS4，选择【站点】|【新建站点】命令，打开【站点定义】向导。

❹ 切换到【基本信息】选项卡，将站点命名为“谜底女装”，如图 13-6 所示。

❺ 单击【下一步】按钮，由于该站点是一个静态站点，所以选择【否，我不想使用服务器技术】单选按钮，如图 13-7 所示。

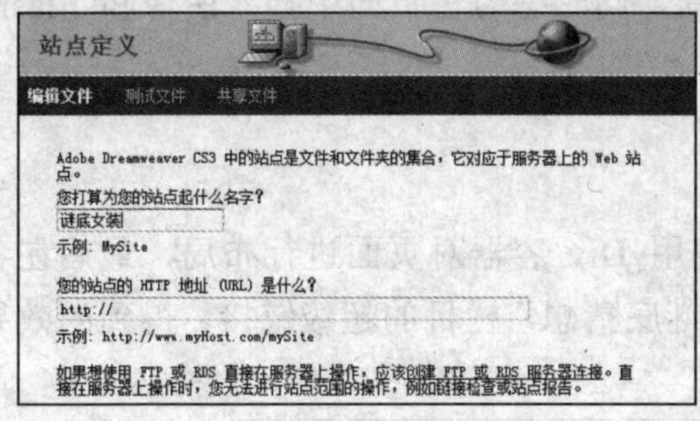

图 13-6 对站点命名

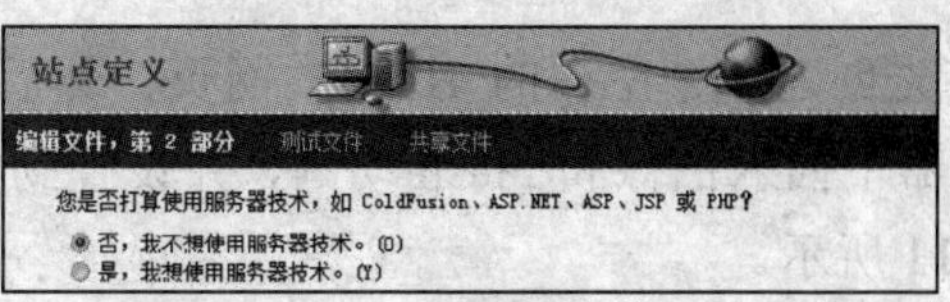

图 13-7 选择是否使用服务器技术

❻ 单击【下一步】按钮，选中【编辑我的计算机上的本地副本，完成后再上传到服务器】单选按钮。单击下方文本框右侧的【浏览】按钮，将站点存储位置指定为步骤❷建立的“谜底女装”文件夹，如图 13-8 所示。

❼ 单击【下一步】按钮，在【您如何连接到远程服务器】下拉列表框中选择【无】选项，如图 13-9 所示。

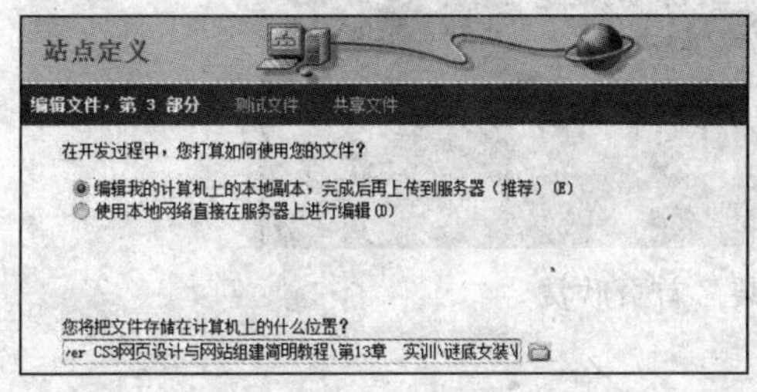

图 13-8 选择网站的开发方式和存储位置

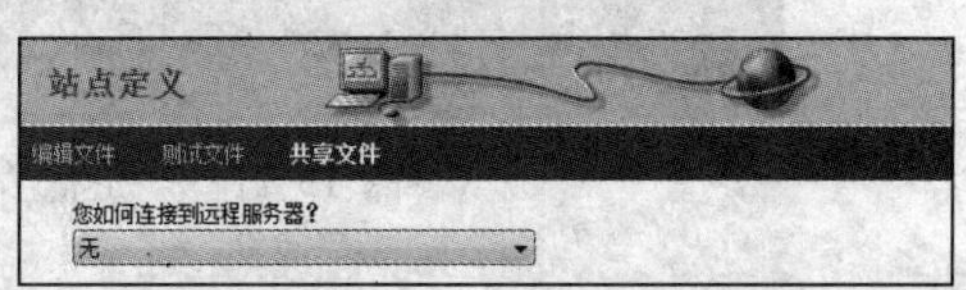

图 13-9 选择暂时不使用远程服务器

❽ 单击【下一步】按钮，预览站点的设置，如图 13-10 所示。如果有误，可单击【上一步】按钮，返回前面步骤重新设置。单击【完成】按钮，完成“谜底女装”本地站点的创建。

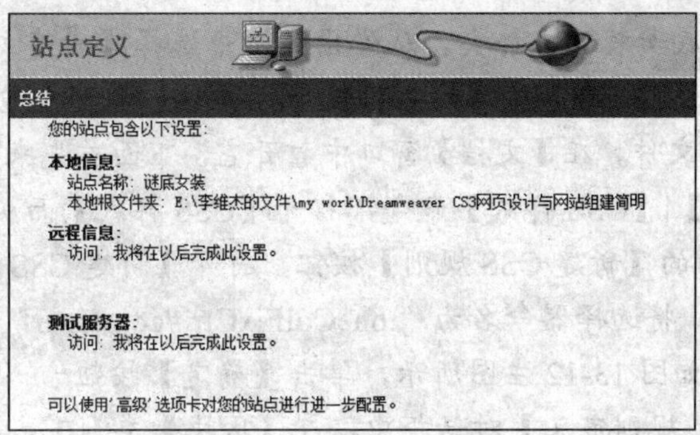

图 13-10 总结站点信息

13.3 制作网站“谜底女装”的首页

实训目标

能够从一个空白网页开始，设计页面的布局，同时练习在页面中插入图像和 Flash 动画，以及设置超级链接。

实训内容

首先创建一个空白的 HTML 网页，然后使用 Div 容器对页面进行布局，最后在各个 Div 容器中插入图像和 Flash 动画，并设置到“谜底猜想”栏目的超级链接，得到的效果如图 13-11 所示。

图 13-11 “谜底女装”首页欣赏

上机操作详解

❶ 选择【窗口】|【文件】命令，打开【文件】面板。

❷ 在面板顶部的下拉列表框中选择“谜底女装”站点，在右侧将视图模式设置为“本地视图”。

❸ 右击“站点-谜底女装”文件夹，从弹出菜单中选择【新建文件】命令。“站点-谜底女装”文件夹下将出现一个未命名的 HTML 网页文档，将其重命名为“index.html”。

❹ 双击 index.html 文件，在【文档】窗口中打开它。下面首先来设计后面所需的 CSS 样式规则。选择【窗口】|【CSS 样式】命令，打开【CSS 样式】面板。

❺ 单击面板右下角的【新建 CSS 规则】按钮，打开【新建 CSS 规则】对话框。将选择器类型设置为【ID】，将选择器命名为“.oneColFixCtr #container”，定义规则的位置设置为【仅限该文档】，如图 13-12 左图所示，单击【确定】按钮。

❻ 在打开的【CSS 规则定义】对话框中，在【区块】类别下，将【文本对齐】方式设置为【左对齐】；在【方框】类别下，将【宽】和【高】设置为 100%，如图 13-12 右图所示。

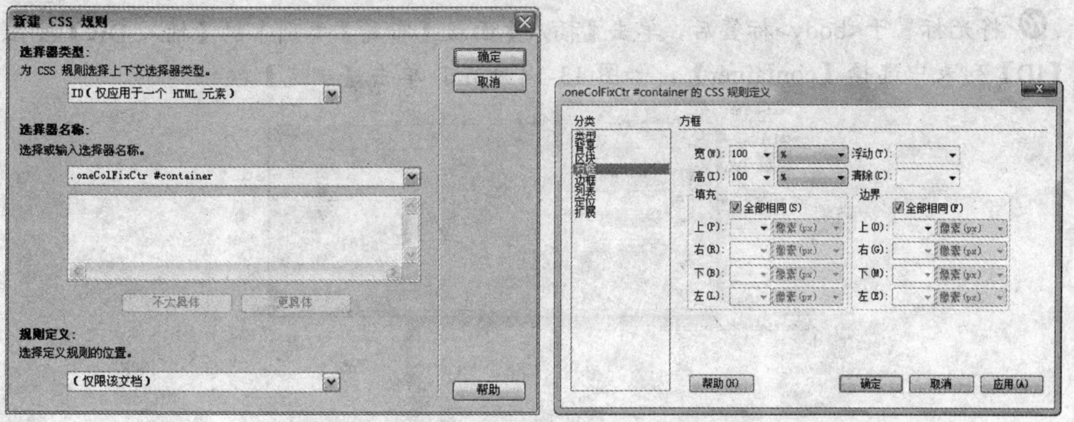

图 13-12　定义#container 样式规则

❼ 用同样的方法创建.oneColFixCtr #top、.oneColFixCtr #content、.oneColFixCtr #footer 样式规则，代码如下：

```
.oneColFixCtr #top {
    height: 110px;
    width: 1001px;
    text-align: left;
}
.oneColFixCtr #content {
    height: 434px;
    width: 1001px;
}
.oneColFixCtr #footer {
    height: 186px;
    width: 1001px;
}
```

❽ 在属性检查器中单击【页面属性】按钮，打开【页面属性】对话框。在【外观】类别下将【背景颜色】设置为#582001，如图 13-13 所示。

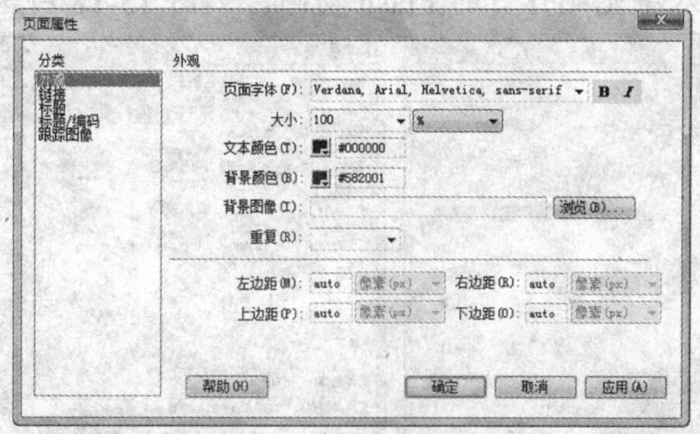

图 13-13　设计网页属性(即 body 样式规则)

❾ 将【文档】窗口切换到【代码】视图，在<body>标签中添加代码‘class="oneColFixCtr"’。

⑩ 将光标置于<body>标签后，单击【插入】面板【布局】类别下的【插入 Div】按钮，在【ID】列表中选择【container】，如图 13-14 所示，单击【确定】按钮。

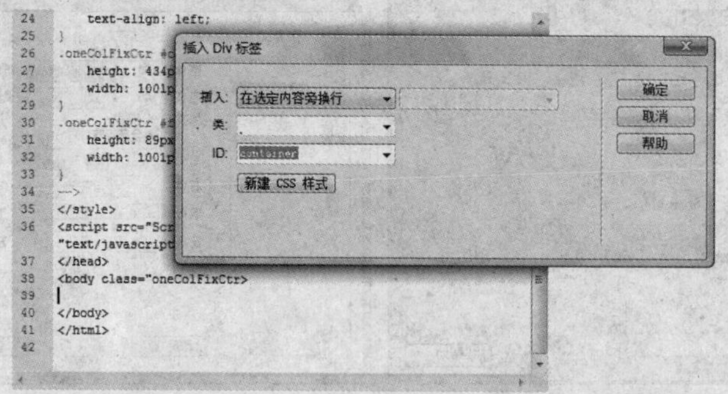

图 13-14　插入 container Div 容器

⑪ 将光标置于 container Div 容器中，用同步骤⑩所示的方法在该容器中依次插入 top、content 和 footer Div 容器，【代码】视图和【设计】视图中的结果如图 13-15 和 13-16 所示。

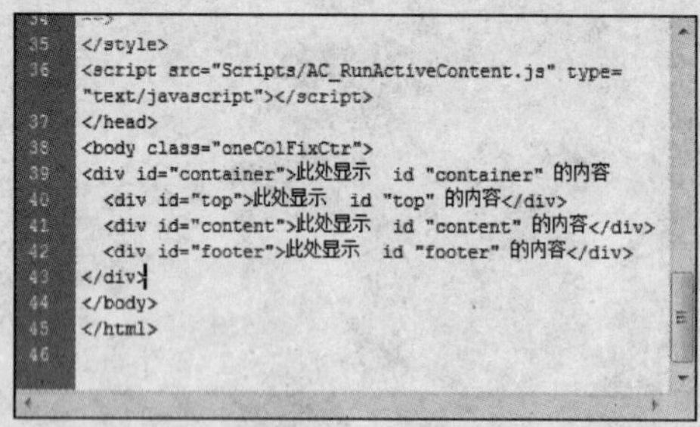

图 13-15　插入 top、content 和 footer Div 容器代码

图 13-16　插入 top、content 和 footer Div 容器后的结果

⑫ 在【设计】视图中分别删除 container、top、content、footer Div 容器的文本占位符。首先借助【拆分】视图，将光标置于 top 容器中，单击【插入】面板【常用】类别下的【图像】按钮组，从下拉选项中单击【图像】，在 top 容器中插入事先制作好的图像，如图 13-17 所示。

⑬ 将光标置于 content 容器中，单击【媒体】按钮组，从下拉选项中单击【SWF】选项，在 content 容器中插入事先制作好的 Flash 动画，如图 13-18 所示。

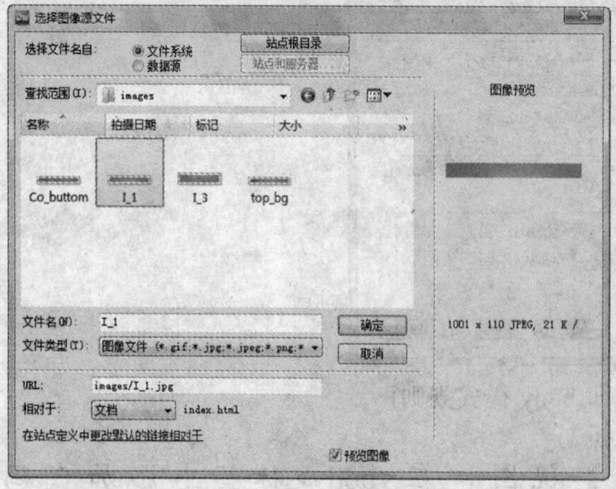

图 13-17　插入图像

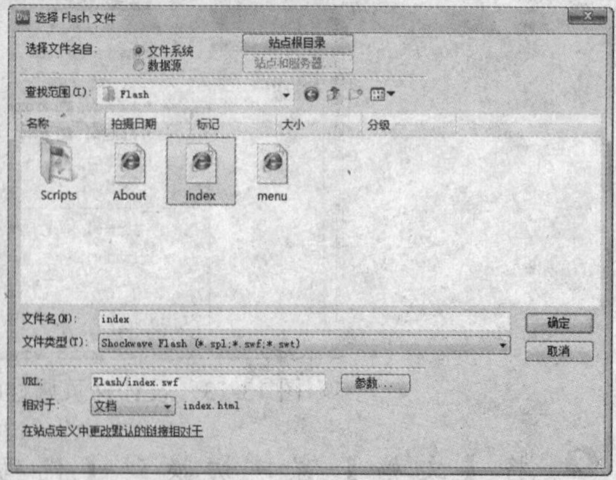

图 13-18　插入 Flash 动画

⑭ 用同步骤⑩所示的方法在 footer 容器中插入事先制作好的图像，此时【文档】窗口的【设计】视图如图 13-19 所示。

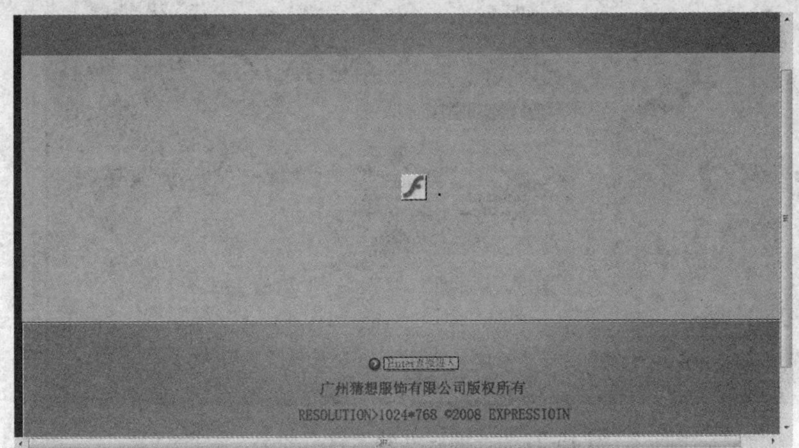

图 13-19 页面的结果

⑮ 选中 footer 容器中的图像，在属性检查器的地图绘制中单击【绘制矩形热点工具】按钮，在图像中绘制矩形特点区域。单击【指针热点工具】按钮，移动矩形热点区域到图像的“Enter 直接进入”文字上方，调整热点区域大小使其覆盖这段文字，如图 13-20 左图所示。

⑯ 选中矩形热点区域，在属性检查器中将【链接】目标设置为 about.html 页面，如图 13-20 右图所示。保存并预览页面，即可得到图 13-11 所示的效果。

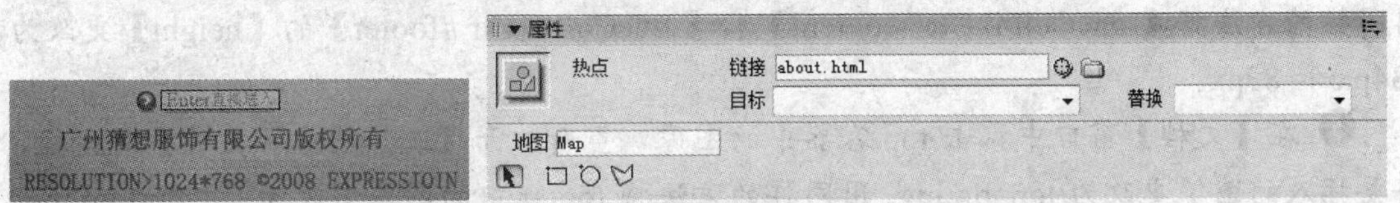

图 13-20 通过矩形图像热点区域链接到“谜底猜想”页面

13.4 制作网站“谜底女装”的“谜底猜想”页面

实训目标

练习 AP Div 布局标签的用法并掌握 CSS 样式的修改方法。

实训内容

基于 index.html 页面来创建 about.html 页面，但需要更改 CSS 样式以及图像、Flash 动画等元素，还需要添加一个 AP Div 标签，用于容纳页面的导航栏，得到的效果如图 13-21 所示。

图 13-21 “谜底女装”首页效果

上机操作详解

❶ 在【文件】面板中选中文件 index.html，按 Ctrl+C 键对其复制，然后按 Ctrl+V 键粘贴。“站点-谜底女装”下将出现复制的文档，将其重新命名为 about.html。

❷ 双击 about.html，在【文档】窗口中打开它。

❸ 在【CSS 样式】面板中单击【全部】标签，打开页面的所有 CSS 规则。

❹ 单击【.oneColFixCtr #top】样式规则，在属性列表中将【height】更改为 107px。用同样的方法将【.oneColFixCtr #content】和【.oneColFixCtr #footer】的【height】更改为 434px 和 89px。

❺ 在【文档】窗口中双击 top 容器中的图像，重新打开【选择图像源文件】对话框，将要插入的图像更改为 top_bg.jpg。用同样的方法将 footer 中的图像更改为 Co_buttom.jpg。

❻ 双击 content 容器中的 Flash 动画，重新打开【选择 Flash 文件】对话框，更改要插入的 Flash 动画为 index.swf。此时【文档】窗口的【设计】视图如图 13-22 所示。

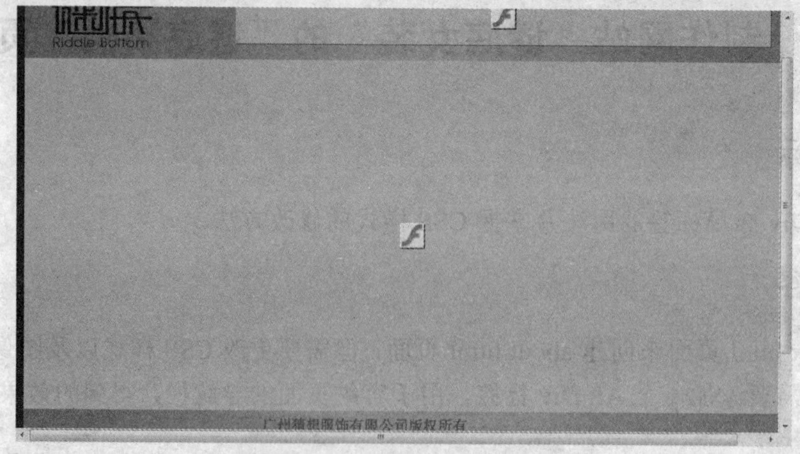

图 13-22 页面修改后的结果

❼ 在 top 容器中绘制一个 AP Div 容器，在属性检查器中将容器大小设置为 680×69 像素，调整好 AP Div 的位置，如图 13-23 所示。

图 13-23 在 top 容器中插入 AP Div

❽ 将光标置于 AP Div 容器中，单击【媒体】按钮组，从下拉选项中单击【SWF】，在 content 容器中插入事先制作好的用于页面导航的 Flash 动画"menu.swf"。为了使该 Flash 动画的背景透明，单击属性检查器中的【参数】按钮，在打开的对话框中添加 wmode 参数，并将值设置为 transparent。

❾ 保存并预览页面，即可得到图 13-21 所示的效果。

13.5 制作网站"谜底女装"的"新闻中心"栏目

实训目标

练习创建模板并设置可编辑区域，练习 Dreamweaver 的鼠标经过图像交互行为，以及表格、项目列表的用法。

实训内容

首先将 about.html 另存为模板，并设置可编辑区域。然后基于模板创建 news.html 页面，并编辑页面内容。制作好的栏目首页如图 13-24 所示。

图 13-24 制作好的栏目页面

首次打开页面时，页面中间区域左右两侧是 Flash 动画，新闻分"公司动态"和"行业资讯"两类。可将鼠标移到按钮上，按钮形状将改变，单击可在下方的列表中查看具体新闻信息列表。

上机操作详解

❶ 首先来创建模板。在【文件】面板的“站点-谜底女装”根目录下双击 about.html 文件，在【文档】窗口中打开它。

❷ 选择【文件】|【另存为模板】命令，打开【另存模板】对话框，在【另存为】文本框中输入模板名称，并设置模板的描述信息，如图 13-25 所示，单击【确定】按钮。

❸ 将光标置于 content 容器中，从标签选择器中单击<div#content>标签。在【插入】面板【常用】类别下单击【模板：可编辑的可选区域】按钮，打开【新建可选区域】对话框，将可编辑区域命名为“main”，如图 13-26 所示，单击【确定】按钮。

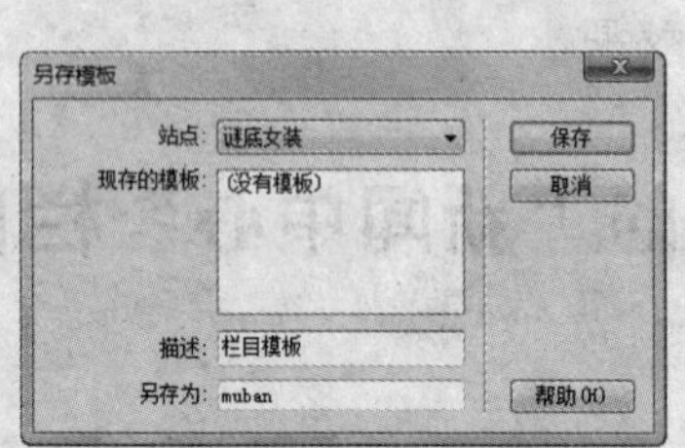

图 13-25　将页面另存为模板

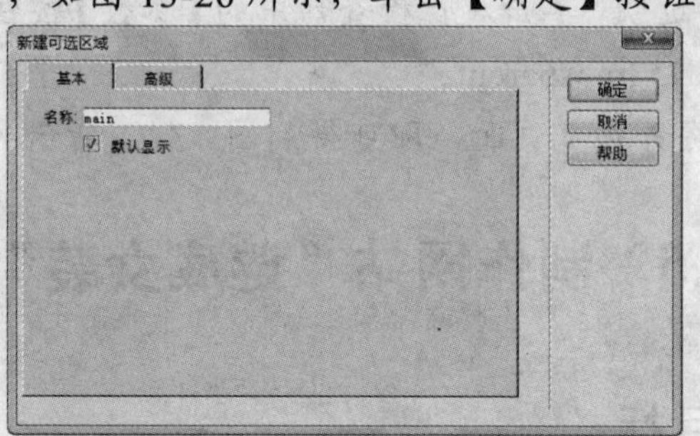

图 13-26　命名模板中的可编辑区域

❹ 选择【文件】|【新建】命令，打开【新建文档】对话框。单击【模板中的页】选项，在【站点】列表中单击【谜底女装】站点，从右侧的模板列表中选中【main】，如图 13-27 所示。

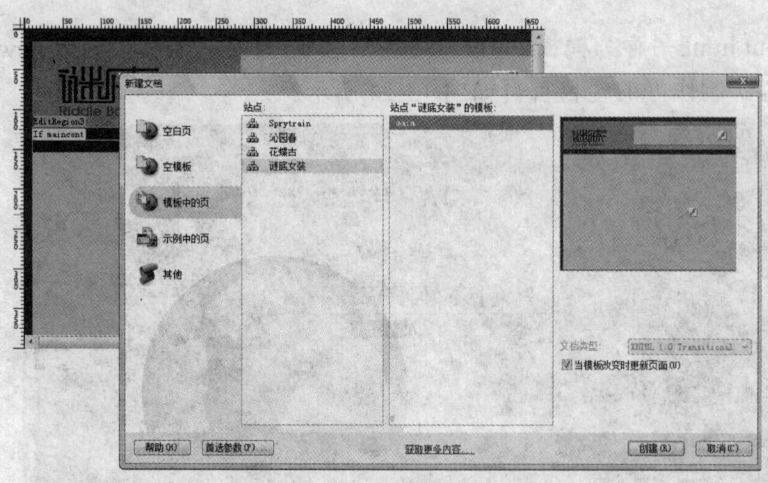

图 13-27　基于模板新建网页

❺ 单击【创建】按钮，【文档】窗口中出现基于该模板创建的网页。选择【文件】|【保存】命令，将页面命名为 news.html，存储在“谜底女装”站点根目录下。

❻ 下面首先来创建 CSS 样式，它们用于对 Div 标签布局。代码如下：

```
.oneColFixCtrContentLeft {
    background-image: url(images/N_banner.jpg);
    width: 315px;
```

```
        float: left;
    }
    .oneColFixCtrContentMiddle {
        width: 343px;
        float: left;
        color: #693e25;
    }
    .oneColFixCtrContentRight {
        background-image: url(images/Ne_pic1.jpg);
        width: 343px;
        float: left;
    }
```

❼ 返回【文档】窗口，选中 content 容器中的 Flash 动画，按 Delete 键将其删除，此时页面如图 13-28 所示。

图 13-28 删除 content 容器中的 Flash 动画

❽ 将【文档】窗口切换到【拆分】视图，将光标置于 content Div 容器中。用 13.3 节步骤❿的方法在 content 容器中依次插入 oneColFixCtrContentLeft、oneColFixCtrContentMiddle 和 oneColFixCtrContentRight 标签，结果如图 13-29 所示。

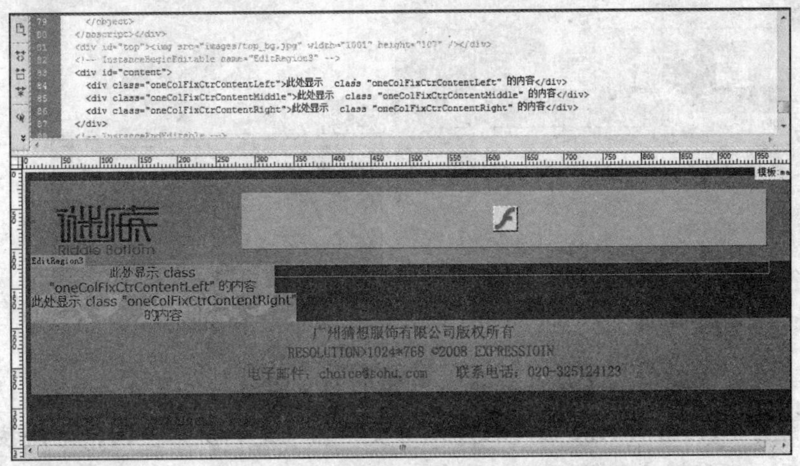

图 13-29 在页面中插入 Div 布局标签

❾ 分别删除这 3 个 Div 标签中的文本占位符。利用【拆分】视图，分别在 oneColFixCtrContentLeft 和 oneColFixCtrContentRight 容器中插入 Flash 动画文件 N_left.swf 和 N_right.swf。

⑩ 选中插入其中的一个 Flash 动画，从标签选择器中单击标签<noscript>，在属性检查器中单击【左对齐】按钮，使该 Flash 动画对齐到其所在 Div 容器的左侧。用同样的方法修改另一个插入的 Flash 动画。按 F12 键预览页面，结果应该如图 13-30 所示。

图 13-30　在 content 的左右两个 Div 容器中分别插入 Flash 动画

⑪ 下面来设计 content 中间 Div 容器中的内容。这里要使用表格。将光标置于 oneColFixCtrContentMiddle 容器中。单击【插入】面板【常用】类别下的【表格】按钮，打开【表格】对话框。插入一个 5 行 1 列的表格，如图 13-31 所示。

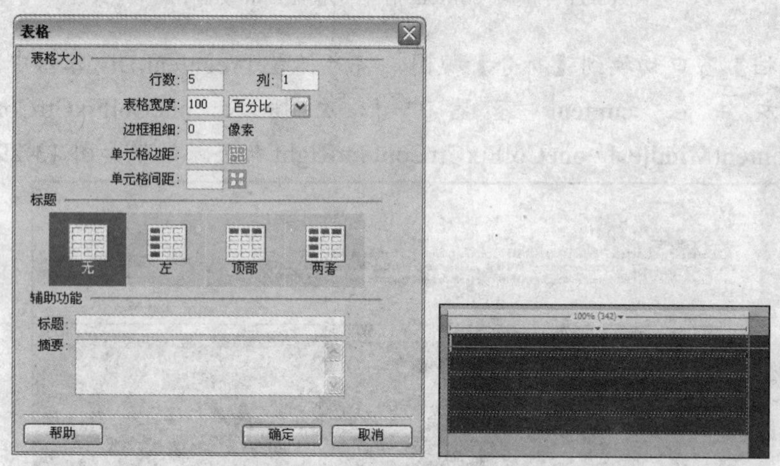

图 13-31　在 oneColFixCtrContentMiddle 中插入表格

注意：读者可能注意到，【设计】视图中各个 Div 容器的位置并非如我们所设置的一致。这主要是因为 Dreamweaver CS4 程序本身要占据一定的屏幕空间，无法按 1024 像素的宽度显示所致，预览时会正常显示，读者不用担心。

⑫ 将光标置于第一行单元格中，在属性检查器中单击【背景】文本框右侧的浏览按钮，将单元格的背景设置为图片 N_title1.jpg。切换到【拆分】视图，将单元格的【height】属性设置为 134 像素。修改<table>标签中的属性设置，如图 13-32 所示。

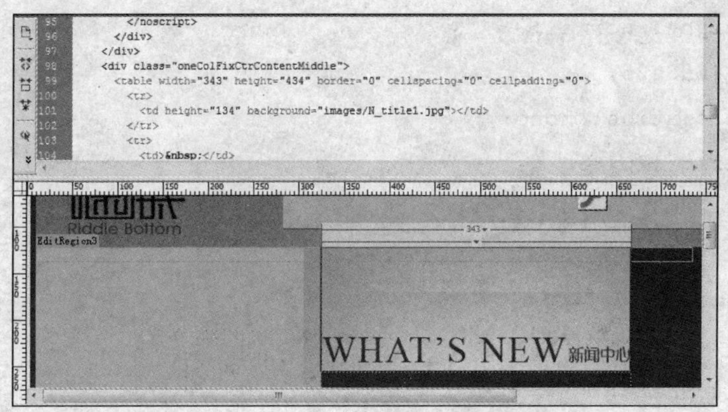

图 13-32　设置单元格高度和背景

提示：代码“cellspacing="0" cellpadding="0"”的作用是将表格中单元格之间的边框及填充设置为 0。许多情况下，Dreamweaver 默认单元格之间有边框，如果希望消除这些边框，则需要我们手动来修改。

⑬ 用同样的方法将第 2、3、4、5 行单元格的背景图像分别设置为 N_bg2.jpg、N_line.jpg、N_bg2.jpg、N_bg3.jpg。【height】属性分别设置为 30、23、104、134，得到的结果如图 13-33 所示。

⑭ 将光标置于第 2 行单元格中，单击【插入】面板的【常用】类别下的【图像：鼠标经过图像】按钮，打开【插入鼠标经过图像】对话框，设置图像名称、原始图像、鼠标经过图像，以及按下鼠标时要前往的链接页面，如图 13-34 所示。

图 13-33　为表格的单元格设置背景图像

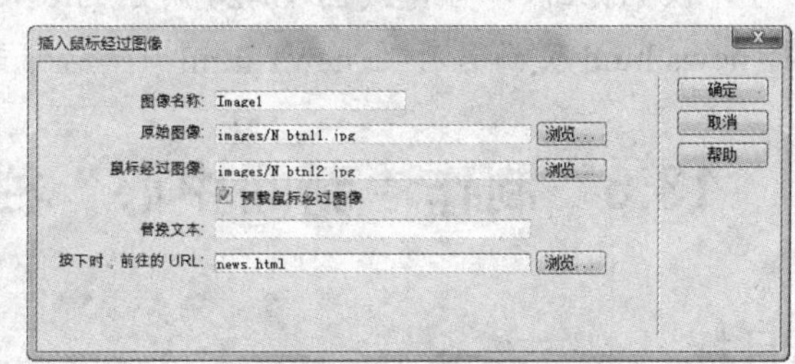

图 13-34　插入鼠标经过图像

⑮ 单击【确定】按钮，将光标置于插入的鼠标经过图像后，连续按 Ctrl+Shift+Space 键，在该图像后插入适当的空格。然后用同样的方法插入另一个鼠标经过图像，原始图像为 N_btn21.jpg，鼠标经过图像为 images/N_btn22.jpg，要链接的页面为 news1.html。

⑯ 将光标置于第 3 行单元格中，在其中插入文本项目列表，如图 13-35 所示。下面来设计用于链接的 CSS 样式，在【代码】视图的<style>标签中插入如下代码：

```
.link{
    font-family: "宋体";
```

```
    font-weight: normal;
    color: #693e25;
    text-decoration: none;
    font-size: 12px;
}
.link:hover{
    font-family: "宋体";
    font-weight: bold;
    color: #693e25;
    text-decoration: none;
    font-size: 12px;
}
```

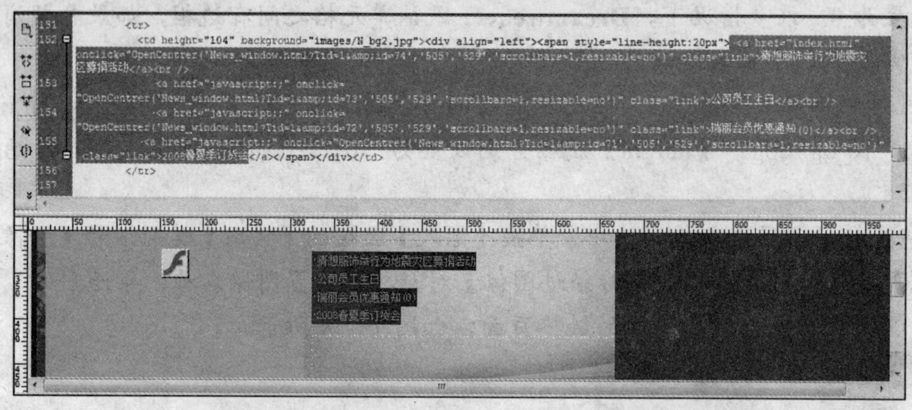

图 13-35　插入文本项目列表

⑰ 保存并预览页面，即可得到图 13-24 所示的效果。News1.html 页面的设计非常简单，用户只需将 news.html 页面另存为 new1.html，然后修改文本项目列表的内容即可。

13.6　制作“新闻中心”栏目的内容页面

实训目标

练习 XML 文档的创建方法以及 Spry 数据控件的用法。

实训内容

制作“新闻中心”栏目具体信息的内容页面，制作好的页面效果如图 13-36 所示。将光标移到左侧的“新闻标题”下的信息条目上，该条目的颜色发生改变，单击可在右侧内容列表中显示具体的信息。

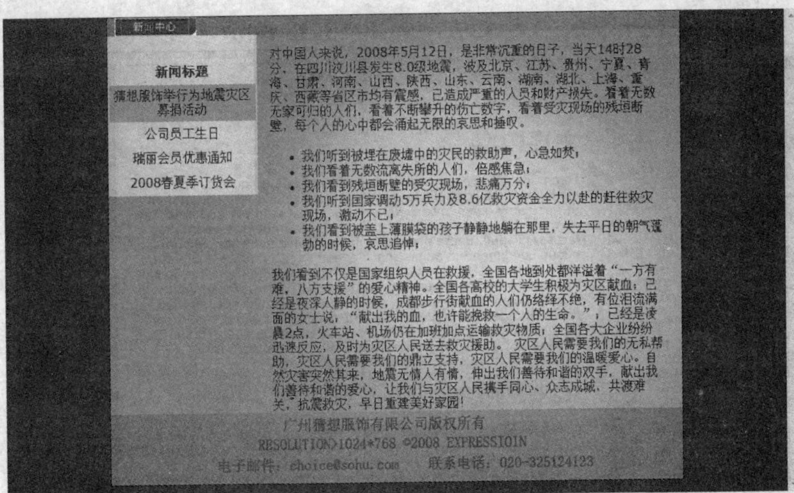

图 13-36 页面预览效果

上机操作详解

❶ 首先来创建存储新闻信息的 XML 文档。选择【文件】|【新建】命令，打开【新建文档】对话框。

❷ 在【空白页】下选择【XML】页面类型，单击【创建】按钮，【文档】窗口中将出现一个未命名的 XML 文件，编辑文件内容，如图 13-37 所示。

```
<?xml version="1.0" encoding="utf-8"?>
<infos>
<info>
<title>猜想服饰举行为地震灾区募捐活动</title>
<content>   对中国人来说，2008年5月12日，是非常沉重的日子，当天14时28分，在四川汶川县发生8.0级地震，波及北京、江苏、贵州、宁夏、青海、甘肃、河南、山西、陕西、山东、云南、湖南、湖北、上海、重庆、西藏等省区市均有震感，已造成严重的人员和财产损失。看着无数无家可归的人们，看着不断攀升的伤亡数字，看着受灾现场的残垣断壁，每个人的心中都会涌起无限的哀思和搀叹。
    <![CDATA[<ul>
    <li>我们听到被埋在废墟中的灾民的救助声，心急如焚；</li>
    <li>我们看着无数流离失所的人们，倍感焦急；</li>
    <li>我们看到残垣断壁的受灾现场，悲痛万分；</li>
    <li>我们听到国家调动5万兵力及8.6亿救灾资金全力以赴的赶往救灾现场，激动不已；</li>
    <li>我们看到被盖上薄膜袋的孩子静静地躺在那里，失去平日的朝气蓬勃的时候，哀思追悼；</li>
    </ul>]]>
      我们看到不仅是国家组织人员在救援，全国各地到处都洋溢着"一方有难，八方支援"的爱心精神。全国各高校的大学生积极为灾区献血；已经是夜深人静的时候，成都步行街献血的人们仍络绎不绝，有位泪流满面的女士说："献出我的血，也许能挽救一个人的生命。"；已经是凌晨2点，火车站、机场仍在加班加点运输救灾物质；全国各大企业纷纷迅速反应，及时为灾区人民送去救灾援助。
      灾区人民需要我们的无私帮助，灾区人民需要我们的鼎立支持，灾区人民需要我们的温暖爱心。自然灾害突然其来，地震无情人有情，伸出我们善待和谐的双手，献出我们善待和谐的爱心，让我们与灾区人民携手同心、众志成城，共渡难关，抗震救灾，早日重建美好家园！
</content>
</info>
<info>
<title>公司员工生日</title>
<content>让阳光普照你所有的日子，让花朵开满你人生的旅途。在你生日的这一天，请接受猜想全体同事对你的深深祝福。愿你永远拥有金黄的岁月，璀璨的未来！
    祝以下同事生日快乐，健康幸福~~~~!
```

图 13-37 编辑 XML 文档内容

提示：XML 文档中包含两个属性，<title>属性用于存储新闻标题，<content>属性则用于存储具体信息。需要注意的是，<content>中的内容有的带有 HTML 标签，可以通过 CDATA 分隔符来包含它们。

❸ 选择【文件】|【保存】命令，将文件保存为 info.xml。

❹ 下面来创建内容页面。重复步骤❶，在【空白页】下选择【HTML】页面类型，在【布局】下选择【2 列液态，左侧栏、标题和脚注】，单击【创建】按钮。【文档】窗口

中基于该 CSS 布局新建了一个未命名文档，如图 13-38 所示。

图 13-38　基于 CSS 布局新建的页面文档

❺ 在属性检查器中单击【页面属性】按钮，打开【页面属性】对话框。在【外观】类别下，将【背景颜色】设置为#582001，单击【确定】按钮。

❻ 将光标置于 header 容器的标题占位符“标题”之间，单击标签选择器中的标签<h1>，按 Delete 键将占位符连同标签一同删除。用同样的方法删除 footer、mainContent、sidebar1 容器中的占位符标签及其内容，此时【文档】窗口中的结果如图 13-39 所示。

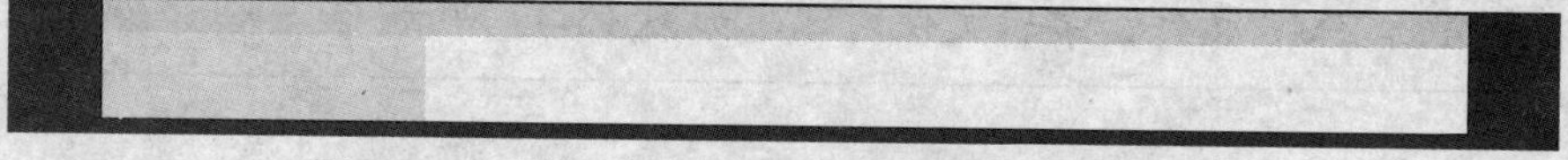

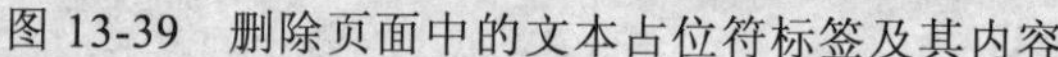

图 13-39　删除页面中的文本占位符标签及其内容

❼ 选择【窗口】|【CSS 样式】命令，打开【CSS 样式】面板。在【全部】样式规则列表中分别选中【.twoCollLiqLtHdr #header h1】、【.twoCollLiqLtHdr #sidebar1 h3】、【.twoCollLiqLtHdr #sidebar1 p】、【.twoCollLiqLtHdr #footer p】，按 Delete 键将这些 CSS 样式规则删除。

❽ 分别双击【.twoCollLiqLtHdr #header】、【.twoCollLiqLtHdr #sidebar1】、【.twoCollLiqLtHdr #container】样式规则，在打开的【CSS 规则定义】对话框中，在【背景】分类下将【背景图像】分别设置为 I_1.jpg、N_bg1.jpg、Bg2.jpg。此时【文档】窗口中的结果如图 13-40 所示。

图 13-40　设置 Div 容器的背景样式

❾ 切换到【代码】视图，在<style>标签中定义后面将要用到的 CSS 样式规则：

```
#dataTable td, #dataTable th{ padding: 5px; }
th { text-align: left;
    cursor: pointer;
```

```
    cursor: hand;
}
.hoverRow, .selectRow{
    background-color: #FF9900;
    cursor: pointer;
    cursor: hand;
}
A:link {
    COLOR: #000000; TEXT-DECORATION: none
}
A:visited {
    COLOR: #000000; TEXT-DECORATION: none
}
A:hover {
    COLOR: #b00000; TEXT-DECORATION: underline blink
}
.STYLE3 {
    font-size: 100%;
    list-style-position: outside;
    list-style-image: url(images/point01.gif);
}
```

⑩ 将【文档】窗口切换到【拆分】视图，将光标置于Div容器header中。将【插入】面板切换到【常用】类别，单击【媒体：SWF】按钮，插入一个Flash动画。

⑪ 将光标置于footer容器中，单击【图像：图像】按钮，插入一个图像。此时【文档】窗口如图13-41所示。

图13-41 插入Flash动画和图像

⑫ 下面来创建Spry数据集。将【插入】面板切换到【Spry】类别，单击【Spry数据集】按钮，打开【Spry数据集】对话框。

⑬ 首先将数据集命名为"infolist"，在【选择数据类型】下拉列表框中选择XML，然后单击【指定数据文件】右侧的【浏览】按钮，将前面创建的info.xml作为数据源。【行元素】列表框中显示了XML文档中的属性。选中"info"元素，可查看数据是否正确，如图13-42所示。单击【完成】按钮。

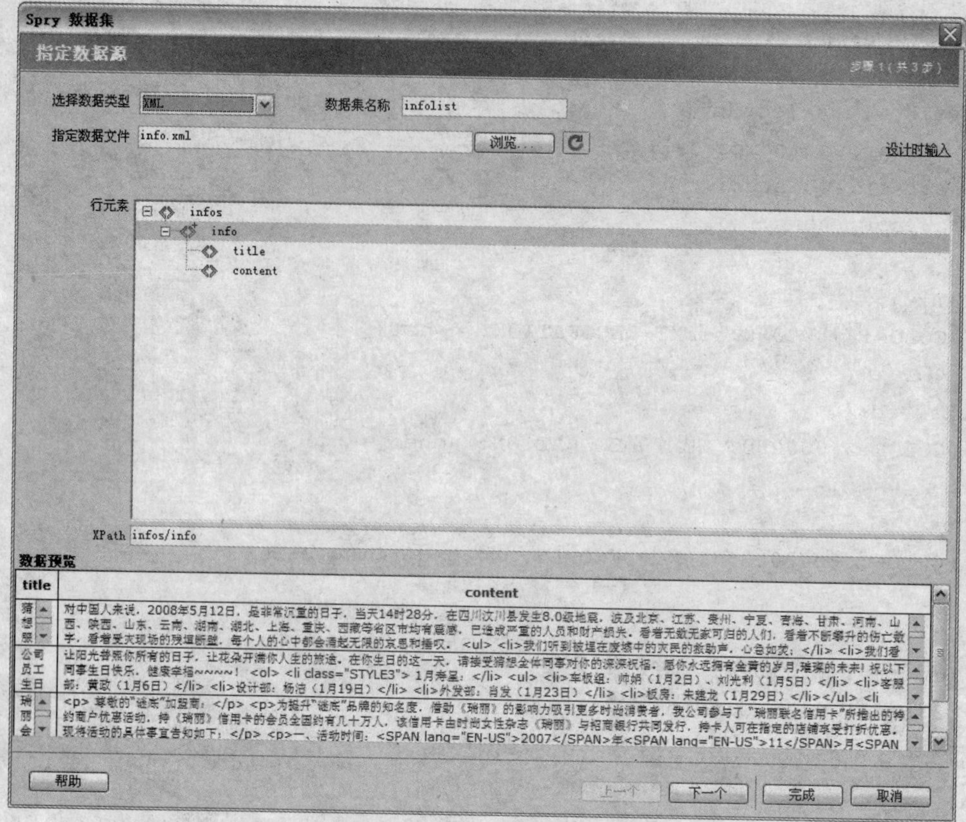

图 13-42　创建 Spry XML 数据集

⑭ 接下来在页面左侧创建 Spry 主表格。将光标置于 sidebar1 中，在【绑定】面板双击 infolist 数据集重新打开【spry 数据集】对话框，单击【下一个】按钮，保持默认设置。单击【下一个】按钮，选中【插入表格】单选按钮，单击【设置】按钮，打开【Spry 数据集—插入表格】对话框。在中间的列表框中选择【content】选项，单击按钮【—】按钮将其删除。将【悬停类】设置为 hoverRow，将【选择类】设置为 selectRow。选中【单击行时使用“更新”详细区域】复选框，如图 13-43 左图所示。

⑮ 单击【确定】按钮。当弹出对话框询问是否创建 Spry 区域时，单击【确定】按钮。此时 sidebar1 容器中出现一个表格。删除占位符“Title”，更改为“新闻标题”。从标签选择器中单击标签<table>，选中插入的 Spry 表格。在属性检查器中的【表格】下拉列表框中选择 dataTable。调整表格宽度和表格中文本对齐方式，统一设置为居中对齐，如图 13-43 右图所示。

⑯ 最后我们来创建 Spry 详细显示区域。将光标置于 mainContent 容器中，选择【窗口】|【绑定】命令，打开【绑定】面板。在 infolist 数据集下选中【content】选项，单击底部的【插入】按钮。

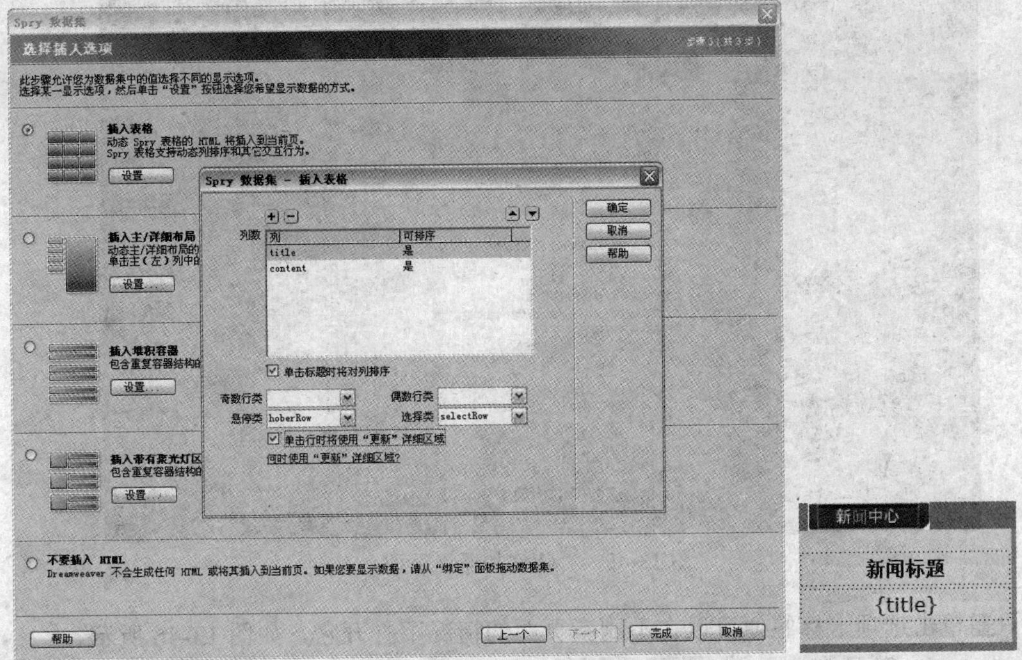

图 13-43 创建 Spry 主显示区域

⑰ 从标签选择器中单击标签<div#mainContent>，按 Ctrl+T 键打开快速标签编辑器，输入图 13-44 中所示高亮部分的代码。最后按 Enter 键使代码生效。

⑱ 保存并预览页面，即可得到图 13-36 所示的效果。

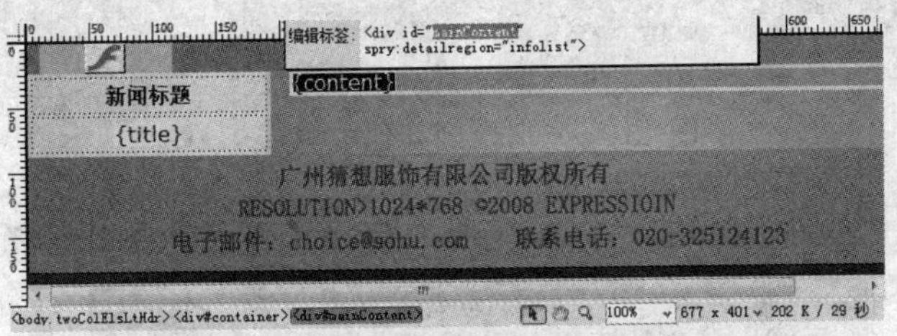

图 13-44 快速编辑标签代码

13.7 制作网站“谜底女装”的注册页面

实训目标

练习 Spry 选项卡式面板以及各种 Spry 表单验证控件的用法。

实训内容

首先制作“特许加盟”页面，该页面以 Spry 选项卡式面板为容器，在不同选项卡中列出了“加盟优势”、“加盟条件”、“加盟流程”的具体内容，如图 13-45 所示。

图 13-45 “特许加盟”页面

只需单击选项卡标签便可以在不刷新页面的情况下打开它，如图 13-46 所示。

图 13-46 切换到其他选项卡

单击“特许加盟”页面底部的“立即注册”链接，可进入图 13-47 所示的注册页面。

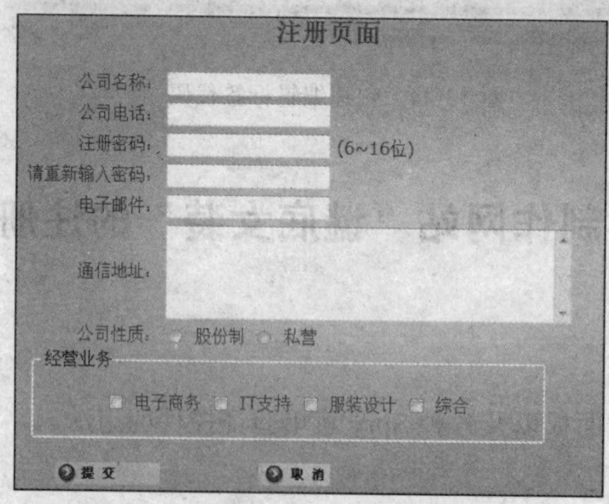

图 13-47 注册页面

13.7.1 制作“特许加盟”页面

❶ 打开 13.5 节制作好的 news.html 文档，选择【文件】|【另存为】命令，将文档另存为 regist.html。

❷ 在 oneColFixCtrContentMiddle Div 容器中，删除第 2 行表格中的两个鼠标经过图像，以及第 4 行中的信息项目列表。

❸ 用鼠标选中第 2、3、4 行单元格，如图 13-48 所示。单击属性检查器中的按钮将它们合并。

❹ 切换到【拆分】视图，在代码中将合并后的第 1、2、3 行的高度(即【height】属性)设置为 83、213 和 138。

❺ 切换到【设计】视图，将第 1、2、3 行单元格的背景图像分别设置为 A_title1.jpg、N_bg2.jpg 和 N_bg3.jpg，效果如图 13-49 所示。

图 13-48 合并单元格

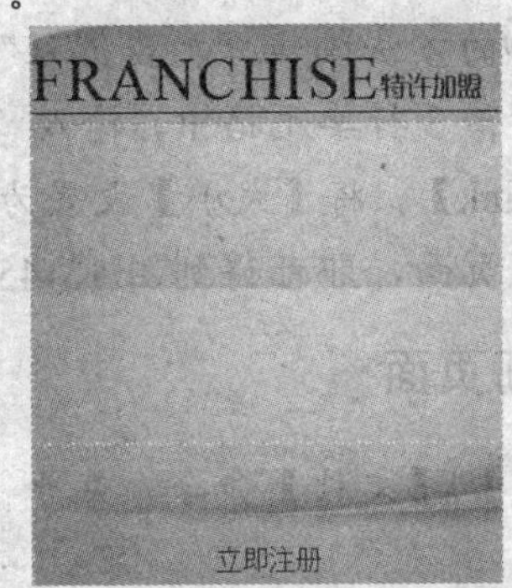

图 13-49 重新设置背景图像

❻ 选择【窗口】|【CSS 样式】命令，打开【CSS 样式】面板。在【全部】下选中.oneColFixCtrContentLeft 样式规则，在属性列表中将【width】属性更改为 335px。用同样的方法将.oneColFixCtrContentMiddle 样式规则的【width】属性更改为 323px，另外添加【color】属性，将值设置为#693e25。这样 oneColFixCtrContentMiddle 容器中的文本将统一使用该颜色。

❼ 下面来建立 Spry 选项卡式面板。将光标置于第 2 行单元格中。将【插入】面板切换到【Spry 类别】，单击【Spry 选项卡式面板】按钮。

❽ 默认只显示两个选项卡，名称为“Tab1”和“Tab2”。在【文档】窗口直接将它们重新命名为“加盟优势”、“加盟条件”。

❾ 选中创建的 Spry 选项卡式面板，在属性检查器中【面板】区域单击【+】按钮，添加一个面板，并命名为“加盟流程”，如图 13-50 所示。

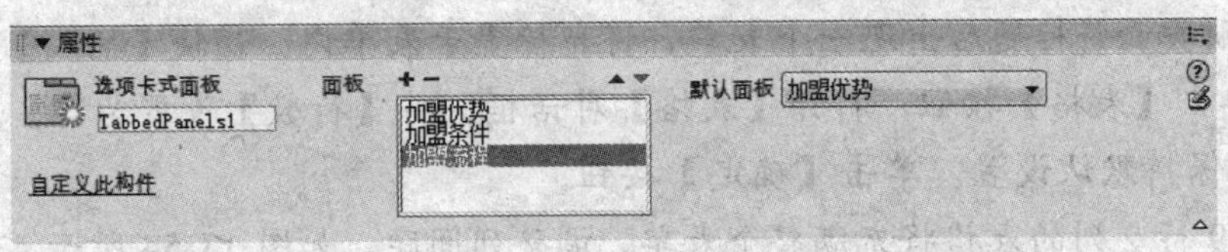

图 13-50 在 Spry 选项卡式面板中添加面板

❿ 页面中默认打开的是“加盟优势”面板，将光标置于面板内容处，即“内容 1”文

本占位符处，按 Delete 键将其删除，并重新输入该面板的内容，如图 13-51 所示。

⓫ 将光标移到“加盟条件”面板标签处，当出现眼睛图标时单击，即可切换到该面板，修改面板的具体内容，如图 13-52 所示。

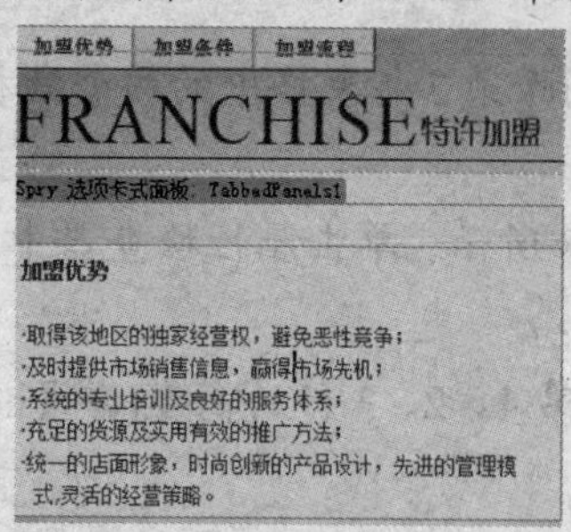

图 13-51 编辑“加盟优势”面板中的内容

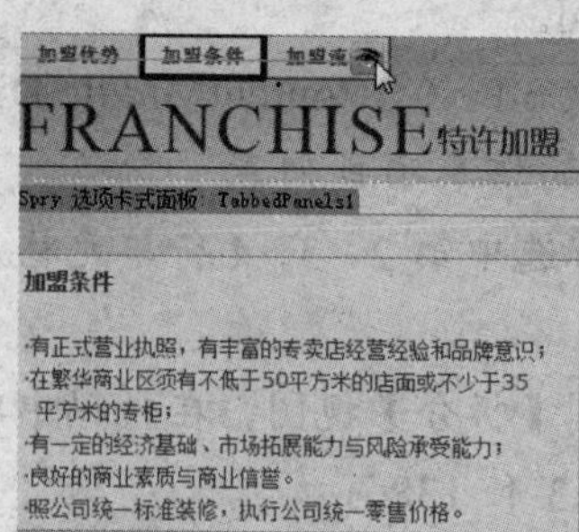

图 13-52 编辑“加盟条件”面板中的内容

⓬ 用同步骤⓫的方法编辑“加盟流程”面板中的内容。

⓭ 将光标置于第 3 行单元格中，输入“立即注册”。然后从属性检查器的【样式】下拉列表框中选择【link】，将【大小】设置为 18px，将【链接】目标页面设置为 table.html。

⓮ 保存并预览页面，即可得到图 13-45 所示的效果。

13.7.2 制作注册页面

❶ 选择【新建】|【文档】命令，基于【1 列固定，居中】CSS 布局创建一个 HTML 文档。

❷ 在属性检查器中单击【页面属性】按钮，打开【页面属性】对话框。在【外观】分类下将【文本颜色】设置为#693e25、【背景颜色】设置为#582001。

❸ 选择【窗口】|【CSS 样式】命令，打开【CSS 样式】面板。在【所有规则】下选中.oneColFixCtr #container 样式规则，为其添加 background-image 属性(即设置背景图像)和 width 属性，属性值分别设置为 Bg.jpg、434px。

❹ 删除【文档】窗口中所有的文本占位符，然后输入文本“注册页面”，在属性检查器中从【格式】下拉列表框中选择【标题 2】，然后将其居中对齐，如图 13-53 所示。

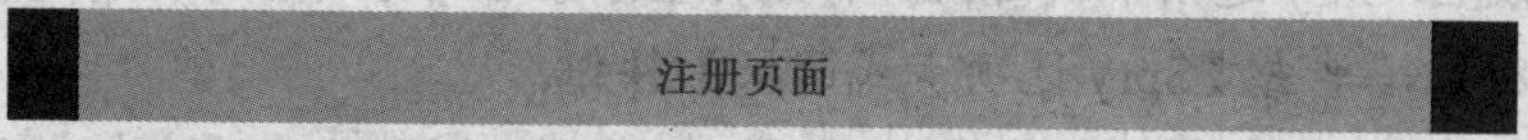

注册页面

图 13-53 设置标题

❺ 切换到【拆分】视图，将光标置于代码中标题 2 所在的<h2>结束标签后。将【插入】面板切换到【表单】类别，单击【表单】按钮。

❻ “注册页面”标题后出现一个表单，将光标置于表单内。切换【插入】面板到【常用】类别，单击【表格】按钮，打开【表格】对话框。将【行数】设置为 9，【列数】设置为 2，其他保持默认设置。单击【确定】按钮。

❼ 一个 9 行 2 列的表格将充满整个表单，调整列间距，如图 13-54 所示。选中左侧列的所有单元格，在属性检查器中单击【右对齐】按钮，以便将这些单元格中的内容统一靠齐单元格右侧。

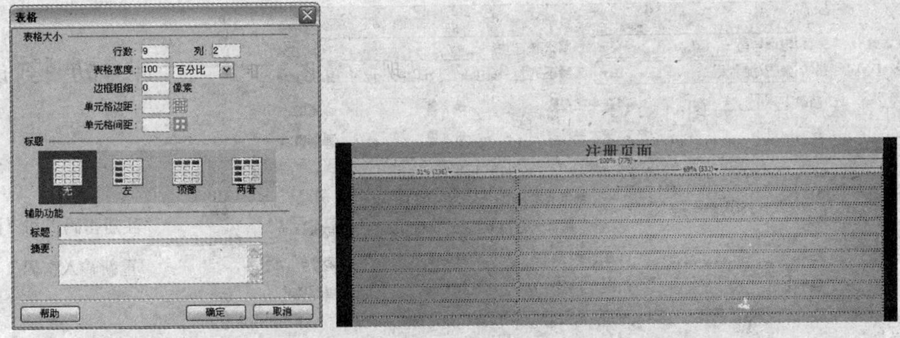

图 13-54 插入表格并调整列间距

❽ 将光标置于第 1 行第 2 列单元格中，切换【插入】面板到【表单】类别，单击【Spry 验证文本域】按钮，在弹出的【输入标签辅助功能属性】对话框中将【标签文字】设置为“公司名称：”，单击【确定】按钮。表单中将出现插入的 Spry 验证文本域对象，选中标签文本，从标签选择器中单击标签<label>，将其移到左侧表格，如图 13-55 所示。

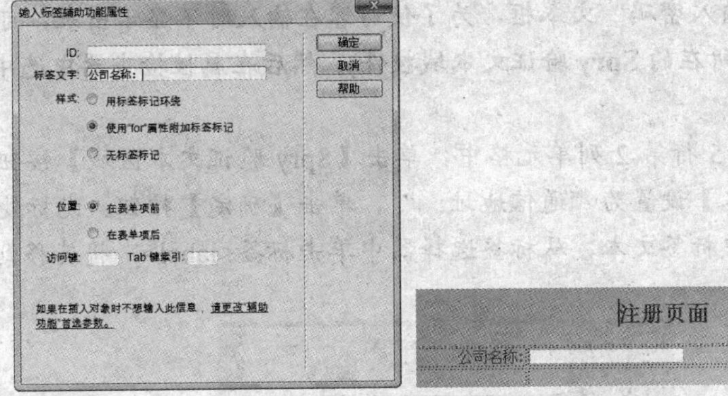

图 13-55 插入“公司名称”输入框

❾ 选中插入的文本框，从标签选择器中单击标签<span#sprytextfield1>，在属性检查器中对 Spry 验证文本域控件进行设置，选中【onBlur】和【必需的】复选框，如图 13-56 所示。

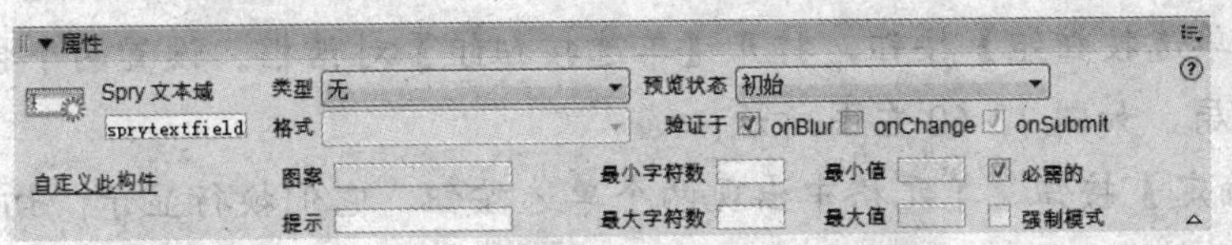

图 13-56 设置“公司名称”文本框的参数

❿ 用同步骤❽的方法分别在第 2、3、4、5 行单元格中插入“公司电话”、“注册密码”、“请重新输入密码”、“电子邮件”输入框，它们都是 Spry 验证文本域控件，如图 13-57 所示。属性检查器中的设置如图 13-58 所示。

图 13-57 添加其他文本输入框

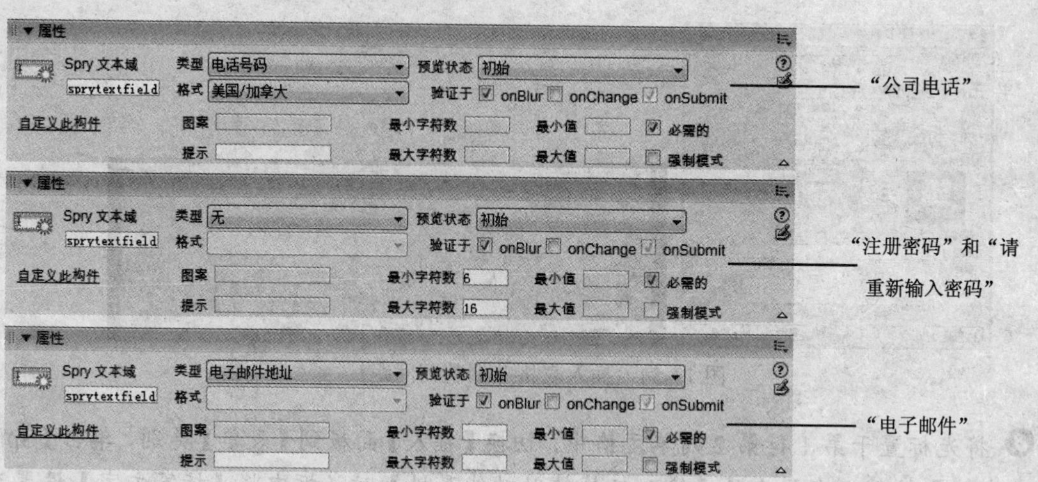

“公司电话”

“注册密码”和“请重新输入密码”

“电子邮件”

图 13-58　设置各个 Spry 验证文本域控件的属性

注意：每个 Spry 验证文本域控件都包含了一个 label 控件和一个 input 控件。对于“注册密码”和“请重新输入密码”文本框，为了使访客在输入时不显示出来，可以选择这两个文本框(而不是它们所在的 Spry 验证文本域控件)，然后在属性检查器中选中【密码】单选按钮。

⓫ 将光标置于第 5 行第 2 列单元格中，单击【Spry 验证文本区域】按钮，在打开的对话框中将【标签文本】设置为“通信地址：”，单击【确定】按钮。光标处将出现一个文本区域输入框，选中标签文本，从标签选择器中单击标签<label>，将其移到左侧表格，如图 13-59 所示。

图 13-59　插入“通信地址”输入框

对于文本区域，Dreamweaver 默认的字符宽度是 45 个字符，行数为 5 行，读者如果需要调整“通信地址”输入框的高度和宽度，可通过属性检查器进行设置。

⓬ 将光标置于第 6 行第 1 列单元格中，输入文本“公司性质：”。将光标置于右侧单元格中，单击【单选按钮组】按钮，打开【单选按钮组】对话框。设置两个按钮，并使用【换行符】来布局，如图 13-60 左图所示。

⓭ 单击【确定】按钮，单元格中出现两个单选按钮，它们换行显示。切换到【拆分】视图，删除每个单选按钮代码后面的
标签，从而使得它们能在一行中显示，结果如图 13-60 右图所示。

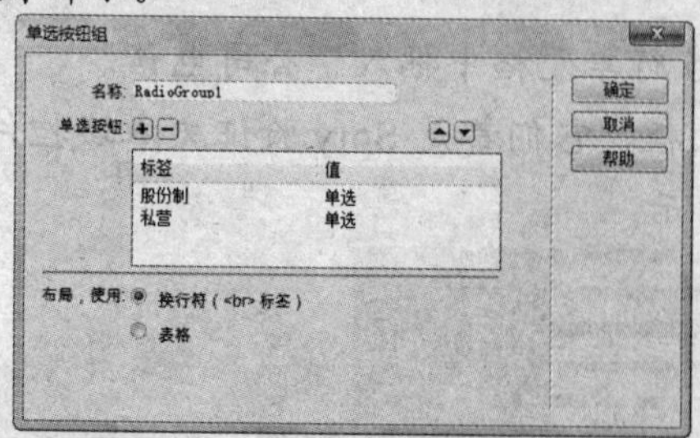

公司性质： 股份制 私营

图 13-60　插入单选按钮组

⑭ 用光标选中第 7 行的两个单元格，将它们合并。然后将【插入】面板切换到【布局】类别，单击【绘制 AP Div】按钮，在第 7 行单元格中绘制一个 AP Div。

⑮ 将光标置于绘制的 AP Div 中，将【插入】面板切换到【表单】类别。单击【字段集】按钮，在表单中插入一个标签为“经营业务”的字段集。

⑯ 将【文档】窗口切换到【拆分】视图，将光标置于标签</fieldset>之前，单击【Spry 验证复选框】按钮，将标签文字设置为“电子商务”。将光标置于 Spry 验证复选框控件中的“书名”复选框后，单击【复选框】按钮，将标签文字设置为“IT 支持”，接着添加其他复选框，如图 13-61 所示。

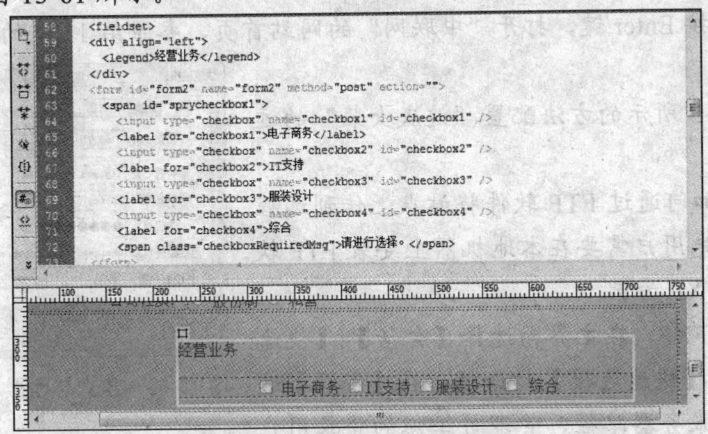

图 13-61　插入 Spry 验证复选框

⑰ 从标签选择器中单击标签<span#sprycheckbox1>，选择 Spry 验证复选框控件及其包含的所有复选框。在属性检查器中，启用【强制范围】复选框，并将【最小选择数】和【最大选择数】分别设置为 1 和 4，最后启用【OnBlur】复选框。

⑱ 将光标置于第 8 行单元格中，分别在左列和右列的单元格中插入图像 Ta_sumbit.jpg 和 Ta_reset.jpg，最后保存并预览页面，得到的效果如图 13-62 所示。

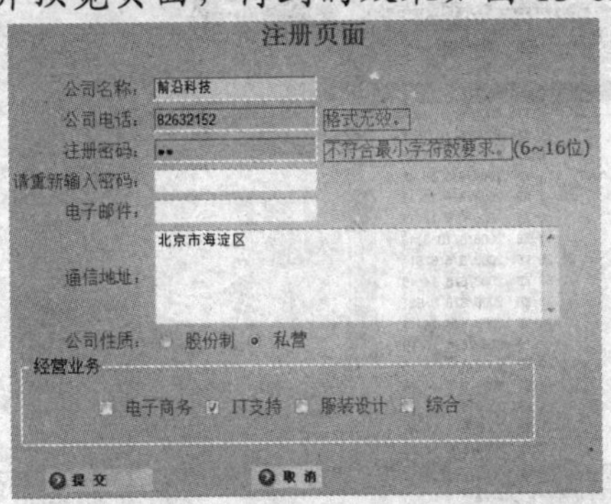

图 13-62　制作好的注册页面

13.8　申请空间并发布网站

实训目标

练习申请网站空间并上传站点。

实训内容

首先介绍如何申请“中联网”网站提供的免费域名和空间服务，接下来介绍通过 FTP 软件将本地站点上传到远程服务器上的过程，最后介绍对网站进行同步更新的方法以及如何宣传自己的网站。

上机操作详解

❶ 下面首先介绍申请域名和免费网站空间的步骤。打开浏览器，在地址栏中输入 http://3326.com/并按 Enter 键，打开“中联网”的网站首页，参照第 11 章的例 11-1 申请网站空间和域名。

❷ 参照例 11-3 所示的方法配置“谜底女装”的远程 FTP 服务器。

❸ 下面介绍如何通过 FTP 软件将站点上传到远程 FTP 服务器上。首先用户需要在本地机器上安装 FTP 软件，这里以 FlashFXP 为例。

❹ 启动 FlashFXP，在主界面选择【会话】|【快速连接】命令，打开【快速连接】对话框。在【常规】选项卡中输入 FTP 服务器路径、管理员给您的登录用户名、密码，并设置好远端路径，如图 13-63 所示。单击【连接】按钮。

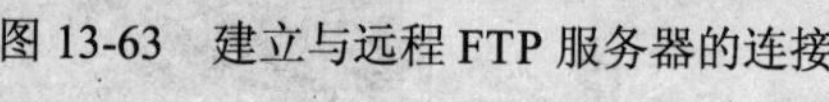

图 13-63 建立与远程 FTP 服务器的连接

❺ 此时，FlashFXP 主界面的右侧窗格将显示远端文件，在左侧导航到要上传站点所在的目录，选中站点目录下的所有文件，将它们拖到右侧远端文件夹下，FlashFXP 开始进行连接并上传，如图 13-64 所示。主界面底部还显示了上传的速率等。

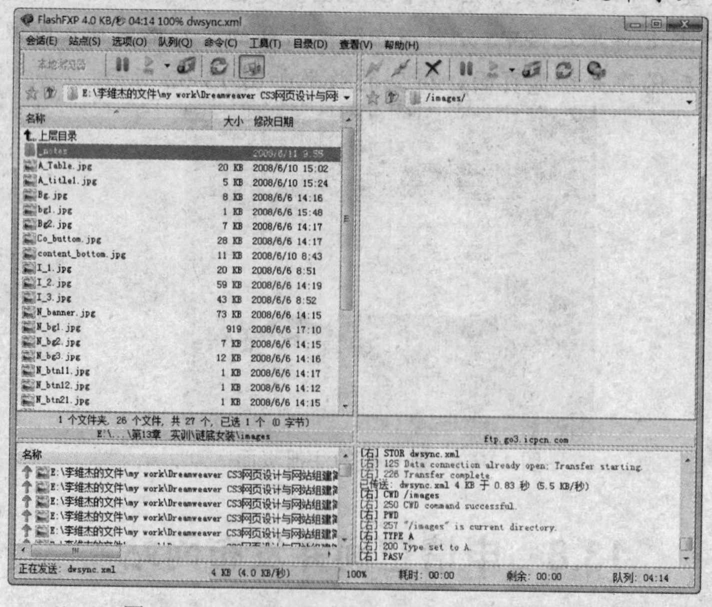

图 13-64 上传本地站点到 FTP 远程服务器

❻ 上传完毕后，关闭 FlashFXP。接下来介绍对站点进行同步更新的方法。首先在

Dreamweaver 的【文件】面板中打开“谜底女装”本地站点。单击按钮 以展开本地和远端站点，如图 13-65 示。

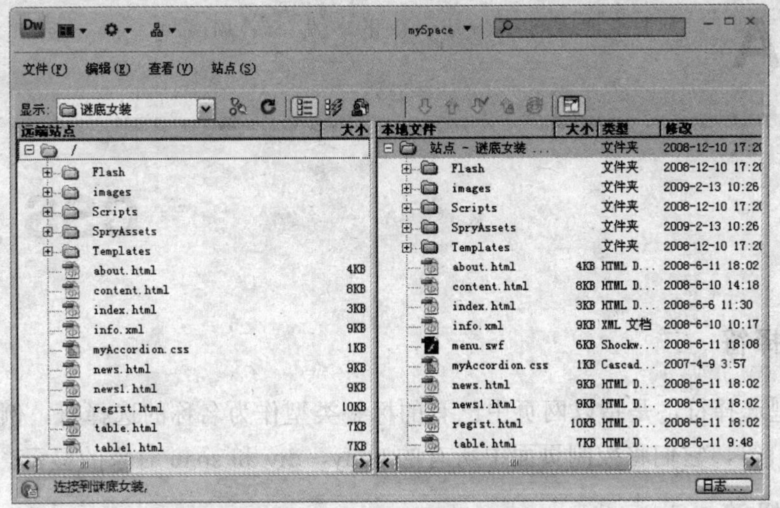

图 13-65 查看本地站点和远端站点

❼ 选择【站点】|【同步】命令，打开【同步文件】对话框。在【同步】下拉列表框中选择【整个“谜底女装”站点】，在【方向】下拉列表框中选择【放置较新的文件到远程】选项，如图 13-66 所示。

注意：如果选中了【删除本地驱动器上没有的远端文件】复选框，Dreamweaver 会自动删除远程站点和本地站点中没有对应的任何文件。

❽ 单击【预览】按钮，Dreamweaver 会自动检测本地站点中用户所作的改动，如图 13-67 所示。用户可以确定需要删除、上传或下载的文件。如果不希望更新某个文件，可选中它，然后单击下方的按钮更改其状态，如图 13-67 所示。

❾ 单击【确定】按钮，Dreamweaver 会自动将更改的文件更新至远程站点。

❿ 如果用户需要删除远程站点或本地站点中的某个文件，可直接选中它右击，然后在弹出的菜单中选择【编辑】|【删除】命令。

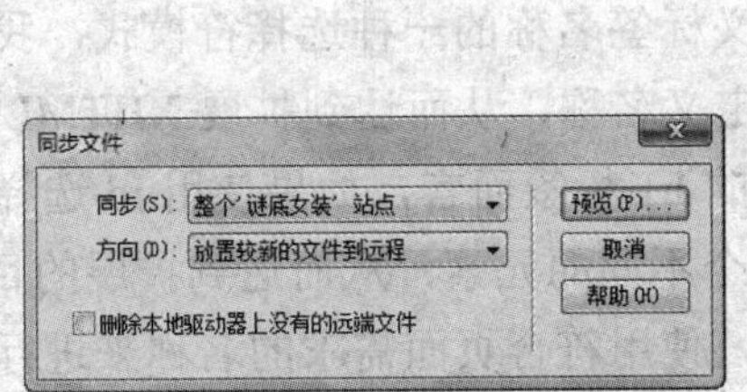

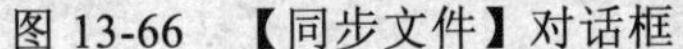

图 13-66 【同步文件】对话框

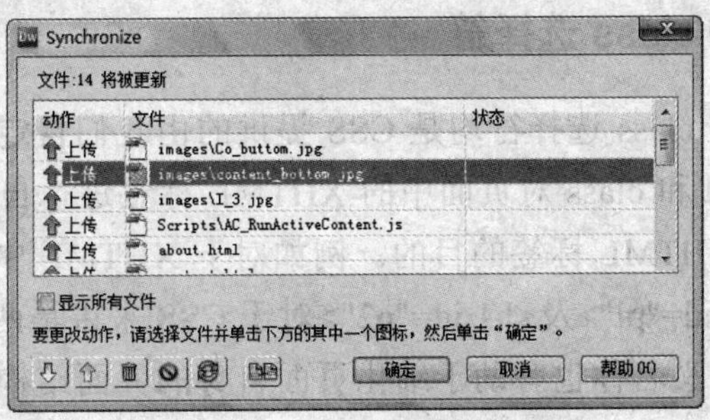

图 13-67 选择要更新的文件

⓫ 最后，可参照例 11-6 所示的方法在 google 搜索引擎中进行注册。如果读者有精力，还可通过发帖、QQ 群发、发布广告等方式对自己的站点进行宣传。

附录 A

CSS 选择符

(1) 类型选择符

所谓类型选择符，是指以网页中已有的标签类型作为名称的选择符，例如：body{}、div{}、span{}等，它们将控制页面中所有的 body、div 和 span 对象的显示。

(2) 群组选择符

除了可以对单个 XHTML 对象进行样式指定外，还可以对一组对象以相同的样式进行指派，例如：

```
h1,h2,h3,p,span, P
{
      font-size:12px;
      font-family:arial;
 }
```

上面代码中使用逗号对选择符进行分隔，使得页面中所有的 h1、h2、h3、span 以及 p 对象都具有相同的样式。这样一来，对于页面中需要使用相同样式的地方，只需要编写一次样式表即可实现，从而改善了 CSS 代码的结构。

(3) id 和 class 选择符

id 和 class 选择符均是 CSS 提供的由我们自定义标签名称的一种选择符模式，我们可以使用 id 和 class 对页面中的 XHTML 标签进行自定义名称，从而达到扩展 XHTML 标签和组合 XHTML 标签的目的。例如对于 XHTML 中的 h1 标签而言，如果使用 id 选择符，那么<h1 id="pl">及<h1 id="p2">对于 CSS 来讲是两个不同的元素，从而达到扩展的目的。用户自定义名称也有助于细化页面自身的界面结构，使用符合页面需求的名称来进行结构设计，从而增强代码的可读性。

id 选择符是根据 DOM 文档对象模型原理所产生的选择符类型，对于一个页面而言，其中的每一个标签或其他对象，均可以使用“id=""”的形式对其 id 属性进行名称指派。id 的基本作用是对每个页面中唯一出现的元素进行定义，如可以将导航条命名为 nav，将网页的头部和底部命名为 header 和 footer 等。

注意：id 可以理解为一个标识，在页面中这个标识只能使用一次。也就是说，不能对

两个或两个以上的标签使用同一个 id 名称。

例如：

```
<div id="content"></div>
```

上面的代码对 XHTML 中的一个 Div 标签指定了名为 content 的 id。在 CSS 样式中，id 选择符使用#符号进行标识。如果需要对 id 为 content 的标签设置样式，可使用如下格式：

```
#content
  {
      font-size:14px;
      line-height:130%;
  }
```

如果说 id 是 XHTML 标签的扩展的话，那么 class 应该是对 XHTML 多个标签的一种组合。class 在 C++、C#中为“类”，相当于对象的模板。对于网页设计而言，可以通过对 XHTML 标签使用“class=""”的形式对 class 属性进行名称指派。与 id 不同的是，class 允许重复使用，例如页面中的多个元素，都可以使用同一个 class 来定义，如下所示：

```
<div class="p1"></div>
<h1 class="p1"></h1>
<h3 class="p1"></h3>
```

使用 class 的好处是，对于不同的 XHTML 标签，CSS 可以直接根据 class 名称来进行样式指派，例如：

```
.p1 {
     Margin : 10px ;
     Background-color : blue ;
  }
```

class 在 CSS 中以使用点符号“.”加上 class 名称的形式进行样式指派。无论是什么 XHTML 标签，页面中所有使用了 class="p1"的标签均使用此样式进行设置。class 选择符也是 CSS 代码重用性的良好体现，多个标签均可以使用同一个 class 来进行样式指派，而不用对每一个编写样式代码。

(4) 包含选择符

当我们仅仅相对某一个对象中的子对象进行样式定义时，可以使用包含选择符。包含选择符指选择符组合中前一个对象包含后一个对象，对象之间使用空格作为分隔符，例如：

```
h1 span{font-weight:bold;}
```

之后可以对 h1 下面的 span 进行样式指派，应用到 XHTML 中是如下格式：

```
<h1>这是我们的一段文本</span>这是 span 内的文本</span></h1>
```

```
<h1>单独的 h1</h1>
<span>单独的 span</span>
<h2>被 h2 标签套用的文本<span>这是 h2 下的 span</span></h2>
```

h1 标签之下的 span 标签将被应用 font-weight：bold 的样式设置。注意：仅仅对有此结构的标签方式有效；对于单独存在的 h1 或是单独存在的 span，以及其他非 h1 标签下属的 span 对象，均不会应用此样式。

使用包含选择符就可以避免过多的 id 和 class 的设置，直接对所需要设置的元素进行样式设置即可。包含选择符除了可以两者包含外，还可以多级包含，例如：

```
body h1 span strong{font-weight:bold;}
```

(5) 标签指定式选择符

如果既想使用 id 或 class 选择符，又想同时使用标签选择符，则可以使用如下格式：

```
h1#content{}
```

上述代码针对所有 id 为 content 的 h1 标签。

```
h1.p1{}
```

上述代码表示针对所有 class 为 p1 的 h1 标签。

提示：标签指定式选择符在对标签选择的精确度上介于标签选择符 id 和 class 之间，是一种经常使用的选择符形式。

(6) 组合选择符

对于前面介绍的所有 CSS 选择符而言，无论是什么样的选择符，都可以进行组合使用，例如：

```
h1#content h2{}
```

表示 id 为 content 的 h1 标签下的所有 h2 标签。

由此可见，CSS 在选择符的使用上可以说是非常自由，根据页面需求，您可以灵活使用各种选择符进行设计。

(7) 伪类和伪对象

伪类和伪对象是一种特殊的类和对象，它由 CSS 自动支持，属于 CSS 的一种扩展类和对象。它们的名称不能由用户自定义，在使用时只能按照标准格式进行应用。例如：

```
a: hover{background-color: #333333; }
```

伪类和伪对象由以下两种形式组成：

- 选择符：伪类
- 选择符：伪对象

上面代码中的 hover 便是一个伪类，用于指定链接标签 a 的鼠标移上时的状态。CSS 内置了几个标准的伪对象和伪类，用于用户的样式定义，如表 A-1 所示。

表 A-1　CSS 标准伪类和伪对象

伪 对 象	说　　明	伪　　类	说　　明
:active	对象被用户点击和点击释放之间的样式	:after	设置某一个对象之后的内容
:visited	链接对象被访问后的样式	:first-letter	设置对象内的第一个字符的样式
:focus	对象成为输入焦点时的样式	:first-line	设置对象内第一行的样式
:first-child	对象的第一个子对象的样式	:before	设置某一个对象之前的内容
:link	链接标签 a 未被访问前的样式		
:hover	对象在鼠标移上时的样式		
:first	对于页面的第一页使用的样式		

实际上，除了用于链接样式控制的:hover、:active 几个伪类外，大多数伪类和伪对象在实际应用中并不常见。大家所接触到的 CSS 布局中，大部分是关于排版和样式的，对于伪类和伪对象所支持的多数属性很少用到。

(8) 通配选择符

如果用户接触过 DOS 命令或是熟悉 Word 中的替换功能，则对通配符应该不陌生。通配符是指使用字符代替不确定的字，例如在 DOS 命令中，使用“*.*”表示所有文件，使用“*.bat”表示所有扩展名为 bat 的文件。CSS 中的通配符也使用*作为关键字，使用方法如下：

```
*{color: blue; }
```

*号表示所有对象，包含所有不同 id、不同 class 的 XHTML 标签。上面中的代码会使页面中所有对象使用蓝色的字体。

附录 B

HTML 常见标签及说明

HTML 是一种网页标记语言，通过运用标签使页面达到预期的显示效果。了解了 HTML 标签，便了解了 HTML。

表 B-1　文本标签及说明

标　签	类　型	意　义	作　用	备　注
		排 版 标 签		
<!--注解-->	○	说明标签	为文档加上说明，但不被显示	
<p>	○	段落标签	为文本、表格等之间留一空白行	
 	○	换行标签	使文本、表格等显示在下一行	
<hr>	○	水平线	插入一条水平线	
<center>	●	居中	使文本、表格等居中显示	反对
<pre>	●	预设格式	使文本按照原始码的排列方式显示	
<div>	●	区隔标签	设置文本、表格等的摆放位置	
<nobr>	●	不折行	使文本不因太长而绕行	
<wbr>	●	建议折行	预设折行部位	
		字 体 标 签		
<strong>	●	加重语气	将文本定义为语气更强的强调的内容	
<b>	●	粗体标签	实现文本加粗效果	
<em>	●	强调标签	将文本定义为强调的内容	
<i>	●	斜体标签	实现文本斜体效果	
<tt>	●	打字字体	加上底线	
<h1>/<h2>/<h3> <h4>/<h5>/<h6>	●	一/二/三/四/五 /六级标题标签	实现标题效果，级数越低，字体越大、越粗、越宽	反对
<font>	●	字形标签	设置字形、大小、颜色	反对
<basefont>	○	基准字形标签	设置所有字形、大小、颜色	反对
<big>	●	字体加大	使字体稍微放大	
<small>	●	字体缩小	使字体稍微缩小	
<strike>	●	添加删除线	为字体加一删除线	反对
<code>	●	程序代码	定义计算机代码文本	
<kbd>	●	键盘字	字体稍微加宽	
<samp>	●	范例	字体稍微加宽，单一空白	
<var>	●	变数	斜体效果	

（续表）

标 签	类 型	意 义	作 用	备 注
<cite>	●	传记引述	斜体效果	
<blockquote>	●	引述文字区块	缩排字体	
<dfn>	●	术语定义	斜体效果	
<address>	●	地址标签	斜体效果	
<sub>	●	下标字	化学元素符号	
<sup>	●	上标字	指数(平方、立方等)	
列表标签				
<ol>	●	顺序列表	清单项目将以数字、字母顺序排列	
<ul>	●	无序列表	清单项目将以圆点排列	
<li>	○	列表项目	每一标签表示一项清单项目	
<menu>	●	选单列表	清单项目将以圆点排列	反对
<dir>	●	目录列表	清单项目将以圆点排列	反对
<dl>	●	定义列表	清单分两层出现	
<dt>	○	定义条目	表示该项定义的标题	
<dd>	○	定义内容	表示定义内容	

在表 B-1 中，●表示该标签是围堵标签，即需要关闭标签。○表示该标签是空标签，即不需要关闭标签。反对表示该标签不为 W3C 所赞同，通常是 Internet Explorer 或 Netscape Communicator 自定的，且已为多数浏览器所支持，但 HTML 标准中有其他功能或者更好的选择。

表 B-2 图像标签及说明

标 签	类 型	意 义	作 用	备 注
<img>	○	图形标签	用以插入图形及设定图形属性	
<background>	○	背景图像标签	用以插入背景图像	

<img>标签并不能真正地将图像插入 HTML 文档中，而是需要为标签中的 src 属性赋值。这个值可以是图像文件的文件名，也可以是图像文件在网页中的路径。网页背景有两种情况，一种是背景图像，一种是背景颜色。这两种情况均属于网页的属性。所以网页背景图像 background 和 bgcolor 是属于<body>标签中的属性。

表 B-3 表格标签及说明

标 签	类 型	意 义	作 用	备 注
<table>	●	表格标记	设定该表格的各项参数	
<caption>	●	表格标题	做成一行通列以填入表格标题	
<tr>	●	表格列	设定该表格的列	
<td>	●	表格栏	设定该表格的行	
<th>	●	表格标头	相当于<td>，但其中的字体会变粗	

表 B-4 链接标签及说明

标 签	类 型	意 义	作 用	备 注
链 接 标 签				
<a>	●	链接标记	加入链接	
<base>	○	基准标记	指定一个显示 URL，用于解析对于外部源的链接和引用，如图像和样式表	
影 像 地 图				
<map>	●	影像地图名称	设置影像地图的名称	
<area>	○	链接区域	设置各链接区域	